ISBN 978-0-483-21111-7
PIBN 10393738

SUR LA FORCE

DES

MATIÈRES EXPLOSIVES

D'APRÈS

LA THERMOCHIMIE,

PAR M. BERTHELOT,

Membre de l'Institut, Président de la Commission des substances explosives.

TROISIÈME ÉDITION

(AVEC FIGURES),

REVUE ET CONSIDÉRABLEMENT AUGMENTÉE.

TOME SECOND.

PARIS,

GAUTHIER-VILLARS, IMPRIMEUR-LIBRAIRE

DU BUREAU DES LONGITUDES, DE L'ÉCOLE POLYTECHNIQUE,

SUCCESSEUR DE MALLET-BACHELIER,

Quai des Augustins, 55.

1883

TABLE DES DIVISIONS

DU TOME SECOND.

LIVRE DEUXIÈME.

THERMOCHIMIE DES COMPOSÉS EXPLOSIFS (SUITE).

LIVRE TROISIÈME.

FORCE DES MATIÈRES EXPLOSIVES EN PARTICULIER.

LIVRE DEUXIÈME.

THERMOCHIMIE DES COMPOSÉS EXPLOSIFS.

(SUITE.)

SUR LA FORCE

DES

MATIÈRES EXPLOSIVES

D'APRÈS

LA THERMOCHIMIE.

LIVRE DEUXIÈME.

THERMOCHIMIE DES COMPOSÉS EXPLOSIFS.

(SUITE.)

CHAPITRE IX.

CHALEUR DE FORMATION DES COMPOSÉS QUI DÉRIVENT DE L'ACIDE AZOTIQUE ASSOCIÉ AVEC LES PRINCIPES ORGANIQUES.

§ 1. — Notions générales.

1. Un grand nombre de composés artificiels résultent de l'association des principes organiques avec l'acide azotique. Ces composés sont, pour la plupart, explosifs et ils jouent un rôle important, soit dans la guerre, soit dans l'industrie des mines. Pour en évaluer la force explosive, il faut connaître la chaleur dégagée dans leur décomposition. En effet, la force explosive des composés nitrocarbonés résulte d'une sorte de combustion interne, analogue à celle de la poudre ordinaire, dont elle se distingue cependant par ce que les éléments de l'acide azotique et ceux du principe combustible sont intimement unis, au lieu d'être simplement mélangés comme dans la poudre ordinaire (*voir* t. I, p. 3 et 16). Cette force est d'autant plus grande que la combustion développe plus de gaz et plus de chaleur Or la chaleur dégagée par la combustion sera d'autant plus considérable, toutes choses égales d'ailleurs, que l'union préalable de l'acide azotique avec le principe organique aura dégagé elle-même moins de chaleur; c'est-à-dire que l'énergie du système formé par l'acide comburant et le principe combustible aura été moins diminuée dans l'acte de la combinaison.

2. J'ai mesuré la chaleur dégagée dans la *formation par l'acide azotique et les composés organiques* des dérivés azotiques les plus importants, tels que : éther azotique, nitroglycérine, nitromannite, poudre-coton, amidon azotique ou xyloïdine; benzines nitrée, binitrée, chloronitrée, acide nitrobenzoïque. J'en avais déduit la chaleur de formation du phénol trinitré, autrement dit acide picrique, et de ses sels, en me fondant sur certaines analogies, qu viennent d'être confirmées par des déterminations expérimentales proprement dites, exécutées par MM. Sarrau et Vieille. Dès 1871, MM. Troost et Hautefeuille avaient publié, quelques jours après moi, des mesures relatives à la chaleur de formation de divers dérivés azotiques : leurs mesures concordent fort bien avec les miennes.

3. On connaît donc ainsi la chaleur dégagée par la formation des dérivés azotiques, au moyen de l'acide azotique pur et des composés organiques générateurs, tels que l'alcool, la benzine, le phénol, la glycérine, la mannite, la cellulose, etc. Mais cette quantité ne suffit pas pour pouvoir calculer la chaleur dégagée par la décomposition explosive du corps nitrogéné : même si l'on sait exactement les produits de cette décomposition. Il faut encore avoir la chaleur de formation de ces produits depuis les éléments, ainsi que celle de l'acide azotique, celle de l'eau et celle du composé initial, qui a engendré le corps nitrogéné.

Les produits de la décomposition explosive des dérivés azotiques sont d'ordinaire assez simples; par exemple : l'eau, l'acide carbonique, l'azote, seuls corps qui prennent naissance dans une combustion totale, comme celle de la nitroglycérine ou celle de la nitromannite. Mais dans les combustions incomplètes où l'oxygène fait défaut, telles que celles de la poudre-coton, il vient s'y joindre de l'oxyde de carbone, de l'acide cyanhydrique, de l'hydrogène, du formène, parfois les oxydes de l'azote, etc. : tous corps dont la chaleur de formation doit être connue à l'avance.

Nous avons en effet donné plus haut la chaleur de formation de tous ces composés (t. I, p. 194 et suiv.); nous avons donné également la chaleur de formation de l'acide azotique depuis ses éléments. Quant au générateur initial du corps nitrogéné, sa chaleur de formation peut être déterminée par sa combustion totale dans l'oxygène, ou par divers autres procédés : pour tous les corps énumérés plus haut, elle figure dans les tableaux thermochimiques (t. I, p. 208 à 211).

Citons un exemple, pour préciser les idées. Évaluons la chaleur dégagée dans la réunion des éléments de l'éther azotique. A cet effet, nous ajouterons la chaleur dégagée dans la formation de l'alcool, $C^4H^6O^2$ ($+70^{Cal},5$), avec la chaleur dégagée dans la formation de l'acide azotique monohydraté, AzO^6H ($+41^{Cal},6$), et nous y joindrons la chaleur dégagée dans l'action réciproque de ces deux corps ($+6^{Cal},2$), action qui fournit l'éther azotique. La somme de ces trois quantités, diminuée de la chaleur de formation de l'eau éliminée dans la réaction, (H^2O^2), c'est-à-dire de $69^{Cal},0$, donne la valeur $+49^{Cal},3$: valeur qui représente la chaleur dégagée par la réunion des éléments de l'éther azotique.

En retranchant cette valeur de la chaleur dégagée par la combustion pure et simple desdits éléments, au moyen de l'oxygène libre, on trouve la chaleur de combustion totale de l'éther azotique par l'oxygène libre : soit $+311^{Cal},2$.

4. Voilà comment j'ai pu calculer la *chaleur de formation depuis les éléments* de l'éther azotique, de la nitroglycérine, de la poudre-coton, de la nitrobenzine, et leur *chaleur de combustion totale.*

La chaleur dégagée par leur décomposition explosive s'en déduit aussitôt, pourvu que l'on connaisse exactement l'équation réelle de cette décomposition. Il convient d'ailleurs de tenir compte dans les calculs des conditions de la décomposition; car les nombres ne sont pas les mêmes si l'on opère à pression constante, à l'air libre; ou bien à volume constant, dans un obus ou dans toute autre capacité close. J'ai donné ailleurs (t. I, p. 32) la règle qui détermine ce genre de *corrections.*

5. Réciproquement, si l'on connaît la chaleur dégagée par la décomposition d'une matière explosive, en vase clos, ainsi que la nature exacte des produits, il est facile de tirer de là la chaleur de formation du composé azotique depuis ses éléments. MM. Sarrau et Vieille ont suivi cette marche. Elle fournit un précieux contrôle des nombres obtenus par la méthode directe : les deux ordres de données devant concorder, au moins dans la limite d'erreur que ce genre d'expériences comporte.

6. Parfois les produits de la décomposition sont mal connus, ou trop compliqués, ou imparfaitement définis dans leur état physique; comme dans le cas où il se forme des matières charbonneuses, retenant encore de l'azote, de l'hydrogène, de l'oxygène, etc. C'est ce qui arrive, par exemple, pour l'azotate de diazobenzol et pour les picrates.

Dans les cas de ce genre, la chaleur développée par l'explosion demeure toujours une donnée utile à mesurer; mais elle ne peut plus être calculée *a priori*.

7. Cependant il n'en est pas moins nécessaire pour un grand nombre d'applications de mesurer la chaleur de formation de tels composés explosifs, depuis leurs éléments. On a recours alors à une méthode générale, qui consiste à faire détoner le corps dans une atmosphère d'oxygène pur : ce qui le change entièrement en eau, azote et acide carbonique. Le calcul devient aisé. J'ai employé cette méthode pour l'azotate de diazobenzol; MM. Sarrau et Vieille l'ont suivie également pour les picrates.

8. Au lieu de brûler le corps par l'oxygène libre, on peut le brûler à l'aide d'un corps oxydant. Cet artifice est fréquemment employé dans les applications, lorsque l'on mélange le fulmicoton ou les picrates avec de l'azotate de potasse, de l'azotate d'ammoniaque, du chlorate de potasse, parfois même avec certains oxydes métalliques.

Dans ces circonstances, il convient de calculer la chaleur de combustion du composé hydrocarboné, en tenant compte de la chaleur propre de formation du corps oxydant, conformément au Tableau du tome Ier, page 204.

Le calcul est facile, si l'oxydant est du chlorate de potasse : chaque équivalent d'oxygène fourni, apportant avec lui un dégagement supplémentaire de $1^{Cal},83$.

Avec l'azotate d'ammoniaque, l'énergie additionnelle est énorme, soit $+ 25^{Cal},05$ par équivalent d'oxygène.

Avec l'azotate de potasse, le calcul est un peu plus compliqué, à cause de la présence de l'alcali qui se change en carbonate, ou en sulfate, suivant les circonstances. Soit, par exemple, un composé renfermant du carbone, en dose suffisante pour transformer toute la potasse en carbonate de potasse. Les 5 équivalents d'oxygène fournis par l'azotate de potasse dégageront alors $27^{Cal},0$ de moins que s'ils étaient libres et s'ils donnaient naissance avec le carbone à de l'acide carbonique libre : soit $5^{Cal},4$ pour chaque équivalent d'oxygène. Ajoutons même que cette évaluation n'est pas tout à fait exacte, toutes les fois que le refroidissement s'opère dans une atmosphère d'acide carbonique et de vapeur d'eau, lesquels transforment le carbonate neutre, CO^2, KO, l'acide carbonique, CO^2, et l'eau, HO, en bicarbonate : C^2O^4, KO, HO; non sans un dégagement complémentaire de $12^{Cal},4$ (à partir de l'eau liquide). Par suite, l'excès thermique développé pendant la combustion d'un corps hydrocarboné, produite par l'oxygène libre, sur la même combustion produite par l'azotate de potasse, se trouve ramené à $15^{Cal},0$ seulement pour $AzO^6K = 101^{gr}$; c'est-à-dire à $3^{Cal},0$ pour chaque équivalent d'oxygène employé.

9. Ajoutons que, dans les cas où la combustion du corps explosif est rendue totale par l'addition d'un agent oxydant, on ne doit pas oublier que le poids de cet agent s'ajoute à celui de la matière explosive : de telle façon qu'un gramme du mélange destiné à une combustion totale peut dégager moins de chaleur qu'un gramme du corps explosif, se décomposant isolément en vertu d'une oxydation moins complète. Diverses compensations peuvent être observées à cet égard.

Par exemple, lorsqu'il s'agit de constituer 1^{kg} d'un mélange explosif, l'oxyde de cuivre est le plus efficace des oxydes usuels, à cause de la petitesse de son équivalent ($39^{gr},6$) et de la grandeur relativement faible de sa chaleur ($19^{Cal},2$) de formation.

L'oxyde de plomb offre le double inconvénient d'un équivalent triple ($111^{gr},5$) et d'une chaleur de formation plus grande ($25^{Cal},5$) : ce qui diminue d'autant la chaleur dégagée dans les combustions dont il est l'agent.

Les oxydes de mercure et d'argent offrent, au contraire, des chaleurs de formation moindres ($15^{Cal},5$ et $3^{Cal},5$). Mais l'accroissement thermique résultant est compensé, sous l'unité de poids, par la grandeur de leurs équivalents (108^{gr} et 116^{gr}).

Les oxydes d'étain et d'antimoine, un peu plus riches en oxygène à poids égal que l'oxyde de cuivre, ont des chaleurs de formation presque doubles pour chaque équivalent d'oxygène.

J'ai cru devoir donner ces nombres, parce qu'ils précisent et rectifient beaucoup de notions courantes sur la combustion par les oxydes métalliques. On voit que l'oxyde de cuivre est préférable, à cause de la petitesse de son équivalent. Si l'oxyde de plomb, et spécialement les oxydes de mercure et d'argent, passent pour plus énergiques, c'est sans doute parce qu'ils réagissent et se décomposent à une température plus basse : circonstance qui permet à la réaction de commencer et de se propager d'une manière plus vive. Les poudres qu'ils forment peuvent dès lors être plus brisantes. Mais les effets utiles, soit comme travail, soit comme pression, seront bien moindres, même avec l'oxyde d'argent, si facile à décomposer, et avec l'oxyde de mercure, qui fournit cependant un métal gazeux.

10. Terminons par une dernière remarque : lorsque la matière explosive est acide, comme l'acide picrique, ses sels formés à l'avance donneront un effet utile moindre que les simples mélanges d'acide picrique et d'oxyde métallique ; attendu que leur formation entraîne, au moment de l'union de l'acide avec l'oxyde, un dégagement de chaleur, c'est-à-dire une perte d'énergie. Mais par compensation les simples mélanges seront plus dangereux, moins stables et exposés à des explosions spontanées, en raison de la combinaison possible de l'acide avec l'oxyde métallique.

11. Nous venons de calculer la chaleur de formation du dérivé azotique, en supposant connue celle du générateur. Réciproquement, la chaleur de formation du corps nitrogéné étant connue depuis les éléments, ainsi que celle de l'acide azotique, celle de l'eau et la chaleur dégagée dans la réaction de l'acide azotique sur le générateur primitif du corps nitrogéné, on peut calculer la chaleur même de formation de ce générateur primitif. Observons que ce procédé est moins direct que la combustion immédiate du dernier composé ; aussi les résultats en sont-ils moins exacts. Cependant ils fournissent d'utiles vérifications.

12. Telles sont les conséquences générales que l'on peut tirer de la mesure de la chaleur dégagée par la combinaison de l'acide azotique avec les composés organiques. Ces conséquences étant signalées, je vais exposer mes expériences, qui remontent à 1871.

Je rappellerai d'abord que l'action de l'acide azotique sur les composés organiques donne naissance à deux ordres de composés distincts, formés en vertu d'une équation pareille et avec séparation semblable des éléments de l'eau : les uns sont de véritables *éthers*, décomposables par les alcalis avec régénération d'acide azotique et d'alcool ; tandis que les autres, désignés spécialement sous le nom de *corps nitrés*, ne peuvent plus être dédoublés par des réactions nettes, de façon à reproduire les corps générateurs, c'est-à-dire, dans les cas les plus simples, l'acide azotique et un carbure d'hydrogène. J'expliquerai plus loin la cause de cette opposition dans les réactions.

Les éthers eux-mêmes se partagent en deux groupes, suivant qu'ils sont formés par des alcools véritables, à fonction simple; ou par des alcools à fonction mixte, tels que la cellulose, éther condensé, dérivé de plusieurs molécules du glucose, qui est lui-même un alcool aldéhyde.

J'ai mesuré la chaleur de formation de plusieurs corps appartenant à ces trois groupes; elle présente des différences, correspondant à la diversité même des fonctions.

§ 2.

PREMIÈRE SECTION. — *Composés nitrés en général.*

Les composés nitrés résultent de l'action de l'acide azotique sur les substances organiques, avec séparation d'eau. Par exemple :

$$C^{12}H^6 + AzO^6H - H^2O^2;$$

1, 2, 3, 4 équivalents d'acide azotique peuvent ainsi entrer en combinaison soit avec un carbure d'hydrogène, soit avec un acide, un alcool, un alcali, etc.

Cet ordre de composés se produit spécialement dans la série aromatique; c'est-à-dire dans la série des corps dérivés de la benzine, ou plutôt de l'acétylène condensé. Les termes de cette série sont les seuls usités jusqu'ici dans l'ordre des matières explosives; ce sont aussi les seuls que j'ai étudiés.

Je rappellerai que les corps nitrés traités par les alcalis ne reproduisent pas l'acide azotique, mais divers corps d'un caractère spécial, azotés comme les générateurs eux-mêmes. Traités par les agents réducteurs, les corps nitrés ne régénèrent pas non plus le corps primitif, mais à sa place un alcali azoté.

§ 3. — Benzine nitrée : $C^{12}H^5AzO^4$.

1. La réaction qui forme ce composé est la suivante :

$$C^{12}H^6 + AzO^6H = C^{12}H^5AzO^4 + H^2O^2.$$

2. Je l'exécute au sein d'un petit cylindre de platine, flottant au sein d'un calorimètre de platine qui renferme 500gr d'eau; j'opère dans les mêmes conditions que pour mes autres expériences calorimétriques.

L'acide employé n'était pas tout à fait monohydraté. Sa densité égalait 1,50 et sa composition répondait aux rapports

$$AzO^6H + 0,67 HO.$$

Je place 15gr de cet acide dans le petit cylindre de platine, que je recouvre à l'aide d'un bouchon enduit de paraffine. Je mesure la température de l'eau du calorimètre avec un thermomètre donnant les $\frac{1}{100}$ de degré ; et la température de l'acide azotique avec un thermomètre plus petit donnant les $\frac{1}{10}$ de degré.

Les deux températures étant amenées à être les mêmes, on enlève le bouchon et on laisse tomber la benzine dans l'acide azotique, au moyen d'une pipette à bec très effilé et disposé de façon à obtenir des gouttelettes excessivement fines. Pendant cet écoulement, on agite continuellement l'acide, afin de mélanger à mesure l'acide et la benzine ; on agite également l'eau du calorimètre. On introduit ainsi un poids connu de benzine : soit 1gr,835 et 3gr,670 dans deux expériences, l'introduction durant en tout deux minutes.

On recouvre alors le cylindre et on le promène à travers l'eau du calorimètre, en le poussant à l'aide du grand thermomètre calorimétrique, qui sert en même temps d'agitateur. On suit la marche de ce thermomètre, ainsi que celle du petit thermomètre immergé dans l'acide. Au bout de six minutes, les deux thermomètres s'accordent à $\frac{1}{10}$ de degré près (chiffre qui représente l'excès de la température de l'acide sur celle de l'eau du calorimètre) ; la variation de température étant de 1°,70 et 3°,45 dans les deux expériences respectives. On termine en étudiant la vitesse du refroidissement.

On possède alors les données suivantes : d'une part, les poids de l'eau, du platine et des thermomètres réduits en eau, ainsi que leur variation de température ; et, d'autre part, les poids de l'acide et de la benzine, ainsi que la variation thermique éprouvée par leur mélange, lequel a changé la benzine en nitrobenzine, avec une formation d'eau simultanée.

La chaleur communiquée à l'eau, au platine et aux thermomètres peut être calculée aisément. Quant à la chaleur communiquée à l'acide et à la nitrobenzine mélangés, son calcul rigoureux exigerait la connaissance de la chaleur spécifique de ce mélange. Mais en fait il suffit de savoir que cette chaleur spécifique ne doit pas s'éloigner beaucoup de 0,47, qui est celle de l'acide employé. Dès lors la masse de l'acide et de la nitrobenzine réduite en eau ne s'écartera guère de 8gr,5 à 9gr,5 dans les deux expériences citées ; ce qui fait un soixantième environ de la masse échauffée totale. Cette fraction est assez petite pour n'intervenir que pour une faible part dans le calcul de la chaleur dégagée : dès lors celle-ci peut s'évaluer, dans les limites d'erreur des expériences, sans qu'il soit nécessaire de mesurer plus exactement la chaleur spécifique du mélange.

On peut ainsi calculer complètement la chaleur dégagée dans la réaction qui a eu lieu dans le calorimètre. On la rapporte, par le calcul, à un équivalent de nitrobenzine; soit Q pour le poids $C^{12}H^{5}AzO^{4} = 125^{gr}$.

Le composé formé dans ces conditions est bien de la nitrobenzine. Pour m'en assurer, je l'ai précipité par l'eau après l'expérience, et j'en ai pris la densité, qui a été trouvée égale à 1,194 à 14°. Or M. Kopp a indiqué, à cette température, 1,187. L'écart est assez faible pour que la réaction puisse être acceptée comme véritable.

Cependant cette réaction, dans les conditions de mon expérience, se complique de deux circonstances, dont il importe de tenir compte. D'une part, la nitrobenzine demeure dissoute dans l'excès d'acide; et, d'autre part, il se forme, par la réaction même, de l'eau, qui doit dégager une certaine proportion de chaleur, en s'unissant avec le surplus de l'acide.

Pour tenir compte de cette dernière circonstance, j'ai fait une série spéciale d'expériences, destinées à mesurer la chaleur dégagée par le même acide, lorsqu'on y ajoute des proportions d'eau, croissant depuis une limite inférieure à la précédente, jusqu'à une limite un peu supérieure. J'opérais à la même température, dans les mêmes conditions, le même jour, en répétant chaque essai deux fois. J'ai ainsi obtenu deux couples de résultats, dont l'ensemble a permis de tracer la courbe des chaleurs d'hydratation de l'acide, pendant un intervalle qui comprenait l'hydratation correspondant à la nitrobenzine. La chaleur q, correspondant à la proportion d'eau formée en même temps que la nitrobenzine, peut être ainsi calculée.

Enfin, j'ai choisi celui de ces mélanges qui se rapprochait le plus des données finales de l'expérience relative à la formation de la nitrobenzine. J'y ai dissous de la nitrobenzine pure, dans les mêmes proportions relatives : la chaleur de dissolution obtenue est très petite. Je l'ai rapportée par le calcul aux données mêmes de l'expérience relative à la formation de la nitrobenzine; ce qui a fourni une valeur q_1 pour le poids $C^{12}H^{5}AzO^{4}$.

En définitive, le nombre

$$Q - q - q_1$$

représente la chaleur dégagée dans la réaction suivante :

$$C^{12}H^6 + [AzO^6H + 0,67HO]$$
$$= C^{12}H^5AzO^4 \text{ (corps isolé)} + H^2O^2 + 0,67HO.$$

J'ai trouvé, dans les deux expériences citées :

$$+35,0 \text{ et } +35,2; \quad \text{en moyenne :} \quad +35,10$$

Pour rapporter ce nombre à l'acide monohydraté vrai, AzO^6H, il convient d'y ajouter la chaleur dégagée dans la réaction de $0,67HO$ sur ce dernier acide : soit $+1,5$ d'après mes expériences (*Annales de Chimie et de Physique*, 5e série, t. IV, p. 448).

3. On a donc, en définitive :

$C^{12}H^6$ pure + AzO^6H pur = $C^{12}H^5AzO^4$ pure + H^2O^2,
dégage.................................... $+36^{Cal},6$

4. Il est facile de déduire de là la *chaleur* même de *formation de la nitrobenzine, depuis ses éléments :*

C^{12} (diamant) + H^5 + Az + O^4, dégage........... $+\ 4,2$

En effet, j'ai trouvé :

Benzine : C^{12} (diamant) + $H^6 = C^{12}H^6$ liquide.......	$-\ 5,0$
Acide azotique : $Az + O^6 + H = AzO^6H$ liquide....	$+41,6$
Réaction....................................	$+36,6$
Somme...............	$+73,2$

D'autre part :

$C^{12} + H^5 + Az + O^4 = C^{12}H^5AzO^4$ liquide..........	x
$H^2 + O^2 = H^2O^2$ liquide..........................	$+69$
Somme...............	$+69 + x$

d'où : $x = +4,2$ pour 123gr.

5. *Décomposition pyrogénée.* — On sait que la nitrobenzine n'est pas, à proprement parler, un corps explosif; elle peut être distillée à point fixe. Cependant, si on la surchauffe fortement, on détermine une réaction vive entre l'oxygène de la molécule nitreuse et les éléments hydrocarbonés de la molécule benzénique. Mais les produits de cette réaction sont mal connus.

6. La *chaleur de combustion totale* de la nitrobenzine se calcule d'après les données précédentes. Celle des éléments étant

$$
\begin{array}{lr}
12\,C^{12} + 24\,O = 12\,CO^2 \ldots\ldots\ldots\ldots & +564 \\
5\,H + 5\,O = 5\,HO \ldots\ldots\ldots\ldots & +172,5 \\
\hline
 & +736,5
\end{array}
$$

en retranchant la chaleur de formation de la nitrobenzine $+4,2$, on a :

$$C^{12}H^5AzO^4 \text{ liquide} + 25\,O = 12\,CO^2 + 5\,HO \text{ liq.} + Az$$
dégage .... $+732^{Cal},3$

Ce poids se rapporte à 123^{gr}. Pour 1^{gr} on aurait 5954^{cal}.

§ 4. — Benzine binitrée : $C^{12}H^4(AzO^4)^2$.

1. J'ai préparé ce corps en dissolvant un poids connu de nitrobenzine dans l'acide nitrosulfurique. L'appareil était le même, et l'expérience se faisait exactement de la même manière que pour la nitrobenzine; à cela près qu'on a placé dans le cylindre de platine 35^{gr} d'un mélange obtenu à l'avance, au moyen de 1500^{gr} de l'acide azotique précédent et de 2944^{gr} d'acide sulfurique bouilli.

Dans ces 35^{gr} d'acide nitrosulfurique, on a dissous une première fois $1^{gr},262$ et, dans une autre expérience, $2^{gr},534$ de nitrobenzine : les élévations respectives de température ont été $0°,73$ et $1°,44$.

On a vérifié que la nitrobenzine était entièrement changée en binitrobenzine. Les calculs et les corrections ont été faits comme précédemment (p. 10), de façon à obtenir la quantité Q.

Le calcul de q (p. 11) est un peu compliqué. En effet, la formation de la binitrobenzine produit ici deux phénomènes : elle change l'hydratation de l'acide nitrosulfurique et elle altère le rapport entre l'acide azotique et l'acide sulfurique, en faisant prédominer ce dernier; attendu qu'une portion de l'acide azotique disparaît par le fait de la combinaison. Pour tenir compte de ces deux circonstances, qui étaient destinées à se représenter dans le cours de mes autres expériences, j'ai procédé à plusieurs séries d'essais.

D'abord, j'ai mesuré, directement et par couples d'essais, la chaleur dégagée par le mélange de l'acide azotique

$$(AzO^6H + 0,67\,HO)$$

avec l'acide sulfurique bouilli, en quatre proportions différentes, choisies de façon à comprendre entre leurs limites tous les cas possibles de mes essais. J'ai obtenu ainsi la courbe des quantités de chaleur, produites pour toute la série des mélanges intermédiaires.

Puis, chacune de ces liqueurs étant préparée en proportion considérable, j'y ai ajouté des proportions d'eau croissant suivant quatre rapports distincts, et qui comprenaient également entre leurs limites tous les cas possibles de mes essais. J'ai mesuré chaque fois la chaleur dégagée, et j'ai construit les courbes des chaleurs d'hydratation de ces divers systèmes de mélanges.

J'ai obtenu ainsi les éléments nécessaires pour calculer par interpolation la quantité q, dans tous les cas compris dans les limites de mes expériences.

Cette marche est un peu pénible ; elle m'a paru la plus convenable pour le but que je me proposais, c'est-à-dire pour l'étude d'une série de formations analogues. Cependant, si l'on n'avait à faire qu'une expérience de ce genre, il serait préférable de mesurer la chaleur dégagée seulement dans trois circonstances, savoir : le mélange des deux acides, suivant les proportions initiales ; le mélange des deux acides, suivant les proportions finales, qui subsistent après l'expérience réalisée ; enfin l'addition de l'eau (suivant la proportion même que fournit cette expérience) au mélange qui répond aux proportions finales des deux acides.

Enfin la quantité q_1 (p. 11) a été mesurée directement, en dissolvant un poids connu de binitrobenzine cristallisée dans un mélange des deux acides et d'eau, identique avec celui qui répond à l'état final de la liqueur, au sein de laquelle la binitrobenzine prend naissance. Cette quantité est négative, comme il arrive en général pour la dissolution des corps solides. Je l'ai trouvée égale à $-2,69$ pour $C^{12}H^4(AzO^4)^2$.

On obtient ainsi en définitive la quantité

$$Q - q - q_1.$$

Mais cette quantité se rapporte à la formation de la binitrobenzine, au moyen de l'acide nitrosulfurique des expériences. Pour rapporter la réaction à l'acide azotique pur, il convient de tenir compte en outre de la chaleur dégagée par la réaction préalable des deux acides, et de la chaleur dégagée par l'union de AzO^6H avec $0,67\,HO$.

2. Je trouve, tous calculs faits, que la réaction théorique

$$C^{12}H^5AzO^4 \text{ pure} + AzO^6H \text{ pur} = C^{12}H^4(AzO^4)^2 \text{ cristallisée} + H^2O^2,$$

a dégagé : $+36,45$ et $+36,35$; en moyenne : $+36,4$.

Ce nombre est sensiblement le même que pour la formation de la benzine mononitrée : + 36,6.

Soit en d'autres termes, *la chaleur dégagée est proportionnelle au nombre d'équivalents d'acide fixés sur le carbure d'hydrogène.*

La formation totale de la binitrobenzine, à partir de la benzine,

$$C^{12}H^{6} + 2\,AzO^{6}H = C^{12}H^{4}(AzO^{4})^{2} + 2\,H^{2}O^{2},\ \text{dégagerait : } + 73{,}0.$$

3. Ces valeurs numériques montrent que la formation des corps nitrés entraîne une perte d'énergie considérable. Elle est bien plus grande que la perte d'énergie accomplie dans la formation des éthers azotiques, comme on le montrera tout à l'heure.

On comprend dès lors pourquoi l'énergie explosive des derniers composés est plus grande et leur stabilité moindre. On comprend aussi pourquoi les corps nitrés ne se comportent pas comme des éthers, ceux-ci étant décomposables par la potasse avec reproduction d'alcool et d'acide. La potasse, dont l'union avec l'acide azotique étendu dégage seulement $13^{Cal},7$, ne peut fournir, par une réaction simple, l'énergie nécessaire pour reconstituer l'acide et la benzine, dont l'union sous forme de nitrobenzine a dégagé $36^{Cal},5$. Au contraire, cette énergie existe pour l'éther azotique et la nitroglycérine, qui réclament seulement 4^{Cal} à 6^{Cal}, pour la régénération de chaque équivalent d'acide.

4. Le chiffre + 36,5, relatif à la nitrobenzine, mérite encore d'être remarqué sous un autre point de vue. En effet, c'est à peu près les trois quarts de la quantité de chaleur dégagée dans la réaction de l'hydrogène sur l'acide azotique étendu, avec formation d'acide azoteux qui demeure dissous :

$$H^{2} + AzO^{5},HO\ \text{étendu} = H^{2}O^{2} + AzO^{3},HO\ \text{dissous, dégage : } + 50{,}5;$$

l'hydrogène joue, dans cette réaction, un rôle analogue à certains égards à celui de la benzine dans la formation de la nitrobenzine.

Cette remarque montre que la formation de la nitrobenzine et des corps analogues peut être assimilée à une oxydation.

Au contraire, la formation de l'éther azotique et de la nitroglycérine, dégageant beaucoup moins de chaleur, représente une simple substitution des éléments de l'acide aux éléments de l'eau.

6. La *décomposition pyrogénée* de la nitrobenzine peut être provoquée par un échauffement brusque; mais les produits n'ont pas été étudiés.

7. La *formation de la binitrobenzine depuis ses éléments*,

$C^{12}(\text{diamant}) + H^4 + Az^2 + O^8 = C^{12}H^4(AzO^4)^2\text{sol.}$,
dégage .... $+ 12,7$ pour 168^{gr}.

8. La chaleur de combustion totale de la binitrobenzine (168^{gr}) :

$C^{12}H^4Az^2O^8 + O^{20} = 12\,CO^2 + 4\,HO + Az^2$
dégage .... $+ 689^{Cal},3$ pour 168^{gr}.

Ce qui fait pour 1^{gr} : 4103^{cal}.

Tous ces calculs ont été faits pour la binitrobenzine obtenue à froid, dans la réaction de la binitrobenzine sur l'acide azotique, et sans se préoccuper du mélange d'isomères qui se produit dans cette circonstance. Les observations que j'ai publiées (¹) tendent d'ailleurs à établir que les divers isomères de même fonction chimique sont formés avec des dégagements de chaleur à peu près identiques.

§ 5. — Benzine chloronitrée : $C^{12}H^4Cl(AzO^4)$.

La formation du composé a lieu en vertu de l'équation suivante :

$$C^{12}H^5Cl + AzO^6H = C^{12}H^4Cl(AzO^4) + H^2O^2.$$

J'ai trouvé que cette réaction dégage : $+ 36,40$.

On sait qu'elle donne lieu à plusieurs corps isomères : j'en ai déterminé la chaleur de dissolution sur le mélange même formé dans la réaction. Je supprime les détails des expériences, détails qui sont semblables aux précédents.

La chaleur de chloruration de la benzine étant inconnue, il n'est pas possible de calculer la formation des corps précédents depuis les éléments.

§ 6. — Acide nitrobenzoïque : $C^{14}H^5(AzO^4)O^4$.

La formation de ce composé a lieu en vertu de l'équation suivante :

$$C^{14}H^6O^4 + AzO^6H = C^{14}H^5(AzO^4)O^4 + H^2O^2.$$

Cette réaction dégage $+ 36,4$.

On voit que ce chiffre se retrouve avec une valeur à peu près constante dans la nitrification de la benzine et de tous ses dérivés immédiats.

La *formation de l'acide nitrobenzoïque depuis ses éléments* est

(¹) *Bulletin de la Société chimique*, 2ᵉ série, t. XXVIII, p. 530.

facile à calculer, si l'on admet pour la chaleur de formation de l'acide benzoïque le chiffre +54 (Rechenberg). On a dès lors

C^{14}(diamant) $+ H^5 + Az + O^8$
$= C^{14}H^5(AzO^4)O^4 + H^2O^2$ liquide, dégage : $+63^{Cal}$ pour 167^{gr}.

3. La *chaleur de combustion totale* du même corps est égale à $761^{Cal},5$ pour 167^{gr}; soit pour 1^{gr} : 3772^{cal}.

§ 7. — Dérivés nitrés de la série aromatique en général.

1. Je viens de montrer que la formation d'un composé nitré, appartenant à la série aromatique, est accompagnée en général par un dégagement de chaleur voisin de $+36^{Cal}$: ce nombre a été retrouvé également par MM. Troost et Hautefeuille pour les dérivés du toluène et de la naphtaline. Je montrerai tout à l'heure qu'il s'applique aussi à la formation du phénol trinitré, autrement dit acide picrique.

2. Ceci étant admis, il est facile de donner des formules générales pour calculer *a priori* la chaleur de formation d'un corps nitré depuis les éléments, ainsi que sa chaleur de combustion; pourvu que l'on possède ces données pour le générateur primitif.

En effet, soit A la chaleur de formation du générateur; $+41^{Cal},6$ étant celle de l'acide azotique; $+36,4$ la chaleur de nitrification; enfin $+69$ la chaleur de formation de l'eau; l'équation de nitrification est la suivante :

$$R + AzO^6H = X + H^2O^2.$$

Elle conduit à l'expression de *la chaleur de formation du composé nitré* X, soit

$$A + 41,6 + 36,4 - 69 = A + 9^{Cal}.$$

Pour un composé binitré, trinitré, etc., on aura : $A + 18^{Cal}$; $A + 27^{Cal}$, et en général : $A + 9n$.

3. La chaleur de combustion totale du corps nitré se déduit de même de celle du corps générateur. Celle-ci étant supposée égale à Q; celle du corps mononitré, qui renferme un équivalent d'hydrogène de moins, sera $Q - 34,5 - 9 = Q - 43,5$.

Pour un corps binitré	$Q - 87,0$
Pour un corps trinitré.........	$Q - 130,5$

Ces formules ne doivent être regardées que comme approchées, parce que l'effet de la nitrification se complique souvent d'un changement d'état physique, dont il conviendrait de tenir compte séparément.

4. Le dégagement de chaleur considérable qui se produit dans la formation des corps nitrés, au moyen de l'acide azotique pur, permet de rendre compte de la formation de ces mêmes composés, au moyen d'un mélange d'acide azotique et sulfurique. On sait en effet que ce mélange est employé, de préférence à l'acide azotique pur, dans la préparation des dérivés nitrés : mais c'est là un fait empirique.

Je vais en donner l'explication théorique : elle résulte de la comparaison entre les chaleurs de formation des dérivés sulfuriques et des dérivés azotiques. En effet, pour prendre un exemple, la formation de l'acide benzinosulfurique

$C^{12}H^6 + 2SO^4H = C^{12}H^6S^2O^6 + H^2O^2$, dégage.... $+14,3 - \alpha$(1)

tandis que celle de la nitrobenzine

$C^{12}H^6 + AzO^6H = C^{12}H^5AzO^4 + H^2O^2$, dégage...... $+36,6$

L'écart de ces deux nombres, soit : $+22,2 + \alpha$, est énorme et ne saurait être compensé : soit par la différence des quantités de chaleur dégagées par l'union de H^2O^2 avec l'excès d'acide nitrosulfurique, dans les deux expériences; soit par la différence des chaleurs de dissolution respectives de la nitrobenzine et de l'acide benzinosulfurique, au sein de la même liqueur.

Ainsi la formation de la nitrobenzine dégage beaucoup plus de chaleur que celle de l'acide benzinosulfurique : la nécessité de la formation du dérivé nitré, de préférence au dérivé sulfurique, est donc une conséquence des principes généraux de la Thermochimie.

§ 8. — Phénol trinitré, ou acide picrique et ses sels.

1. Faisons l'application de ces formules à l'acide picrique. Cet acide dérive du phénol par une triple substitution nitrée :

$$C^{12}H^6O^2 + 3AzO^6H = C^{12}H^3(AzO^4)^3O^2 + 3H^2O^2.$$

Or la chaleur de formation du phénol peut être évaluée à $+34^{Cal}$,

(1) α représente la chaleur de dissolution de l'acide benzinosulfurique dans l'eau; quantité positive et voisine de quelques Calories.

ou à $+28^{Cal}$; selon que l'on adopte la chaleur de combustion de Favre et Silbermann (737) ou celle de M. Rechenberg (743), lesquelles ne diffèrent pas tout à fait d'un centième.

Prenons la moyenne, soit $+31^{Cal}$ pour un équivalent, 229^{gr}.

Ceci posé, la *chaleur de formation de l'acide picrique depuis les éléments :*

$$C^{12}(\text{diam.}) + H^3 + Az + O^{14}, \text{ sera : } +31 + 27 = +58^{Cal}, \text{ pour } 229^{gr};$$

la *chaleur de combustion totale* étant : $+609^{Cal},5$, d'après nos formules.

2. Il est facile de passer de là à la chaleur de formation des picrates.

Soit en effet le *picrate d'ammoniaque :*

$$C^{12}H^3(AzO^4)^3AzH^3 = 246^{gr}.$$

D'après mes déterminations (Tableau V, t. I, p. 193), la formation de ce corps, au moyen de l'acide pur et du gaz ammoniac,

$$C^{12}H^3(AzO^4)^3O^2 \text{ solide } + AzH^3 \text{ gaz}$$

dégage : $+22^{Cal},9$;

ce qui fait, pour la *chaleur de formation du sel, depuis les éléments,* rapportée à 246^{gr} :

$$C^{12} + H^6 + Az^2 + O^{14} : +58 + 12,2 + 22,9 = +83^{Cal},1.$$

MM. Sarrau et Vieille [1] ont trouvé $+80^{Cal},1$, d'après la combustion dans l'oxygène; nombre dont la concordance surpasse la limite des erreurs d'expériences; car la différence ne s'élève pas à un demi-centième sur la chaleur de combustion.

En effet, la *chaleur de combustion totale de ce sel* est, d'après le calcul : $+688^{Cal}$; d'après l'expérience : $+691$; pour 246^{gr}.

Soit pour 1^{gr} : 2797^{cal}.

3. Venons au *picrate de potasse :* $C^{12}H^2(AzO^4)^3KO^2 = 267^{gr}$.

D'après le Tableau IV, t. I, p. 192, la réaction de l'acide sur la base

$$C^{12}H^3(AzO^4)^3O^2 \text{ cristallisé} + KHO^2 \text{ solide}$$
$$= C^{12}H^2K(AzO^4)^3O^2 \text{ solide} + H^2O^2 \text{ solide, dégage : } +30^{Cal},5.$$

En admettant que $K + H + O^2 = KHO^2$ dégage $+104,3$, on a pour

---

[1] *Comptes rendus*, t. XCIII, p. 270.

la *chaleur de formation du picrate de potasse depuis les éléments* pour 267^{gr} :

$$C^{12} + H^2 + K + Az + O^{14} : + 58 + 104,3 + 30,5 - 70,4 = + 122^{Cal},4$$

MM. Sarrau et Vieille ont donné, d'après la combustion dans l'oxygène : $+117^{Cal},5$; nombre dont l'écart s'élève à moins d'un centième de la chaleur totale de combustion. Ce qui ne surpasse pas les limites d'erreur; surtout si l'on remarque que la réaction de l'eau, formée dans la combustion, sur le bicarbonate de potasse a été négligée dans le calcul des auteurs, ainsi que la dissociation partielle de ce dernier sel.

4. La *chaleur de combustion totale du picrate de potasse*, avec formation de bicarbonate de potasse, s'élève à $619^{Cal},7$;

Soit pour 1^{gr} : 2321^{cal}.

5. La *décomposition explosive* du picrate de potasse fournit des produits complexes : acide carbonique, oxyde de carbone, acide cyanhydrique, hydrogène libre, azote, gaz des marais. La proportion relative de ces corps varie avec les conditions.

Aussi l'acide carbonique et le formène augmentent avec la pression, aux dépens de l'oxyde de carbone et de l'hydrogène.

Quant au résidu solide, il est formé de carbonate de potasse et de cyanure de potassium, renfermant le tiers du métal alcalin, avec de petites quantités de charbon, d'après MM. Sarrau et Vieille.

Sous la densité de chargement 0,5, les résultats observés par ces auteurs se rapprochent de l'équation empirique que voici :

$$8 C^{12}H^2K(AzO^4)^3O^2$$
$$= 2 KC^2Az + 6 CO^3K + 21 CO^2 + 52 CO + 3 C^2H^4 + 22 Az + 4 H + 7 C.$$

D'après cette équation, un équivalent de picrate de potasse (267^{gr}) dégagerait : $+ 208^{Cal},4$ en se décomposant;

Soit pour 1^{gr} : 780^{cal}.

DEUXIÈME SECTION. — *Éthers azotiques des alcools proprement dits.*

§ 9. — Notions générales.

1. Les éthers azotiques sont obtenus par l'action de l'acide azotique sur les alcools, avec substitution des éléments de l'eau à ceux de l'acide; 1, 2, 3, ..., 6, et même davantage, équivalents d'acide peuvent aussi remplacer H^2O^2, $2H^2O^2$, $3H^2O^2$, ..., $6H^2O^2$, etc., dans la mo-

lécule alcoolique. Par exemple,

Éther azotique : $C^4H^4(H^2O^2) + AzO^6H = C^4H^4(AzO^6H) + H^2O^2$
Nitroglycérine : $C^6H^2(H^2O^2)^3 + 3AzO^6H = C^6H^2(AzO^6H)^3 + 3H^2O^2$

2. Les équations de formation des éthers azotiques sont analogues à celles des corps nitrés. Mais il est une réaction fondamentale qui distingue les éthers azotiques : c'est qu'ils reproduisent l'acide et l'alcool générateur, sous l'influence prolongée de l'eau et des alcalis étendus; ce qui n'arrive pas avec les corps nitrés. Les agents réducteurs décomposent également les éthers azotiques, en reproduisant l'alcool primitif; tandis qu'avec les corps nitrés, les mêmes agents forment des alcalis organiques.

3. Ces différences sont corrélatives de l'inégale quantité de chaleur dégagée dans la réaction de l'acide azotique sur les composés organiques, suivant qu'il forme un dérivé nitré (p. 17), ce qui dégage en moyenne $+36^{Cal}$; ou bien qu'il produit un éther, ce qui dégage de $+5$ à $+6^{Cal}$, avec les alcools proprement dits; et $+11^{Cal}$ au plus, avec les corps complexes à fonction analogue, tels que la cellulose.

De là résulte l'instabilité plus grande des éthers azotiques. Les alcalis, l'humidité même suffisent pour les altérer à la longue.

Mais il résulte aussi de cette circonstance une énergie plus grande des éthers azotiques dans leur emploi comme explosifs; l'énergie comburante de l'acide azotique étant bien moins affaiblie, lors de sa première combinaison avec le composé organique.

Ceci posé, examinons la formation thermique des éthers azotiques, en commençant par celui de l'alcool ordinaire.

§ 10. — Éther azotique : $C^4H^4(AzO^6H) = 91^{gr}$.

1. J'ai effectué la formation de cet éther dans mon calorimètre, directement au moyen de l'alcool absolu et de l'acide azotique pesant 1,50; sans addition d'aucun autre corps auxiliaire. Le rendement est à peu près théorique. L'expérience, je le répète, peut être exécutée directement; mais elle est fort délicate.

Elle se réalise dans l'appareil décrit précédemment (p. 10), en faisant tomber l'alcool absolu par gouttelettes excessivement fines, dans l'acide azotique pur et exempt de composés nitreux. Au moment même de chaque addition, on agite vivement l'acide, afin d'éviter toute élévation locale de température. On fait mouvoir en même temps le récipient qui renferme l'acide, au sein de l'eau du calorimètre, afin d'absorber à mesure la chaleur dégagée.

Ce sont là des conditions essentielles. Quand on les observe très exactement, on parvient à éviter toute réaction secondaire, tout dégagement de vapeur nitreuse, et à changer entièrement ou à peu près l'alcool en éther azotique; ainsi qu'on peut s'en assurer, en précipitant aussitôt le mélange par l'eau, et en récoltant et pesant l'éther formé.

L'addition de l'urée à l'acide azotique monohydraté n'augmente pas les chances de succès; contrairement à ce qui arrive avec un acide moins concentré, comme dans la préparation classique de l'éther azotique.

La seule condition essentielle, c'est d'opérer sur des gouttelettes d'alcool très fines et très rapidement mélangées à la masse, de façon à éviter l'élévation de température locale qui provoque les actions secondaires.

L'expérience ne réussit pas toujours; mais on tient compte seulement des mesures calorimétriques qui s'appliquent à une réaction régulière.

J'ai opéré tantôt sur $7^{gr},5$, tantôt sur 15^{gr} d'acide azotique, et sur $0^{gr},840$ d'alcool.

La réaction achevée, il convient de verser aussitôt les produits dans l'eau; autrement une réaction secondaire ne tarde pas à se déclarer. La même réaction se développe d'ailleurs au bout de peu de temps, lorsqu'on dissout dans l'acide azotique monohydraté l'éther azotique pur, préparé à l'avance : opération que j'ai dû exécuter dans le calorimètre, pour pouvoir compléter les données des calculs relatifs à la formation de l'éther azotique.

2. Tous calculs faits, je trouve que la formation de l'éther azotique

$$C^4H^6O^2 \text{ liq.} + AzO^6H \text{ liq.} = C^4H^4(AzO^6H) \text{ liq.} + 2H^2O^2 \text{ liq.}$$

dégage $+6^{Cal},2$; les corps étant supposés purs, séparés les uns des autres, et pris à la température ordinaire.

J'ai encore mesuré la chaleur de dissolution de l'éther azotique dans l'eau,

$$C^4H^4(AzO^6H), \text{ 1 partie} + 180 \text{ parties d'eau, dégage : } \quad +0,99;$$

d'où je tire

$$C^4H^6O^2 \text{ diss.} + AzO^6H \text{ dissous}$$
$$= C^4H^4(AzO^6H) \text{ dissous} + H^2O^2 + \text{eau, absorbe : } \quad -3^{Cal},2.$$

On voit qu'il y a inversion thermique du phénomène avec la

dilution; précisément comme pour les acides éthylsulfurique et congénères.

La formation de l'éther azotique se rapproche par là de celle des éthers formés par les acides organiques, lesquels sont produits avec absorption de chaleur, soit qu'il s'agisse des corps dissous, ou bien des corps purs [1].

Au contraire, la formation de l'éther azotique, à partir de l'acide concentré, dégage de la chaleur : cette opposition résulte de la grande différence d'énergie qui existe entre l'acide azotique pur et le même acide étendu d'eau.

3. La *formation* de *l'éther azotique depuis les éléments*

$$C^4\,(\text{diamant}) + H^5 + Az + O^6 = C^4H^4(AzO^6H)\ \text{liquide},$$

dégage : $+ 49^{Cal},3$ pour 91^{gr}; soit pour 1^{gr} : 542^{cal}.

4. *Décomposition.* — L'éther azotique peut être distillé très régulièrement; mais il faut éviter toute surchauffe locale. Au contact d'une flamme, ou même à une température voisine de 300°, l'éther détone avec violence. Un terrible accident, survenu dans une fabrique de produits chimiques à Saint-Denis, a montré quels dangers présente le maniement en grand de cet éther.

Les produits de cette explosion n'ont pas été analysés : l'oxygène du composé est d'ailleurs insuffisant pour brûler le carbone et l'hydrogène, même en supposant ce premier corps changé uniquement en oxyde de carbone.

En admettant la réaction suivante :

$$C^4H^4(AzO^6H) = 4CO + 2HO + 3H + Az,$$

la décomposition de l'éther liquide avec formation d'eau liquide dégagerait : $+71^{Cal},3$ pour 91^{gr}. L'éther et l'eau étant supposés gazeux, le chiffre doit être peu différent; cela ferait pour 1^{gr} : 787^{cal}.

5. La *chaleur de combustion totale* de l'éther azotique, par l'oxygène pur

$$C^4H^4(AzO^6H) + 7O = 4CO^2 + 5HO + Az,$$

dégage : $+ 311^{Cal},2$ pour 91^{gr}; soit pour 1^{gr} : 3420^{cal}.

---

[1] *Annales de Chimie et de Physique*, 5e série, t. IX, p. 344.

§ 11. — Nitroglycérine : $C^6H^2(AzO^6H)^3 = 227^{gr}$.

1. J'ai préparé la nitroglycérine dans mon calorimètre, au moyen de l'acide nitrosulfurique et dans des conditions analogues à celles décrites récemment par M. Champion ; conditions dans lesquelles le rendement s'élève aux $\frac{4}{5}$ de la valeur théorique, les oxydations secondaires étant évitées. J'ai opéré sur $1^{gr},201$ et sur $1^{gr},934$ de glycérine. Celle-ci était contenue dans une petite capsule, pesée exactement et versée goutte à goutte, au centre du mélange nitrosulfurique. Quand on jugeait suffisante la proportion de glycérine versée, on pesait de nouveau la capsule ; la différence des pesées indiquait le poids de la glycérine introduite.

2. Tous calculs faits, j'ai trouvé que la réaction normale, rapportée aux corps pris dans leur état actuel,

$$C^6H^8O^6 + 3AzO^6H = C^6H^2(AzO^6H)^3 + 3H^2O^2,$$

dégage $+14,7$; soit $+4,9$ par équivalent d'acide entré en combinaison.

Ce chiffre, un peu plus faible que celui de l'éther azotique, montre que l'acide et la glycérine ont conservé presque toute leur énergie réciproque dans la combinaison ; circonstance qui explique la décomposition si facile de la nitroglycérine et les effets redoutables de cette décomposition.

3. On trouve encore

$$C^6H^8O^6 \text{ diss.} + 3AzO^6H \text{ ét.} = C^6H^2(AzO^6H)^3 \text{ pure} + 3H^2O^2 \text{liq.}$$

absorbe : $-8,8$ ou $-2,9 \times 3$.

Il y a donc inversion thermique, à partir des corps dissous ; précisément comme pour l'éther azotique : ce qui rapproche également la nitroglycérine des éthers à oxacides organiques.

4. La *chaleur de formation de la nitroglycérine, depuis les éléments*, peut être calculée d'après la chaleur même de formation de la nitroglycérine, déduite de sa chaleur de combustion observée par M. Louguinine. On trouve ainsi :

$C^6(\text{diamant}) + H^5 + Az + O^{18}$, dégage .... $+98^{Cal}$ pour 227^{gr}

soit pour 1^{gr} : 432^{cal}.

5. La *chaleur de combustion totale* et la *chaleur de décomposition*

complète se confondent ici, puisque la nitroglycérine renferme un excès d'oxygène :

$$C^6H^2(AzO^6H)^3 = 6CO^2 + 5HO + Az + O.$$

MM. Sarrau et Vieille ont vérifié la réalité de cette réaction.

D'après les données précédentes, la chaleur de combustion est égale à $+356^{Cal},5$; soit pour 1^{gr} : 2452^{cal}.

MM. Sarrau et Vieille (*Comptes rendus*, t. XCIII, p. 269) ont trouvé $+360^{Cal},5$; valeur aussi concordante qu'on peut l'espérer.

La nitroglycérine se décompose autrement, lorsqu'on enflamme la dynamite, c'est-à-dire un mélange intime de silice et de nitroglycérine, et qu'on laisse les gaz s'écouler librement, sous une pression voisine de la pression atmosphérique. MM. Sarrau et Vieille ont obtenu, dans ces conditions, sur 100 volumes de gaz :

AzO^2	48,2
CO	35,9
CO^2	12,7
H	1,6
Az	1,3
C^2H^4	0,3

Ces conditions se rapprochent de celles où une charge de mine, simplement enflammée par l'amorce, fuse lentement sous de faibles pressions : c'est ce que l'on appelle un *raté de détonation*.

§ 12. — Nitromannite : $C^{12}H^2(AzO^6H)^6 = 452^{gr}$.

1. J'ai préparé ce corps avec l'acide nitrosulfurique. La réaction est lente et se prolonge pendant assez longtemps. J'ai opéré sur 1^{gr} de mannite et sur 30^{gr} de liqueur acide.

En admettant une réaction totale, les nombres que j'ai observés conduisent à $+23^{Cal},5$ pour la réaction

$$C^{12}H^{14}O^{12} + 6AzO^6H = C^{12}H^2(AzO^6H)^6 + 6H^2O^2;$$

soit $+3^{Cal},92$ par équivalent d'acide azotique fixé.

2. La *chaleur de formation de la nitromannite depuis ses éléments* se calcule d'après le chiffre précédent, joint à la chaleur de formation de la mannite, déduite elle-même de sa chaleur de combustion (760^{Cal}) mesurée par M. Rechenberg. On trouve ainsi :

C^{12} (diamant) $+ H^8 + Az^6 + O^{36}$, dégage..... $+156^{Cal},5$ pour 452^{gr}

MM. Sarrau et Vieille déduisent de la chaleur de combustion de la nitromannite elle-même la chaleur de formation $+ 165^{Cal},1$ pour 452^{gr}; nombre suffisamment voisin du précédent, si l'on remarque la grandeur des chaleurs de combustion qui vont être données : car l'écart entre les chaleurs de combustion calculées et trouvées ne s'élève pas à un centième.

3. La *chaleur de combustion* de la nitromannite est la même que sa *chaleur de décomposition*, ce corps renfermant, comme la nitroglycérine, un excès d'oxygène :

$$C^{12}H^2(AzO^6H)^6 = 12\,CO^2 + 8\,HO + 6\,Az + O^2.$$

Cette réaction dégage, d'après le calcul :

$$564 + 276 - 156,1 = + 683^{Cal},9 \text{ pour } 452^{gr}.$$

MM. Sarrau et Vieille ont trouvé directement : $678^{Cal},5$.
Soit, pour 1^{gr} : 1501^{cal}.

§ 13. — Chaleur de formation des éthers azotiques en général.

1. Je veux parler ici des éthers formés au moyen des alcools véritables, n'ayant aucune autre fonction simultanée (p. 9). D'après les données précédentes, la formation d'un éther azotique, au moyen de l'alcool et de l'acide azotique, dégagerait en moyenne : $+5^{Cal},0$, par équivalent d'acide azotique fixé. Ce chiffre peut être employé pour calculer la chaleur de formation et la chaleur de combustion des éthers azotiques non étudiés jusqu'à présent.

2. Soit un éther formé par un alcool de formule R; l'éther étant

$$R + n\,AzO^6H - n\,H^2O^2.$$

La chaleur de formation de l'éther, depuis les éléments, se déduira de la chaleur A de formation de l'alcool par la formule suivante :

$$A + 41,6n + 5n - 69n = A - 22,4n.$$

Elle est inférieure à la chaleur de formation du générateur; contrairement à ce qui arrive pour les corps nitrés (p. 17), lesquels surpassent au contraire la chaleur de formation du générateur de $+9n^{Cal}$. L'écart, qui est de $31^{Cal},4$, par chaque équivalent d'acide azotique fixé, mesure l'excès d'énergie d'un éther azotique, comparé à un corps nitré isomère et dérivé des mêmes générateurs :

l'éther benzylazotique par exemple, comparé à l'alcool nitrobenzylique.

3. La *chaleur de décomposition* d'un éther azotique pourra dès lors être calculée *a priori,* si l'on en connaît les produits ; comme il arrive lorsque le corps renferme un excès d'oxygène.

4. La *chaleur de combustion totale* d'un éther azotique se déduit dans tous les cas de celle de l'alcool générateur. Celle-ci étant égale à Q, la formule de l'éther dérivé de n équivalents azotiques renfermera nH de moins et sa chaleur de combustion sera

$$Q - 34,5\,n + 22,4\,n = Q - 12,1\,n.$$

Soit, par exemple, la nitroglycérine ($n = 3$); on aura $Q = 392^{Cal},5$, d'après les données de M. Louguinine sur la glycérine. La chaleur de combustion totale de la nitroglycérine, calculée par la formule, sera dès lors : + 356,2.

MM. Sarrau et Vieille ont trouvé par expérience : + 360,5. L'écart est d'un centième; et il doit être réparti entre les erreurs faites sur la chaleur de combustion de la glycérine et sur celle de la nitroglycérine.

5. Calculons d'après cette formule, et pour préciser les idées, la formation de l'*éther méthylazotique*.

$$C^2 + H^3 + Az + O^6 = C^2H^2(AzO^6H).$$

La formation de l'alcool méthylique depuis les éléments, A = 62; donc on aura : + 39,6 pour la *formation de l'éther méthylazotique depuis les éléments.*

La chaleur de combustion totale de cet éther sera : + 157,9 pour 77^{gr}; pour 1^{gr}, soit 2050^{cal}.

En admettant pour la *décomposition explosive* de cet éther

$$C^2H^2(AzO^6H) = CO^2 + CO + Az + 3HO,$$

cette décomposition dégagerait : + $123^{Cal},8$ pour 77^{gr}.

Si l'on préfère admettre que la décomposition répond à la formule $2CO^2 + Az + H + 2HO$, on aura + $124^{Cal},1$; ce qui est sensiblement la même chose. Cela fait pour 1^{gr} : 1602^{cal}.

6. Soit encore la formation du *glycol biazotique*

$$C^4H^2(AzO^6H)^2,$$

A = 111,7; d'après la chaleur de combustion du glycol observée par M. Louguinine. Le chiffre : + $66^{Cal},9$ pour 1 équivalent = 152^{gr} exprime dès lors la *chaleur de formation depuis les éléments.*

La *chaleur de décomposition* sera ici identique à *la chaleur de combustion totale,*

$C^4H^2(AzO^6H)^2 = 4CO^2 + 4HO + Az^2$, dégage : $+258^{Cal},8$, pour 152^{gr}; cela fait pour 1^{gr} : 1956^{cal}.

Il n'y a pas d'excès d'oxygène; le nitroglycol doit donc être un corps explosif fournissant le maximum d'effet.

§ 14. — Dérivés azotiques des alcools complexes.

1. Je passe aux dérivés azotiques des alcools à fonction complexe. Les seuls qui aient été étudiés au point de vue thermique sont la cellulose et ses isomères, lesquels sont probablement des éthers-alcools, dérivés eux-mêmes d'un alcool aldéhyde, le glucose [1].

2. Ces composés ne se décomposent pas simplement sous l'influence de l'eau ou des alcalis, c'est-à-dire de façon à reproduire l'acide azotique et la cellulose générateurs ; mais ils donnent lieu à des réactions complexes, mal connues et dans lesquelles la fonction aldéhyde semble jouer un rôle.

Par contre, si l'on détruit l'acide azotique dans la combinaison elle-même, au moyen d'un agent réducteur, on reproduit la cellulose avec ses propriétés initiales.

3. La stabilité plus grande de cet ordre de dérivés azotiques, à l'égard des agents d'hydratation, répond, comme on va le montrer, à une chaleur de nitrification plus grande, c'est-à-dire à une perte d'énergie plus forte dans la combinaison [1].

Deux dérivés de cet ordre seulement ont été étudiés au point de vue thermique, savoir : la poudre-coton et la xyloïdine.

§ 15. — Amidon azotique (xyloïdine).

1. Ce corps répond à la formule

$$C^{12}H^{10}O^{10} + AzO^6H = C^{12}H^8O^8(AzO^6H) + H^2O^2;$$

ou plutôt à un multiple de cette formule, si l'on admet que l'amidon est lui-même un corps condensé, dérivé de plusieurs molécules de glucose :

$$nC^{12}H^{12}O^{12} - nH^2O^2 = C^{12n}H^{10n}O^{10n}.$$

---

[1] *Voir* mon *Traité élémentaire de Chimie organique*, t. I, p. 371; 1881, chez Dunod.

[1] *Voir* le théorème de la p. 187 : t. I du présent Ouvrage.

La valeur de n n'étant pas connue jusqu'ici avec certitude, je rapporterai les données à $n = 1$ pour simplifier.

2. J'ai préparé l'amidon azotique avec l'amidon sec et l'acide azotique pesant 1,50. J'ai trouvé que la réaction

$$C^{12}H^{10}O^{10} + AzO^6H = C^{12}H^8O^8(AzO^6H) + H^2O^2$$

dégage $+ 12^{Cal},4$, l'amidon azotique étant isolé sous forme solide. C'est à peu près la même valeur que pour la poudre-coton, par chaque équivalent d'acide fixé.

On remarquera que cette valeur est double du chiffre observé pour l'éther azotique et la nitroglycérine : tout en demeurant seulement le tiers de la chaleur dégagée dans la formation de la nitrobenzine. La poudre-coton et la xyloïdine se comportent comme des substances intermédiaires entre les corps nitrés et les éthers azotiques normaux; aussi résistent-elles bien mieux aux alcalis que les éthers azotiques.

3. La *chaleur de formation de l'amidon azotique, depuis ses éléments*, peut être calculée, si l'on admet avec M. Rechenberg que la chaleur de combustion totale de l'amidon est égale à $+ 726^{Cal}$; par suite la chaleur de formation de ce corps sera égale à $+ 183^{Cal}$.

On aura dès lors

$$C^{12} + H^9 + Az + O^{14}, \quad \text{dégage : } + 183 + 41,6 + 12,4 - 69$$
$$= + 168^{Cal}, \text{ pour } 207^{gr};$$

soit, pour 1^{gr} : 812^{cal}.

4. La *chaleur de décomposition* ne pourrait être calculée que si les produits de cette décomposition étaient donnés; or ils n'ont pas été étudiés jusqu'ici et la dose d'oxygène est loin de suffire pour une combustion totale.

5. La *chaleur de combustion totale* est égale à $706^{Cal},5$ pour 207^{gr}; soit, pour 1^{gr} : 3413^{cal}.

§ 16. — Cellulose perazotique ou poudre-coton.

1. Ce corps résulte de la réaction de l'acide azotique sur la cellulose; celle-ci étant spécialement prise sous la forme de coton. L'acide azotique se substitue à l'eau, dans la cellulose, sans en changer l'apparence physique.

Plusieurs composés peuvent ainsi prendre naissance, distincts par leur richesse en acide azotique. Pour simplifier, on les rapporte d'ordinaire à trois types :

La cellulose monoazotique..... $C^{12}H^8O^8(AzO^6H)$;
La cellulose diazotique........ $C^{12}H^6O^6(AzO^6H)^2$;
La cellulose triazotique........ $C^{12}H^4O^4(AzO^6H)^3$;

mais ces indications ne sont pas rigoureuses. En réalité la formule du coton est plus élevée que $C^{12}H^{10}O^{10}$; elle en est un multiple. En outre la dose d'acide azotique indiquée par la dernière formule est un peu plus élevée que la dose maximum réellement fixée sur le coton : celle-ci lui est sensiblement inférieure, d'après les analyses et les synthèses les plus exactes. Comme il n'a été fait d'ailleurs d'expériences thermiques que sur le coton-poudre, nous nous occuperons ici surtout de ce composé.

En admettant pour la formule de la cellulose $C^{48}H^{40}O^{40}$, celles de la poudre-coton qui répondent le mieux aux expériences sont les suivantes :

$$C^{48}H^{20}O^{20}(AzO^6H)^{10}, \quad \text{ou} \quad C^{48}H^{18}O^{18}(AzO^6H)^{11}.$$

L'incertitude entre ces deux formules résulte de la petite quantité de carbone retenu dans les cendres sous forme de carbonate et que l'on néglige dans la deuxième formule. Cependant celle-ci semble en somme préférable.

2. J'ai préparé la poudre-coton dans mon calorimètre, avec l'acide nitrosulfurique, et en opérant comme pour la nitroglycérine (p. 10). J'ai employé $1^{gr},188$ et $1^{gr},241$ de coton sec. La réaction se prolongeant, j'ai arrêté chaque fois l'expérience au bout de vingt minutes; puis j'ai lavé, séché et pesé la poudre-coton; ce qui faisait connaître la proportion de l'acide fixé. Cette proportion a été trouvée un peu moindre que celle qui répondrait à une nitrification complète, parce que l'expérience n'a pas duré assez longtemps. Elle s'est élevée chaque fois à 9 équivalents d'acide azotique, fixés sur $C^{48}H^{40}O^{40}$, au lieu de 10 ou 11.

D'après les nombres obtenus, on peut calculer la chaleur dégagée, soit 102^{Cal} pour $9AzO^6H$; ou $+11^{Cal},4$ pour chaque équivalent d'acide azotique fixé. On peut admettre dès lors que la fixation de $11AzO^6H$ aurait dégagé $+125^{Cal},4$ pour la formule

$$C^{48}H^{40}O^{40} + 11AzO^6H - 11H^2O^2;$$

ou bien $+114^{Cal}$ pour la formule

$$C^{48}H^{40}O^{40} + 10AzO^6H - 10H^2O^2,$$

suivant la convention adoptée pour la formule du coton-poudre.

3. Le chiffre $+11,4$ est fort voisin du chiffre $+12,4$ trouvé pour l'amidon azotique; ce qui autorise, jusqu'à un certain point, à admettre que chaque équivalent azotique fixé sur un hydrate de carbone dégage, en moyenne, environ $+12^{Cal}$. Ce chiffre, je le répète, est double de la chaleur de formation des éthers azotiques proprement dits.

4. Pour tirer de là la chaleur de formation du coton-poudre depuis les éléments, il faudrait connaître la chaleur de formation du coton lui-même, laquelle est inconnue.

5. MM. Sarrau et Vieille ont mesuré la *chaleur dégagée dans la décomposition du coton-poudre*. Celle-ci variant avec les conditions, ils ont rapporté leurs résultats à la décomposition qui fournit les produits suivants :

$$30CO + 18CO^2 + 11H + 11Az + 18HO.$$

On en déduit, pour la chaleur de combustion totale du coton-poudre :

$$C^{48} + H^{48} + Az^{11} + O^{84} = 1143^{gr}$$

le chiffre $+633^{Cal}$.

En brûlant le fulmicoton par l'azotate d'ammoniaque, ils ont obtenu un nombre qui conduit à $+698^{Cal}$. Cette divergence montre combien est difficile un tel genre d'expériences, fondées sur des réactions complexes. Cependant les chiffres ci-dessus peuvent servir comme données approximatives, jusqu'à ce qu'on ait trouvé un procédé plus certain.

D'après la première donnée, la *chaleur de combustion totale du coton-poudre* par l'oxygène libre, rapportée à 1^{gr}, serait : $562^{cal},5$.

La *formation depuis les éléments* serait : 624^{Cal}, pour 1143^{gr}.

6. Quelques mots sur les produits de la décomposition explosive du coton-poudre, en vase clos et à volume constant; ce sujet a été l'objet d'une étude très soignée et très intéressante de la part de MM. Sarrau et Vieille [1]. Ils ont trouvé que le volume des gaz

---

[1] *Comptes rendus*, t. XC, p. 1058.

(réduits à 0° et 0m,760), aussi bien que leur proportion relative, varie avec la densité de chargement, c'est-à-dire avec la pression développée au moment de l'explosion. Voici quelques résultats :

Densité de chargement.........		0,01	0,023	0,2	0,3
Volume des gaz (réduits) produits par 1gr de matière.......		658cc,5	670cc,8	682cc,4	»
Composition des gaz, 100 volumes......	CO......	49,3	43,3	37,6	34,7
	CO^2.....	21,7	24,6	27,7	30,6
	H.......	12,7	17,2	18,4	17,4
	Az......	16,3	15,9	15,7	15,6
	C^2H^4....	0,0	traces	0,6	1,6

Il résulte de ce Tableau que l'acide carbonique et l'hydrogène augmentent avec la densité de chargement; tandis que l'oxyde de carbone diminue. On remarque en outre la production d'une dose sensible et croissante du gaz des marais. En la négligeant, les formules suivantes traduisent ces circonstances.

$$C^{48}H^{18}O^{18}(AzO^6H)^{11} =$$

Densité 0,1......	$33CO + 15CO^2 + 8H + 21HO + 11Az$
» 0,023 ...	$30CO + 18CO^2 + 11H + 18HO + 11Az$
» 0,21	$27CO + 21CO^2 + 14H + 15HO + 11Az$
» 0,2	$26CO + 22CO^2 + 15H + 14HO + 11Az$

Ainsi, sous de faibles densités de chargement, la réaction répond sensiblement à cette relation simple 4 : 2 : 1 entre le volume de l'oxyde de carbone, de l'acide carbonique et de l'hydrogène ; tandis que sous de fortes densités elle se rapproche de plus en plus de la limite

$$24CO + 24CO^2 + 17H + 12HO + 11Az.$$

On peut admettre que cette dernière formule représente sensiblement le mode de décomposition réalisé dans les conditions ordinaires de la pratique, qui utilisent le fulmicoton sous de fortes densités de chargement.

On remarquera qu'il ne se produit ni bioxyde d'azote, ni vapeur nitreuse dans la décomposition explosive du fulmicoton fait en vase clos.

7. Il en est autrement lorsqu'on se borne à enflammer le coton-poudre, à l'aide d'un fil rougi, en laissant un libre écoulement aux gaz, et sous une pression très voisine de la pression atmosphé-

rique, de façon à les empêcher de s'échauffer. Dans ces conditions, qui sont celles d'un raté de détonation, les auteurs précités ont obtenu, sur 100 volumes :

AzO^2	24,7
CO	41,9
CO^2	18,4
H	7,9
Az	5,8
C^2H^4	1,3

Ceci met de nouveau en évidence la multiplicité des décompositions qu'un même corps explosif peut éprouver (*voir* t. I, p. 22-23).

CHAPITRE X.

COMPOSÉS DIAZOIQUES. — AZOTATE DE DIAZOBENZOL.

§ 1. — Notions générales.

1. Les composés organiques azotés dérivent des composés minéraux de l'azote par voie de combinaison avec des corps non azotés, cette combinaison étant accompagnée par la séparation des éléments de l'eau ([1]). On obtient ainsi :

Soit les dérivés des composés hydrogénés de l'azote, tels que les dérivés de l'ammoniaque, alcalis et amides, dont nous avons parlé dans le Chapitre VII; et les dérivés de l'oxyammoniaque, jusqu'ici sans application pour les présentes études;

Soit les dérivés des composés oxygénés de l'azote, tels que les dérivés azotiques, c'est-à-dire les éthers azotiques et les corps nitrés, étudiés dans le Chapitre IX; on peut y joindre en principe les dérivés azoteux, les éthers azoteux, les corps nitrosés, jusqu'ici sans application aux matières explosives; et les dérivés hypoazoteux, à peine connus.

2. Les composés hydrogénés et les composés oxygénés de l'azote peuvent être également associés deux à deux, trois à trois, etc., dans la formation d'un même dérivé organique : ils forment des corps à fonction mixte, que l'on désigne sous le nom de *dérivés diazoïques, triazoïques,* etc.

Or cet ordre de composés paraît appelé à jouer quelque rôle dans les applications des matières explosives.

Soient en effet les plus simples d'entre eux, à savoir : les corps qui dérivent de l'ammoniaque et de l'acide azoteux, associés simultanément au sein d'un même composé organique : tel est le diazobenzol, dérivé du phénol et des deux composants azotés que je viens de citer

$$C^{12}H^6O^2 + AzO^3,HO + AzH^3 - 3H^2O^2 = C^{12}H^4Az^2;$$

([1]) *Traité élémentaire de Chimie organique,* par MM. Berthelot et Jungfleisch. t. II, p. 313; 1881, chez Dunod.

un tel corps renferme les résidus azotés de l'ammoniaque et de l'acide azoteux. Sous diverses influences, il fixe en sens inverse les éléments de l'eau, en reproduisant du phénol et de l'azote libre

$$C^{12}H^4Az^2 + H^2O^2 = C^{12}H^6O^2 + Az^2;$$

l'azote résulte ici de l'action réciproque des deux composants azotés, précisément comme il résulterait de l'action directe de l'ammoniaque et de l'acide azoteux, générateurs primitifs.

3. La chaleur dégagée dans la formation d'un composé diazoïque est très inférieure à celle que produiraient l'ammoniaque et l'acide azoteux, développant de l'azote par leur action directe. En d'autres termes, l'eau éliminée dans la réaction originelle qui engendre le corps diazoïque n'a pas dégagé, au moment de sa formation, la même quantité de chaleur que si elle avait pris naissance directement, aux dépens des deux générateurs azotés pris à l'état de liberté. Dès lors, le composé diazoïque renferme un excès d'énergie, qui le rend apte à se décomposer brusquement : c'est un corps éminemment explosif.

Cette théorie fait prévoir les propriétés explosives des composés diazoïques. Un seul d'entre eux a été étudié jusqu'à présent à ce point de vue : c'est le diazobenzol, et ses caractères confirment complètement les prévisions de la théorie. On doit envisager spécialement dans les applications l'azotate de diazobenzol, composé cristallisé, plus maniable que le diazobenzol isolé et renfermant d'ailleurs une dose d'énergie plus considérable, à cause de la présence additionnelle de l'acide azotique, qui peut exercer une action comburante sur le carbone. Nous en avons étudié, M. Vieille et moi, les propriétés thermiques et mécaniques.

§ 2. — Azotate de diazobenzol.

1. L'azotate de diazobenzol est une matière explosive, solide, cristallisée. Il répond à la formule

$$C^{12}H^4Az^2, AzO^6H$$

son équivalent est égal à 167.

Ce corps a été proposé comme amorce. En raison de sa grande aptitude à se transformer de diverses manières, il est employé aujourd'hui dans l'industrie pour la fabrication des matières colorantes.

Nous en avons étudié la préparation, la stabilité, la densité, la détonation (au double point de vue de la chaleur dégagée et de la nature des produits), les chaleurs de combustion et de formation depuis les éléments, enfin les pressions développées par la détonation en vase clos : mais l'examen de ces dernières sera réservé pour le Livre III.

2. *Préparation.* — L'aniline est la matière première de la préparation du diazobenzol; celle qui a servi à nos expériences nous a été fournie fort obligeamment par M. Coupier, dans un grand état de pureté : nous le prions de vouloir bien accepter ici nos remercîments.

3. Nous avons préparé l'azotate de diazobenzol par le procédé connu (Griess), en traitant l'azotate d'aniline par l'acide azoteux. On prenait 5gr à 6gr d'azotate d'aniline pur; on le broyait avec un peu d'eau, de façon à former une bouillie, que l'on plaçait dans un tube entouré d'un mélange réfrigérant. On y faisait arriver un courant lent d'acide azoteux, en agitant sans cesse et en évitant avec soin tout échauffement. La liqueur rougit d'abord fortement, puis reprend une teinte plus claire : on s'arrête, dès qu'elle commence à dégager de l'azote. On ajoute à la liqueur son volume d'alcool, puis un excès d'éther, qui précipite l'azotate de diazobenzol. On lave celui-ci sur une toile avec de l'éther pur; on le presse et on le sèche dans le vide sec. Nous avons obtenu ainsi 67 pour 100 du rendement théorique.

4. *Stabilité.* — L'azotate de diazobenzol, placé dans l'air sec et à l'abri de la lumière, a pu être conservé pendant deux mois et au delà, sans altération.

Exposé à la lumière du jour, il devient rosé, puis s'altère de plus en plus, quoique lentement.

Cette altération est bien plus marquée sous l'influence de l'humidité : le composé prend d'abord une odeur de phénol, avec une nuance spéciale, puis il se boursoufle à la longue, en devenant noir et en dégageant des gaz. Il suffit de projeter l'haleine sur le composé pour le voir rougir.

Au contact de l'eau, il se détruit immédiatement, en dégageant de l'azote, du phénol,

$$C^{12}H^4Az^2, AzO^6H + H^2O^2 = C^{12}H^6O^2 + Az^2 + AzO^6H,$$

et divers autres produits.

L'azotate de diazobenzol est aussi sensible au choc que le fulminate de mercure : il détone sous le choc du marteau, ou par un frottement un peu énergique. Mais il est bien plus altérable que le fulminate sous l'influence de l'humidité et de la lumière.

5. Par échauffement, l'azotate de diazobenzol détone avec une violence extrême, à partir de 90°. Au-dessous de cette température, il se décompose peu à peu et sans détonation, du moins lorsqu'il est chauffé par petites portions. On voit par là que l'azotate de diazobenzol est bien plus sensible à l'échauffement que le fulminate de mercure, composé dont le point de déflagration, dans les mêmes conditions, est situé vers 195°.

6. *Densité.* — La densité de l'azotate de diazobenzol a été trouvée égale à 1,37, au moyen du voluménomètre; soit un tiers de celle du fulminate. Une compression énergique et lentement exercée amène ce corps à une densité apparente voisine de l'unité.

7. *Composition.* — 0gr,500, brûlés par détonation dans une atmosphère d'oxygène pur, ont fourni la dose théorique d'acide carbonique, à $\frac{1}{300}$ près (en moins). Il n'y avait ni oxyde de carbone, ni gaz combustible quelconque dans le résidu.

On a opéré avec 0gr,500, suspendus à l'aide d'un fil métallique, susceptible de rougir sous l'influence d'un courant électrique, au centre d'une enceinte de platine remplie d'oxygène pur. Deux expériences ont donné, en moyenne, 0gr,4296 d'acide carbonique : calculé : 0gr,430.

8. *Chaleur de formation depuis les éléments.* — D'après la chaleur de combustion totale, qui sera donnée plus loin :

$$C^{12}\,(\text{diam.}) + H^{5} + Az^{3} + O^{6} = C^{12}H^{4}Az^{2}, AzO^{6}H, \text{ absorbe : } -47^{\text{Cal}},4.$$

La formation de l'acide azotique,

$$Az + O^{6} + H = AzO^{6}H \text{ liquide},$$

dégageant d'ailleurs $+41^{\text{Cal}},6$, on en conclut depuis le carbone, l'azote et l'hydrogène, en opposant l'acide azotique préexistant,

$$\begin{aligned} &C^{12} + H^{4} + Az^{2} + AzO^{6}H\,(\text{liq.}) \\ &\quad = C^{12}H^{4}Az^{2}, AzO^{6}H \text{ cristallisé, absorbe : } \quad -89^{\text{Cal}},0. \end{aligned}$$

Ce chiffre donne une notion plus exacte de la chaleur de formation du diazobenzol lui-même. Encore faudrait-il le diminuer de la chaleur dégagée par la combinaison du diabenzol avec l'acide azotique.

Mais le diazobenzol libre lui-même est un corps liquide, trop mal défini pour que nous ayons cru pouvoir l'étudier.

Quoi qu'il en soit, de tels chiffres négatifs répondent très clairement aux propriétés explosives si caractérisées du composé.

La décomposition de l'azotate de diazobenzol sous l'influence de l'eau, avec régénération de phénol dissous et d'acide azotique étendu :

$$C^{12}H^4Az^2, AzO^6H + H^2O^2 + \text{eau} = C^{12}H^6O^2 + Az^2 + AzO^6H \text{ étendu},$$

dégage : $+ 108^{Cal},1$.

9. *Chaleur de détonation.* — Nous désignons par là la chaleur dégagée par l'explosion pure et simple de l'azotate de diazobenzol, explosion qui donne lieu à des produits complexes.

On a opéré cette explosion au sein d'une atmosphère d'azote, dans une bombe d'acier doublée de platine : le feu était communiqué par l'ignition galvanique d'un fil fin de platine. L'azotate était placé dans une petite cartouche d'étain et suspendu au centre de la bombe, de façon à éviter les actions locales, dues au contact des parois.

On a trouvé (deux expériences faites sur $1^{gr},600$) : $688^{Cal},9$ et $686^{Cal},6$; en moyenne : $687^{Cal},7$ par kilogramme; ou $687^{cal},7$ par 1^{gr}. Cela fait pour un équivalent 167^{gr} : $+ 114^{Cal},8$, à volume constant.

10. Le volume des gaz produits (volume réduit) était $815^{lit},7$ et $820^{lit},0$; en moyenne $817^{lit},8$ par kilogramme; ou $136^{lit},6$ par équivalent (167^{gr}).

11. Ces gaz ont offert la composition suivante, dans les conditions de nos expériences, qui étaient celles d'une faible densité de chargement :

C^2AzH ...	3,2,	soit pour $136^{lit},6$....	4,4
CO	48,65	»	66,4
C^4H^4.....	2,15	....	2,9
H	27,7	....	37,9
Az.......	18,3	....	25,0
	100,0		136,6

On peut remarquer que, dans cette décomposition explosive :

1° Il se forme une dose considérable d'acide cyanhydrique.

2° La totalité de l'oxygène, à un centième près, se retrouve sous forme d'oxyde de carbone; c'est-à-dire que le carbone prend tout l'oxygène et qu'il ne se forme pas d'eau en quantité sensible dans la détonation.

3° Les trois quarts de l'azote seulement se dégagent à l'état libre, un quinzième à l'état d'acide cyanhydrique. Le surplus demeure confiné dans les produits charbonneux de l'explosion : une fraction, la cinquième partie environ du surplus de l'azote, s'y trouve condensée sous forme d'ammoniaque, comme il sera dit plus loin; mais, tout compte fait, la majeure partie (un demi-équivalent environ) demeure unie au charbon, sous la forme d'un composé azoté fixe et spécial.

4° L'hydrogène libre atteint presque trois équivalents et demi, sur les cinq équivalents que renfermait la matière; un demi-équivalent forme du gaz des marais; un demi-équivalent forme de l'ammoniaque et de l'acide cyanhydrique, et un demi-équivalent environ demeure uni au charbon.

5° La moitié du carbone, exactement, forme de l'oxyde de carbone. Un neuvième du surplus concourt à former l'acide cyanhydrique et le formène.

6° Le résidu solide renferme près de la moitié ($\frac{4}{9}$) du poids du carbone. Un neuvième du surplus entre dans l'acide et le formène. La composition brute du résidu n'est pas fort éloignée des rapports $C^{10}H^2Az^2$: c'est donc un charbon riche en azote et en hydrogène, combinés sous forme de corps condensés et polymérisés de l'ordre du paracyanogène.

7° Les gaz produits contiennent, d'après le calcul des analyses précédentes : 75,9 pour 100 du poids de la matière. L'expérience directe, faite par différence, c'est-à-dire d'après la perte de poids de l'appareil, observée en donnant une libre issue aux gaz après l'explosion, a donné 75,6.

8° Le résidu solide pèse dès lors 24,1 centièmes. Il se présente sous la forme d'un charbon réduit en poussière impalpable, très volumineux, à odeur ammoniacale.

L'ammoniaque libre a été dosée à froid dans ce résidu par le procédé Schlœsing; elle représentait 0gr,011 par gramme d'explosif. Dans les gaz eux-mêmes, on a trouvé : 0gr,00042 d'ammoniaque.

12. Le Tableau suivant résume ces résultats, rapportés à 1000 parties en poids :

Azote........	libre....................	189,7	215,5	251,2
	sous forme de CyH......	16,7		
	» AzH^3.....	9,2		
	combiné dans le charbon		35,6	
Oxygène sous forme de CO...............				287,6
Hydrogène...	libre....................	20,5	26,9	29,9
	sous forme de C^2H^4.....	3,2		
	» CyH......	1,2		
	» C^2H^2.....	2,0		
	combiné dans le charbon		3,0	
Carbone.....	sous forme de CO.......	215,8	239,6	431,3
	» CyH......	14,3		
	» C^2H^4......	9,5		
	sous forme de mat. fixe..		230,3	
	Produits gazeux.......	769,7	1000,0	
	Résidu................	230,3		

Le nombre 769,7 l'emporte sur le poids de gaz donné plus haut (758,6), parce qu'il comprend en plus l'ammoniaque.

13. *Équation de décomposition.* — On voit, d'après ce Tableau et d'après la discussion présentée à l'occasion de l'étude des gaz, que, si l'on néglige les perturbations dues aux formations secondaires (acide cyanhydrique, ammoniaque, formène), la réaction principale se réduit à la suivante :

$$C^{12}H^4Az^2, AzO^6H = 6CO + 6C + 5H + 3Az.$$

Dans la réalité, un dixième environ du carbone non combiné avec l'oxygène demeure uni à l'hydrogène et à l'azote, sous la forme gazeuse, en constituant du formène et de l'acide cyanhydrique. Un tiers de l'hydrogène concourt à former ces mêmes gaz, ainsi que l'ammoniaque et des composés fixes. Enfin un quart de l'azote concourt à former de l'ammoniaque, de l'acide cyanhydrique et un charbon azoté.

14. La décomposition pure et simple de l'azotate de diazobenzol en oxyde de carbone et éléments libres

$$6CO + 6C\,(\text{diamant}) + H^5 + Az^3$$

aurait dû dégager : $+ 201^{Cal},6$, à pression constante; c'est-à-dire

$+204^{Cal},7$ à volume constant, d'après la chaleur de combustion totale; au lieu de $+114,8$ trouvés effectivement. Cela prouve que la formation des produits secondaires a absorbé — $89^{Cal},9$.

Une telle absorption de chaleur résulte principalement de la formation du charbon azoté ; la formation exothermique de l'ammoniaque et du formène compensant à peu près la formation endothermique de l'acide cyanhydrique.

Ce fait est conforme au résultat général, d'après lequel les carbures peu hydrogénés et les matières charbonneuses retiennent une portion notable de l'énergie de leurs générateurs complexes; ils surpassent dès lors plus ou moins l'énergie des éléments eux-mêmes.

Cette remarque, que j'avais faite d'abord sur l'acétylène, est d'une application très étendue dans les décompositions pyrogénées; elle explique les conditions singulières dans lesquelles certains composés endothermiques prennent naissance, au moment même où l'échauffement détruit les composés organiques.

15. *Chaleur de combustion totale.* — La combustion a été provoquée par l'ignition galvanique d'un fil fin de platine, en opérant dans une atmosphère d'oxygène pur. Elle a dégagé, pour 167^{gr} ($1^{éq}$) : $+783^{Cal},9$ à volume constant (deux expériences); ce qui fait $+782^{Cal},9$ à pression constante;

Soit pour 1^{gr} : 4694^{cal} à volume constant.

L'oxydation étant complète, la réaction est représentée par l'équation suivante :

$$C^{12}H^4Az^2, AzO^6H + 23\,O = 12\,CO^2 + 5\,HO + 3\,Az.$$

La *chaleur de combustion par l'oxygène, avec reproduction d'acide azotique*

$$C^{12}H^4Az^2, AzO^6H + O^{28} = 12\,CO^2 + 4\,HO + Az^2 + AzO^6H$$

dégagerait en plus la chaleur de formation de l'acide azotique uni à $4^{éq}$ d'eau

$$AzO^6H,\ 2\,H^2O^2,$$

soit $+46,6$; en tout : $+829^{Cal},5$.

CHAPITRE XI.

CHALEUR DE FORMATION DU FULMINATE DE MERCURE.

1. On sait le rôle du fulminate de mercure dans la fabrication des amorces. Ce composé appartient probablement à la classe des composés diazoïques. Nous en avons étudié, M. Vieille et moi, la chaleur de décomposition : d'où résulte la chaleur même de formation.

2. Le fulminate employé dans nos expériences a été extrait des capsules réglementaires, usitées dans le service du Génie. Ces capsules renferment $1^{gr},5$ de fulminate et sont fabriquées à l'École d'Arras.

3. L'analyse a donné :

			Théorie.
C...........	8,35	C.............	8,45
O...........	11,05	O.............	11,30
Az..........	9,60	Az............	9,85
Hg..........	71,30	Hg............	70,4
H...........	0,04		»
	100,34		100,0

Le mercure a été dosé sous forme de sulfure, après avoir oxydé la matière au moyen de l'acide chlorhydrique additionné de chlorate de potasse. Il est en léger excès; cet excès provenant d'une trace de mercure métallique, mélangé mécaniquement. L'azote a été dosé en volume, après détonation, ainsi que l'hydrogène; ce dernier est d'ailleurs négligeable et dû à quelque circonstance accidentelle.

Le carbone et l'oxygène ont été dosés ensemble, sous forme d'oxyde de carbone, après la détonation, laquelle fournit seulement des traces d'acide carbonique. En effet, cinq expériences ont donné, pour 1^{gr} de matière : $234^{cc},2$, contenant sur 100 volumes :

CO^2	0,15
CO	65,70
Az	32,26
H........................	1,8

La théorie exige : $235^{cc},6$.

La détonation doit être faite dans une atmosphère d'azote, afin d'éviter la combustion partielle de l'oxyde de carbone.

4. *Chaleur de décomposition.* — La *détonation*, effectuée dans la bombe calorimétrique, a donné pour $1^{éq} = 284^{gr}$: $+ 116^{Cal}$ à volume constant ; ce qui répond à la décomposition suivante :

$$C^4Hg^2Az^2O^4 = 2C^2O^2 + Hg^2 + Az^2,$$

soit : $+114^{Cal},5$ à pression constante; pour 1^{gr} on aurait 403^{cal}.

D'après cette relation, il se forme seulement de l'oxyde de carbone, de l'azote et de la vapeur de mercure : corps dont un seul est composé, celui-là même stable et non susceptible de dissociation; ce qui explique la brusquerie de l'explosion. Aussi elle dégage tout d'abord sa chaleur et produit tous ses gaz, sans qu'aucune recombinaison progressive pendant le refroidissement vienne modérer la détente et diminuer la violence du choc initial.

Cependant la condensation de la vapeur de mercure doit jouer un rôle de cette espèce; mais seulement après que le refroidissement principal a abaissé la température au-dessous de 360°.

5. *Chaleur de formation depuis les éléments.* — On tire des données précédentes :

C^4 (diamant) $+ Hg^2 + Az^2 + O^4$,
absorbe........... $+ 51,6 - 114,5 = - 62^{Cal},9$ pour 284^{gr}.

Il y a donc absorption de chaleur dans la formation du fulminate; propriété qui répond au caractère explosif de cette substance.

6. *Chaleur de combustion totale.* — En admettant la réaction suivante :

$$C^4Hg^2Az^2O^4 + O^4 = 2C^2O^4 + Hg^2 + Az^2,$$

on aura $+ 250^{cal},9$ pour un équivalent; soit pour 1^{gr} : 883^{cal}.

Cette combustion peut être effectuée dans les amorces par le mélange du fulminate avec le chlorate de potasse : ce qui porte à $+ 262^{Cal},9$ la chaleur dégagée par équivalent. Mais on échauffe alors $406^{gr},6$ de matière, au lieu de 284^{gr}; ce qui donne pour 1^{gr} : 647^{cal}. En outre, on doit observer ici des effets de détente, dus à la dissociation de l'acide carbonique, laquelle rend le mélange moins brusque dans ses effets que le fulminate pur.

CHAPITRE XII.

CHALEURS DE FORMATION DE LA SÉRIE CYANIQUE.

§ 1. — Historique.

1. Peu de séries en Chimie offrent plus d'importance que celle du cyanogène, en raison du caractère du radical composé qui lui sert de pivot ; c'est le seul radical électronégatif qui ait été isolé jusqu'à présent. Les propriétés exceptionnelles des cyanures simples, leur parallélisme avec les sels des éléments halogènes et les propriétés plus singulières encore des cyanures doubles augmentent l'intérêt de la série cyanique. Plusieurs des composés qui en dérivent jouent un rôle dans la fabrication des matières explosives.

En 1871, en 1875 et en dernier lieu en 1879 et 1881, j'ai consacré à l'étude thermique de cette série de longues suites d'expériences, publiées dans les *Annales de Chimie et de Physique*, 5e série, t. V, p. 433, et t. XXIII, p. 178 et p. 252. Ces expériences, commencées pendant le printemps et l'été de 1871, en partie à Versailles, en partie à Paris, au milieu des préoccupations de cette année troublée, ont offert de grandes difficultés et même des dangers sérieux ; car j'ai dû opérer sur l'acide cyanhydrique pur et sur le chlorure de cyanogène liquéfié ; c'est-à-dire sur les corps les plus vénéneux qui soient connus.

Le calcul des nombres fondamentaux repose principalement sur les mesures que j'ai faites de la chaleur de formation du cyanogène, de l'acide cyanhydrique, du cyanate de potasse et du chlorure cyanique. Les expériences sur lesquelles reposent ces évaluations vont être données, telles qu'elles ont été exécutées dès l'origine. Mais les chiffres qui en sont déduits ont éprouvé divers changements, dus principalement à l'intervention de la chaleur de formation de l'ammoniaque dans les calculs : j'ai dit ailleurs (t. I, p. 356-363) à quel point les anciennes évaluations de cette quantité étaient inexactes et comment j'ai été conduit à les rectifier. En 1882, M. Joannis a complété mes résultats, dans mon laboratoire, par un travail étendu sur divers cyanures simples, sur les ferrocyanures, les ferricyanures et les sulfocyanates. On trouvera son Mémoire complet dans les *Annales de Chimie et de Physique*, 5e s., t. XXVI, p. 482. J'ai donné ceux des chiffres qui concernent les matières explosives dans le Tableau X, t. I, p. 201.

§ 2. — Cyanogène.

1. La chaleur de formation du cyanogène a été mesurée, tantôt par combustion ordinaire, tantôt par détonation. Voici le principe du calcul. La chaleur de formation cherchée dépend de la chaleur de formation de l'acide carbonique, regardée comme égale à 94^{Cal} pour

$$C^2\,(\text{diamant}) + O^4 = C^2O^4.$$

En retranchant le double de cette quantité de la chaleur de combustion du cyanogène rapportée au poids suivant

$$C^4Az^2 + O^8 = 2C^2O^4 + Az^2,$$

la différence représente la chaleur dégagée par la décomposition du cyanogène. Par conséquent, cette même différence, prise avec le signe contraire, exprime la chaleur absorbée dans la combinaison du carbone et de l'azote.

2. Je commencerai par la combustion ordinaire. Voici les résultats que j'ai obtenus.

La combustion du cyanogène par l'oxygène pur s'effectue aisément, dans la petite chambre à combustion de verre que j'ai figurée (t. I, p. 361). En présence d'un excès convenable d'oxygène, il n'y a pas formation d'oxyde de carbone : ce qui permet de déduire immédiatement le poids du cyanogène brûlé du poids de l'acide carbonique formé et recueilli dans un tube à boules (suivi d'un tube à potasse solide).

Cette combustion offre cependant une complication, en raison de la formation d'un peu d'acide hypoazotique. Ce corps est absorbé par la potasse, en même temps que l'acide carbonique, et son poids doit en être retranché. A cet effet, on le dose par un essai consécutif : par exemple, en titrant par le permanganate de potasse l'acide azoteux condensé dans la potasse, et en admettant que l'acide hypoazotique primitif a été changé en acides azoteux et azotique, au contact de celle-ci. La correction résultante est peu considérable; elle est demeurée comprise entre 1 et 3 centièmes du poids total de l'acide carbonique, dans mes essais. Cette correction en entraîne une autre, plus faible encore : la formation de l'acide hypoazotique par les éléments absorbant de la chaleur (— 2,6), qu'il convient d'ajouter à celle que l'on a recueillie dans le calorimètre; mais cette nouvelle addition est insignifiante.

J'ai obtenu ainsi, tout compte fait, les nombres suivants, rapportés à 26gr de cyanogène :

Poids du cyanogène brûlé.	
gr	Cal
0,419	133,2
0,630	130,0
0,574	131,3
0,732	129,6
Moyennes...	131,6

C'est-à-dire pour 52gr = C^4Az^2 : + 263Cal,2.

3. J'ai opéré également par détonation, dans la bombe calorimétrique (t. I, p. 225). J'ai obtenu ainsi : + 261,8.

Ce nombre a été observé à volume constant; mais il s'applique aussi à la combustion à pression constante : celle du cyanogène ne donnant lieu à aucun changement de volume.

J'adopterai la moyenne des deux données, soit : + 262Cal,5.

M. Thomsen, qui a répété tout récemment ces expériences, postérieurement à mes propres publications, a trouvé + 261,3; ce qui concorde autant qu'on peut l'espérer.

Dulong avait obtenu autrefois en 1843 : + 270Cal, nombre dont l'écart ne paraîtra pas excessif, si l'on considère combien les méthodes calorimétriques ont été perfectionnées depuis cette époque.

On déduit de mes nombres :

C^4 (diamant) + Az^2 = C^4Az^2, absorbe............ — 74,5

Si le carbone était supposé à l'état de charbon proprement dit, on aurait seulement : — 68,5.

Ainsi le cyanogène, C^2Az, comme l'acétylène, C^2H [1], comme le bioxyde d'azote, AzO^2, toutes substances qui jouent aussi le rôle de véritables radicaux composés, est un corps formé avec absorption de

---

[1] Je prends ici l'acétylène et le cyanogène sous le même volume que les radicaux simples, H et Cl.

chaleur : circonstance sur laquelle j'ai déjà appelé plus d'une fois l'attention, parce qu'elle paraît de nature à rendre compte de ce caractère même de radical composé effectif, manifestant dans ses combinaisons une énergie plus grande que celle de ses éléments libres. L'énergie de ceux-ci se trouve exaltée par l'effet de cette absorption de chaleur; au lieu d'être affaiblie, comme il arrive dans les combinaisons qui dégagent de la chaleur; et cet accroissement d'énergie rend le système composé comparable aux éléments les plus actifs.

§ 3. — Acide cyanhydrique.

1. La chaleur de formation de l'acide cyanhydrique se déduit de trois méthodes, ou séries de mesures indépendantes, dont les résultats concordent.

J'avais d'abord, en 1871, pris comme point de départ :

1° La transformation de l'acide cyanhydrique en acide formique et ammoniaque;

2° La transformation du cyanure de mercure par le chlore gazeux et les alcalis en acide carbonique, acide chlorhydrique, chlorure de mercure et chlorhydrate d'ammoniaque.

Ces deux méthodes reposent sur l'emploi de la voie humide. Elles exigent la connaissance de données auxiliaires assez nombreuses, et spécialement de la chaleur de formation de l'ammoniaque. Or la chaleur de formation de l'ammoniaque adoptée dans mes premiers calculs, conformément aux mesures de M. Thomsen que tout le monde acceptait alors, était réputée égale à +35,15 (AzH^3 dissous). Ce nombre devant être réduit à +21,0, d'après mes nouvelles déterminations (t. I, p. 362), déterminations dont M. Thomsen lui-même a reconnu l'exactitude, il devenait nécessaire de diminuer de la différence entre ces deux nombres, c'est-à-dire de —14,15 : la chaleur de formation de l'acide cyanhydrique et celle des cyanures comptées depuis les éléments. Mais il m'a paru nécessaire de contrôler cette correction, en mesurant la chaleur de formation de l'acide cyanhydrique par des expériences d'une autre nature, tout à fait indépendantes de la chaleur de formation de l'ammoniaque, et dans lesquelles le nombre des données auxiliaires fût aussi réduit que possible.

3° J'y suis parvenu en brûlant par détonation le gaz cyanhydrique mêlé d'oxygène, dans ma bombe calorimétrique :

$$C^2HAz + O^5 = C^2O^4 + Az + HO.$$

Trois données seulement interviennent ici : les chaleurs de combustion du carbone, de l'hydrogène et celle de l'acide cyanhydrique. Je vais décrire d'abord les expériences faites par cette méthode.

3. Première méthode. — *Combustion de l'acide cyanhydrique.* — On introduit l'acide cyanhydrique pur et liquide, par distillation, dans de petites ampoules de verre mince, en s'arrangeant pour que le poids de l'acide demeure compris entre les limites convenables ($0^{gr},140$ à $0^{gr},150$, dans mes déterminations).

Ces limites sont réglées par la capacité de la bombe calorimétrique, par la tension de la vapeur d'acide cyanhydrique à la température de l'expérience et par la nécessité d'introduire dans la bombe une dose suffisante d'oxygène pour obtenir une combustion totale.

La tension du gaz cyanhydrique étant de $0^{m},59$ environ à 18°, c'est-à-dire de trois quarts d'atmosphère à peu près, il est facile de remplir les conditions voulues.

L'ampoule, scellée et pesée, fournit le poids très précis de l'acide cyanhydrique. On dépose avec précaution cette ampoule dans la bombe; on ferme celle-ci; on la remplit d'oxygène pur et sec sous une pression convenable; on referme exactement l'orifice; puis on brise par de fortes secousses l'ampoule renfermant l'acide cyanhydrique. Celui-ci se transforme entièrement en gaz et constitue avec l'oxygène un mélange détonant.

Cela fait, on place la bombe dans le calorimètre ; on laisse l'équilibre thermique s'établir; on étudie la marche du thermomètre; on procède à la détonation.

On suit encore la marche du thermomètre; puis on extrait le gaz avec la pompe à mercure, et on le fait passer à travers des tubes à potasse, précédés d'appareils dessiccateurs. On purge la bombe, en la remplissant à plusieurs reprises avec de l'air sec, dirigé à son tour à travers les mêmes tubes, de façon à extraire la totalité de l'acide carbonique.

Celui-ci peut être ainsi pesé; ce qui fournit un contrôle précieux de la combustion.

Des déterminations spéciales ont appris que la dose des composés nitreux formés dans la combustion était négligeable, mais qu'il échappait toujours une trace d'acide cyanhydrique. Celle-ci a été déterminée chaque fois dans la potasse, après la pesée; elle est demeurée comprise entre un demi-centième et un centième du poids primitif. On en a tenu compte.

Cela posé, le calcul de la chaleur dégagée a été fait de deux manières : je veux dire en la rapportant, soit au poids de l'acide cyanhydrique employé (déduction faite de la trace non brûlée); soit au poids de l'acide carbonique obtenu (avec la même déduction). Je vais donner la liste des résultats observés. On a tenu compte de la chaleur absorbée, en raison de la tension de la vapeur d'eau dans la bombe à la température de l'expérience; on a également accru tous les nombres observés de +0,4, afin de tenir compte de cette autre circonstance que la détonation s'opère à volume constant. Les chaleurs de combustion qui suivent sont donc supposées obtenues à pression constante.

Voici la chaleur dégagée par la combustion de 27gr d'acide cyanhydrique gazeux ($C^2AzH = 27^{gr}$), opérée au moyen de l'oxygène libre, sous pression constante :

	D'après le poids final de l'acide cyanhydrique.	D'après le poids initial de l'acide carbonique.
	158,9	163,4
	160,0	161,3
	154,2	155,6
	159,0	160,4
	160,1	160,3
Moyenne.	158,4	160,2

J'adopterai la moyenne générale des deux calculs : soit 159,3.

M. Thomsen, dans une publication postérieure à celle des résultats que je reproduis ici, a obtenu par combustion ordinaire : +159,5, valeur aussi concordante que possible avec la mienne.

C'est un fait digne d'intérêt que ce nombre surpasse les chaleurs de combustion réunies du carbone et de l'hydrogène, contenus dans l'acide cyanhydrique, et cela, quel que soit l'état du carbone :

C^2 diamant + $O^4 = C^2O^4$...	+ 94,0	C^2 charbon...	+ 97,0
H + O = HO liquide.....	+ 34,5	»	+ 34,5
	+ 128,5		+ 131,5

D'après ces chiffres et cette méthode, la formation du gaz cyanhydrique au moyen de ses éléments, $C^2 + H + Az = C^2HAz$, absorbe :

+128,5 − 159,3 = −30,2; à partir de l'état du diamant;
−27,2 à partir de l'état du charbon.

4. Deuxième méthode. — *Transformation de l'acide cyanhydrique*

en acide formique et ammoniaque. — Cette transformation s'effectue au moyen de l'acide chlorhydrique concentré. Les données de l'expérience directe doivent être combinées avec la chaleur de formation de l'ammoniaque, la chaleur de combinaison de cette base et de l'acide chlorhydrique, la chaleur de dilution de l'acide chlorhydrique, enfin avec les chaleurs de combustion de l'acide formique, du carbone et de l'hydrogène : ce qui fait six données auxiliaires.

J'ai décomposé, dans le calorimètre, un poids connu d'acide cyanhydrique pur par l'acide chlorhydrique très concentré ; la transformation accomplie (et elle était totale, ou sensiblement, comme je l'ai vérifié), j'ai étendu le mélange avec une grande quantité d'eau et j'ai mesuré la nouvelle quantité de chaleur. J'ai mesuré pareillement la chaleur dégagée par les mêmes quantités d'acide chlorhydrique concentré et d'eau mélangées.

Je déduis de là la quantité de chaleur qui serait dégagée par la réaction suivante :

$$C^2HAz \text{ pur et liquide} + HCl \text{ étendu} + 2H^2O^2$$
$$= C^2H^2O^4 \text{ dissous} + AzH^4Cl \text{ dissous} :$$

soit : $+11^{Cal},15$.

Expérience. — Voici quelques détails sur l'une des expériences, que je donnerai comme type.

Dispositions initiales. — Le calorimètre renferme 500^{cc} d'eau ; il est disposé dans une double enceinte, au centre d'une masse d'eau dont la température est exactement la même, à $0^{\circ},1$ près, que la température de l'eau du calorimètre et que la température de la pièce même où l'on travaille : ce point est indispensable.

On place au centre du calorimètre un petit cylindre de platine mince, d'une capacité de 50^{cc} environ, fermé par en bas, clos par en haut à l'aide d'un bouchon paraffiné. Ce cylindre flotte dans l'eau du calorimètre, où il est immergé presque jusqu'à son orifice supérieur.

On y introduit d'abord 35^{gr} d'acide chlorhydrique concentré, mais non saturé. Puis on dépose dans le même cylindre une ampoule de verre renfermant $1^{gr},591$ d'acide cyanhydrique absolument pur ; l'ampoule elle-même pèse $1^{gr},568$; elle est très mince et terminée par des pointes allongées, de façon à pouvoir être brisée facilement, lorsqu'on secouera le cylindre.

Celui-ci ainsi disposé rapidement, l'ampoule encore étant close, on bouche le cylindre, et l'on suit la marche du thermomètre calorimétrique pendant dix minutes. La variation était absolument nulle pendant cet intervalle, dans mon expérience. La température était égale à + 20° environ.

Première phase. — Au bout de ce temps, on soulève un peu le cylindre de platine, à l'aide d'une pince de bois, sans pourtant le faire sortir entièrement de l'eau, et on le secoue vivement : ce qui brise l'ampoule.

On le plonge aussitôt dans le calorimètre, et l'on suit de nouveau la marche du thermomètre, de minute en minute. La réaction s'opère, et la chaleur qu'elle dégage est absorbée à mesure par l'eau du calorimètre. La variation la plus rapide a lieu au commencement. Le maximum se produit au bout d'un temps assez long ; il surpasse de + 1°,3 la température initiale. Il subsiste pendant un quart d'heure, puis la température baisse lentement. On suit le refroidissement pendant quarante minutes, intervalle durant lequel il est seulement de 0°,17. Telle est la première phase de l'expérience.

Deuxième phase. — Cela fait, on incline le cylindre de platine ; on l'ouvre sous l'eau du calorimètre, de façon à le remplir, et on mélange le contenu du cylindre avec celui du calorimètre, par une agitation convenable, jusqu'à ce que le thermomètre, plongé alternativement dans le calorimètre et dans le cylindre, indique exactement la même température. C'est la deuxième phase de l'opération. Elle dure une minute environ et elle donne lieu à un excès de + 1°,5 sur la température initiale du calorimètre, au début de la deuxième phase; soit + 2°,6 sur la température initiale au début de toute l'expérience, c'est-à-dire avant la première phase. On suit encore le refroidissement pendant cinq minutes, et l'on met fin à l'expérience.

Vérifications. — On s'assure alors par des réactifs (formation du bleu de Prusse) que la liqueur ne renferme aucune proportion sensible d'acide cyanhydrique, tout étant changé en acide formique et chlorhydrate d'ammoniaque.

D'autre part, pour pouvoir calculer la vitesse du refroidissement pendant la première phase de l'expérience, on ramène, par des additions et soustractions d'eau convenables, la température du liquide contenu dans le calorimètre (eau dont on conserve la masse constante pendant ces mélanges nouveaux) à surpasser de + 1°,3 celle de l'enceinte et du milieu ambiant, lesquelles doivent ne pas avoir varié sensiblement pendant tout le cours de l'expérience. On suit encore la vitesse du refroidissement, qui répond à ce nouvel excès de température pendant une demi-heure, dans des conditions qui se trouvent aussi voisines que possible de la première phase.

En fait, l'expérience précédente a donné :

Température	initiale du calorimètre.........	+ 19,82
»	initiale de l'enceinte	+ 19,98
»	finale de l'enceinte............	+ 20,06

Calcul de l'expérience. — Il s'agit maintenant de calculer la quantité réelle de chaleur dégagée pendant cette expérience. Elle s'obtient, comme on sait, en multipliant les masses employées et réduites en eau par la variation de température observée, cette variation étant accrue de l'abaissement de température produit pendant le refroidissement.

Masses réduites en eau. — Les masses employées, telles qu'elles existent à la fin de l'expérience, sont : l'eau renfermant 1 centième environ d'acide chlorhydrique, 2 millièmes de chlorhydrate d'ammoniaque et à peu près autant d'acide formique. Le poids en étant connu, d'après les données primitives, on en prend alors la densité, puis on en calcule le volume et l'on admet que 1^{cc} de cette liqueur absorbe 1^{cal} pour s'élever de 1°, hypothèse suffisamment approchée pour ce genre de calculs (voir *Annales de Chimie et de Physique*, 4e série, t. XXIX, p. 163). On réduit en eau les divers vases de platine et de verre, ainsi que le thermomètre (pour la portion immergée), en multipliant le poids de chaque vase ou portion de vase par sa chaleur spécifique. La somme de toutes ces masses partielles est la masse totale qui a éprouvé la variation de température observée.

La variation de température réelle est la variation apparente, accrue de celle qui répond à la chaleur perdue pendant la première et la deuxième phase de l'expérience. Donnons ce calcul, en commençant par la deuxième phase, pour laquelle il est le plus aisé.

Chaleur perdue pendant la deuxième phase. — Celle-ci se calcule aisément pour la deuxième phase, la durée étant seulement d'une minute, avec un excès final de 2°,5 sur l'enceinte. En effet, on a mesuré la perte de chaleur pendant les quelques minutes suivantes, perte à peu près uniforme. On en déduit la perte moyenne pendant une minute; on la multiplie par la fraction $\frac{1}{2}$, en admettant que l'excès de température du calorimètre, qui a varié de 1°,5 à 2°,6 pendant une minute, a déterminé une perte égale à celle qui aurait eu lieu pour un excès moyen de

$$\frac{1,5 + 2,6}{2} = 2^{\circ}.$$

La correction résultante est très faible : elle s'élevait seulement à 0°,02 sur 1°,5.

On calcule alors la chaleur totale Q_1, dégagée pendant la deuxième phase, en multipliant la somme des masses réduites en eau par la variation apparente de température, accrue de la variation qui répond à la chaleur perdue.

Chaleur perdue pendant la première phase. — La perte de chaleur pendant la première phase exige un calcul plus compliqué. On partage cette première phase en périodes de cinq minutes au moins, suivant la vitesse de l'échauffement, jusqu'au moment du maximum ; on inscrit la température moyenne de chaque période et l'excès de cette température moyenne sur la température initiale.

La durée du maximum constitue une nouvelle période, qui répond à l'excès maximum de la température.

On partage encore le temps qui suit le maximum en périodes de cinq minutes, en inscrivant vis-à-vis de chacune d'elles la température moyenne qui y répond et l'excès de température.

A la fin de ce temps, l'observation a montré que la vitesse de refroidissement était exactement la même, pour un excès de température identique sur la température initiale, que dans l'expérience de contrôle, faite un peu plus tard, et dans laquelle on a pris soin de reproduire cet excès dans les mêmes conditions.

Cette vérification prouve que la réaction était bien terminée et que l'on peut appliquer les données de l'expérience de contrôle au calcul des pertes de chaleur pendant la réaction même.

En effet, cette expérience de contrôle donne, sans aucune hypothèse, les pertes de chaleur éprouvées par le calorimètre pour une série d'excès de température, identiques à ceux de la réaction même et dans des circonstances toutes pareilles.

On inscrit donc la perte de chaleur éprouvée par le système en une minute, pour chaque excès moyen de température répondant à chaque période ; on multiplie cette perte par la durée de la période, cinq minutes d'ordinaire (sauf le maximum, qui est plus long). On fait enfin la somme de toutes ces pertes, et on les ajoute à la variation de température réellement observée.

Pour donner des chiffres, je dirai que la variation observée étant de + 1°,26, la correction a été de + 0°,234; correction qui ne paraîtra pas trop forte pour une expérience d'aussi longue durée.

Il ne reste plus qu'à multiplier la variation de température rectifiée par la somme des masses échauffées et réduites en eau, pour obtenir la quantité de chaleur dégagée, Q_2.

J'ai tenu à présenter ces détails, afin de donner une idée aussi exacte que possible de ce genre d'expériences, qui offrent une extrême difficulté. On ne saurait en attendre évidemment la même précision que dans les expériences de courte durée; néanmoins je pense que les erreurs ne doivent guère surpasser 5 centièmes de la quantité totale.

4. *Calcul de la réaction théorique.* — Il s'agit maintenant de tirer des nombres observés les valeurs applicables à la réaction théorique. A cet effet je prends le même poids de la même solution d'acide chlorhydrique concentré, soit 35gr (ou un poids extrêmement voisin, les résultats étant ramenés ensuite à ce poids même, par un calcul proportionnel), et je le dissous dans la même quantité d'eau, soit 500cc, à la même température; je mesure la chaleur dégagée, Q_3.

· Cette quantité étant connue, la différence $Q_1 + Q_2 - Q_3$ représente rigoureusement la chaleur dégagée, lorsque le poids employé d'acide cyanhydrique pur est changé par l'acide chlorhydrique étendu en acide formique étendu et chlorhydrate d'ammoniaque étendu; attendu que l'état initial et l'état final sont absolument identiques. En multipliant cette quantité par le rapport de l'équivalent, $C^2HAz = 27^{gr}$, au poids d'acide cyanhydrique réellement employé, on obtient la chaleur dégagée dans la réaction théorique

$$C^2HAz \text{ pur et liquide} + HCl \text{ étendu} + 2H^2O^2$$
$$= C^2H^2O^4 \text{ étendu} + AzH^3, HCl \text{ étendu}.$$

J'ai trouvé par expérience : + 11,54 et + 10,76; soit en moyenne : + 11,15.

5. On tire de là la *chaleur de formation de l'acide cyanhydrique par les éléments, carbone (diamant), hydrogène gazeux et azote gazeux.*

$C^2 + H + Az = C^2HAz$ pur et liquide, absorbe.... — 22,6.

Soient, en effet, le système initial

$$C^2 + H^2 + Az + O^4 + HCl \text{ étendu},$$

et le système final

$$C^2H^2O^4 \text{ étendu} + AzH^3, HCl \text{ étendu}.$$

On passe de l'un à l'autre par deux procédés différents :

Première marche.

$C^2 + H^2 + O^4 = C^2H^2O^4$ pur, dégage	+ 93,0
$C^2H^2O^4$ pur et eau	+ 0,10
$Az + H^3 = AzH^3$ dissoute	+ 21,0
AzH^3 étendu + HCl étendu = AzH^4Cl étendu..	+ 12,45
Somme..........	+ 126,55

Deuxième marche.

$2(H^2 + O^2) = 2H^2O^2$..........	+ 138,0
$C^2 + H + Az = C^2HAz$ pur et liquide..........	x
Réaction de HCl étendu..........	+ 11,15
	+ 149,15

Donc

$$x = -149,15 + 126,55 = -22,6.$$

Ce chiffre s'applique à l'acide cyanhydrique liquide.

6. *Vaporisation de l'acide cyanhydrique.* — Pour passer à l'acide gazeux, il faut déterminer la chaleur absorbée dans la vaporisation de ce composé. A cet effet, j'ai adopté la méthode suivante, qui s'applique à tous les liquides de volatilité analogue. Elle consiste à les vaporiser dans un courant de gaz sec et à mesurer la chaleur absorbée.

On pèse, dans une ampoule de verre, un poids connu, soit 1gr,396 d'acide cyanhydrique pur; on scelle l'ampoule, qui doit être mince et pourvue de deux pointes faciles à briser. On l'introduit dans un petit récipient de verre, ajusté avec un serpentin et disposé de façon qu'on puisse y faire circuler un courant d'air régulier à l'aide d'un aspirateur, le courant gazeux traversant d'abord le récipient, puis le serpentin.

Ce petit système est plongé dans le calorimètre, qui renferme 500gr d'eau. Le système précédent est immergé presque jusqu'à l'orifice du récipient, clos lui-même par un bouchon traversé par un tube, à l'aide duquel on fait pénétrer le courant d'air.

Cet air est parfaitement desséché, et la température de l'air est donnée sur le trajet par un thermomètre indiquant les vingtièmes de degré; le volume de ce même air est connu, avec une approximation suffisante pour le calcul où il intervient, d'après le volume de l'eau écoulée de l'aspirateur. J'ajouterai qu'une solution alcaline était disposée entre le serpentin et l'aspirateur, de façon à absorber le gaz cyanhydrique et à en éviter l'odeur malfaisante.

Cela disposé, et l'ampoule encore close, on fait circuler lentement un certain volume d'air pendant vingt minutes à travers le récipient et le serpentin, afin de mesurer le refroidissement. L'expérience dont je cite les nombres a donné une valeur nulle pour ce refroidissement initial. Ce résultat s'explique aisément, la température de l'eau du calorimètre étant + 20,07; celle de l'eau de l'enceinte, + 20,22 et celle de l'air ambiant, + 20,8.

A ce moment, je brise l'ampoule contre les parois de son récipient, à l'aide de quelques fortes secousses, et je continue le courant gazeux et la lecture du thermomètre. L'expérience dure vingt minutes, l'acide liquide ayant entièrement disparu et le minimum étant atteint presque aussitôt. Ce minimùm répond à une chute de température de $-0^{\circ},510$.

On prolonge encore pendant vingt minutes le courant gazeux, afin de mesurer le réchauffement, qui est très petit dans ces conditions.

On possède alors toutes les données nécessaires pour calculer la chaleur de vaporisation de l'acide cyanhydrique, dans les conditions définies plus haut.

J'ai trouvé :

Pour $C^2AzH = 27^{gr}$	(1er essai)...........	5,680
»	(2e essai)...........	5,730
	Moyenne............	5,705

Donc, *la formation de l'acide cyanhydrique gazeux, depuis ses éléments*, d'après cette méthode :

$$C^2 \text{(diamant)} + Az + H = C^2AzH \text{ gaz, absorbe} \ldots \quad -28,3$$

7. *Dissolution de l'acide cyanhydrique.* — La dissolution de l'acide liquide dans l'eau peut donner lieu soit à un dégagement, soit à une absorption de chaleur, suivant les proportions relatives et la température, quand la proportion d'eau est peu considérable (*voir* Bussy et Buignet, *Annales de Chimie*, 4e série, t. III, p. 235). Je me suis borné à mesurer la chaleur dégagée en présence d'une grande quantité d'eau. J'ai trouvé que

$$\text{CyH liquide} + 60\,H^2O^2,\ \text{à } 19^\circ,\ \text{dégage} \ldots\ldots \quad +0{,}40$$

8. Troisième méthode. — *Transformation du cyanure de mercure en chlorure de mercure, acide carbonique et ammoniaque.* — Cette méthode consiste à dissoudre le chlore gazeux, dans l'eau, au sein d'un calorimètre clos, à le peser, à traiter cette dissolution par un poids strictement équivalent de cyanure de mercure, qui se trouve changé en chlorure de mercure et chlorure de cyanogène dissous :

$$Cl^2\ \text{dissous} + HgCy\ \text{dissous} = HgCl\ \text{dissous} + CyCl\ \text{dissous}.$$

La quantité d'eau est calculée de façon à être beaucoup plus grande que celle qui serait nécessaire pour maintenir dissoute la totalité de l'acide carbonique qui doit être formé à la fin.

On traite alors par la potasse étendue, en proportion équivalente au chlore, de façon à obtenir du chlorure de potassium et du cyanate de potasse :

$$CyCl\ \text{dissous} + 2KO\ \text{étendue} = CyO, KO\ \text{dissous} + KCl\ \text{étendue}.$$

Sans se préoccuper du caractère plus ou moins net de cette réaction, on ajoute aussitôt un excès d'acide chlorhydrique étendu dans le même calorimètre, afin de tout amener à l'état final d'acide carbonique *dissous*, de chlorhydrate d'ammoniaque dissous, de chlorure de potassium et de chlorure de mercure dissous. On a ainsi :

$$C^2AzO, KO\ \text{étendu} + 2\,HCl\ \text{étendu} + H^2O^2$$
$$= C^2O^4\ \text{dissous} + AzH^3\ \text{étendue} + KCl\ \text{étendu}.$$

On mesure la chaleur totale dégagée dans cette série de transformations; cette série étant effectuée d'ailleurs dans un temps qui ne surpasse pas vingt à vingt-cinq minutes. On vérifie enfin qu'il ne reste pas de composé cyanique dissous et que le dosage de l'ammoniaque, fait à froid par le procédé Schlœsing, accuse bien une transformation totale.

La chaleur totale dégagée par cette série de transformations étant connue, on fait intervenir dans le calcul les données suivantes : chaleurs de combustion du carbone et de l'hydrogène; chaleur d'oxydation du mercure; chaleur de chloruration de l'hydrogène; chaleur de formation de l'ammoniaque; chaleur de combinaison de l'oxyde de mercure avec les acides chlorhydrique et cyanhydrique, enfin chaleurs de combinaison de la potasse étendue et de l'ammoniaque dissoute avec l'acide chlorhydrique : ce qui fait neuf données auxiliaires.

En un mot, on part de l'état initial que voici :

$$C^2 + Az + H^4 + Hg + Cl^2 + O^4 + 2KO \text{ étendue} + 2HCl \text{ étendu}$$

pour arriver à l'état final

$$C^2O^4 \text{ dissous} + AzH^3, HCl \text{ étendu} + H^2O^2 + 2KCl \text{ étendu} + HgCl \text{ étendu}.$$

Dans un premier cycle, on forme directement les composés de l'état final : la chaleur de formation du chlorure de mercure en particulier se concluant des chaleurs de formation de l'eau, de l'oxyde de mercure, de l'acide chlorhydrique, jointes à la chaleur dégagée par la dissolution de l'oxyde dans cet acide.

Dans un deuxième cycle, on forme d'abord l'acide cyanhydrique étendu et l'oxyde de mercure et on les combine.

$C^2 + Az + H = C^2AzH$ liquide, dégage	x
C^2HAz liquide et eau	+ 0,4
$Hg + O = HgO$	+ 15,5
$HgO + C^2AzH$ étendu $= C^2AzHg$ étendu $+ HO$..	+ 15,46

Puis on ajoute à cette somme la totalité de la chaleur dégagée au sein du calorimètre pendant la suite des opérations, sans se préoccuper de la nature chimique des réactions intermédiaires.

Je ne donnerai pas le détail des expériences, détail qui se retrouve plus loin dans l'étude du chlorure de cyanogène. Je me bornerai à dire que la quantité x calculée d'après cet ordre d'expériences, en y joignant la valeur actuellement adoptée pour la formation de l'ammoniaque (t. I, p. 362), a été trouvée égale à — 24,3. Elle se rapporte à l'acide cyanhydrique liquide. On a donc, d'après cette méthode,

$$C^2 + Az + H = C^2AzH \text{ gaz} : -30,0.$$

9. En résumé, j'ai obtenu pour la formation du gaz cyanhydrique :

Première méthode (détonation)	— 30,2
Deuxième méthode (acide formique et ammoniaque).	— 28,3
Troisième méthode (cyanure de mercure et chlore).	— 30,0
Moyenne	— 29,5

J'adopterai ce chiffre moyen pour exprimer la chaleur absorbée par la combinaison des éléments :

	Cal
C^2 diamant + Az + H = C^2HAz gaz.	− 29,5
C^2HAz liquide, on aurait..........	− 23,8
C^2HAz dissous..................	− 23,4

10. Il résulte de ces chiffres que le cyanogène et l'acide cyanhydrique sont formés tous les deux avec absorption de chaleur, depuis leurs éléments. Cette circonstance explique, comme je l'ai déjà dit, le rôle de radical composé rempli par le cyanogène, et plus généralement l'aptitude du cyanogène et de l'acide cyanhydrique à former des combinaisons directes, des composés polymères et à donner lieu à des réactions complexes. Les nouvelles déterminations que je publie ici confirment donc les vues que j'avais eu occasion de signaler à cet égard, il y a vingt ans, relativement au cyanogène, à l'acétylène et aux combinaisons endothermiques [1].

11. Je rappellerai également que le cyanogène, l'acide cyanhydrique, l'acétylène, etc., pourraient être envisagés comme rentrant dans la règle commune des composés chimiques, c'est-à-dire comme formés avec dégagement de chaleur; si l'on admettait que le carbone, dans ses états actuels de diamant ou de charbon, ne répond pas au véritable carbone élémentaire, lequel devrait être comparable, à l'hydrogène et probablement gazeux; tandis que le charbon et le diamant en représentent les polymères. En passant de l'état gazeux à l'état polymérique et condensé, le carbone élémentaire dégagerait une quantité de chaleur considérable et supérieure à la chaleur absorbée dans les formations de l'acétylène (— 30,5 pour $C^2 = 12$) et du cyanogène (— 37,3).

La quantité de chaleur développée par la condensation du carbone élémentaire pourrait même être évaluée à + 42,6 pour le diamant et à + 39,6 pour le charbon; si l'on supposait que la formation successive des deux degrés d'oxydation de carbone, oxyde de carbone et acide carbonique, dégage la même quantité de chaleur depuis le carbone gazeux. Ce sont là des conjectures de quelque intérêt et qui ont été adoptées par divers savants, depuis le premier énoncé que j'en avais fait (voir *Annales de Chimie et de Physique*, 4e série, t. XVIII, p. 161, 173, et surtout 175).

12. Quoi qu'il en soit, les nombres actuels conduisent à une pré

---

[1] *Annales de Chimie et de Physique*, 4e série, t. VI, p. 433 et 351.

vision très nette et que l'expérience a confirmée. En effet, ils montrent que la formation du gaz cyanhydrique, à partir du cyanogène et de l'hydrogène :

$$Cy + H = CyH, \text{ dégage : } +7^{Cal},8.$$

Cette formation est donc exothermique : circonstance qui m'a conduit à soupçonner qu'elle pouvait être effectuée directement, malgré les expériences négatives faites autrefois par Gay-Lussac.

J'ai en effet réussi à combiner directement les deux gaz, sous la seule influence du temps et de la chaleur, et dans des conditions comparables à la synthèse des hydracides formés par les éléments halogènes proprement dits ([1]).

13. La synthèse de l'acide cyanhydrique gazeux, au moyen de l'acétylène et de l'azote libres, synthèse si facile à réaliser par l'action de l'étincelle électrique ainsi que je l'ai découvert en 1868,

$$(C^2H)^2 + Az^2 = 2\,C^2HAz, \text{ dégage} \ldots\ldots\ldots\ldots \quad +2^{Cal},1,$$

quantité positive, quoique très faible.

14. Quant à la formation de l'acide cyanhydrique au moyen du formiate d'ammoniaque et du formamide, laquelle représente le cas le plus simple d'une réaction générale de la Chimie organique, à savoir la formation des nitriles, elle mérite une attention particulière.

Soit donc la réaction suivante :

$$C^2H^2O^4, AzH^3 = C^2HAz + 2\,H^2O^2,$$

l'eau et l'acide étant supposés séparés l'un de l'autre.

Cette réaction, si elle pouvait avoir lieu à la température ordinaire avec les corps solides, et en produisant de l'eau et de l'acide cyanhydrique liquide, absorberait : $-13^{Cal},7$.

Opérée sur le sel dissous, elle absorberait : $-10^{Cal},4$.

Envisageons le système initial :

$$C^2H^2O^4 \text{ pur}, \quad AzH^3 \text{ étendue}, \quad HCl \text{ étendu};$$

et le système final :

$$C^2HAz \text{ pur}, \quad HCl \text{ étendu}, \quad 2\,H^2O^2.$$

([1]) *Annales de Chimie et de Physique*, 5e série, t. XVIII, p. 378. La chaleur de formation de l'acide cyanhydrique admise dans le Mémoire cité était évaluée d'après les données alors connues à +26,9 : elle est trop forte ; mais le signe du phénomène demeure le même, et par suite la prévision synthétique.

On peut passer de l'un à l'autre, en suivant deux marches différentes.

Première marche :

$C^2H^2O^4$ pur + eau	+ 0,08
$C^2H^2O^4$ étendu + AzH^3 étendue	+ 12,0
Séparation du formiate d'ammoniaque solide	+ 2,9
$C^2H^2O^4$, AzH^3 solide = C^2HAz liq. + $2H^2O^2$ liq.	+ x
HCl étendu, aucun changement	
Somme	+ 15,0 + x

Deuxième marche :

AzH^3 étendu + HCl étendu	+ 12,4
$C^2H^2O^4$ pur + eau	+ 0,08
AzH^3, HCl étendu + $C^2H^2O^4$ dissous = C^2HAz liq. + HCl étendu + $2H^2O^2$	− 11,15
Somme	+ 1,3

$$x = -15,0 + 1,3 = -13^{Cal},7.$$

En fait, le sel fondu se détruit réellement, en produisant de l'eau gazeuse et de l'acide cyanhydrique gazeux : il absorbe ainsi, en outre des 13,7 signalées plus haut, la chaleur nécessaire pour ces deux vaporisations, soit un chiffre voisin (¹) de

$$-(5,7 + 19,3) + F,$$

F étant la chaleur de fusion du sel; ce qui fait en tout $-38,7 + F$, quantité voisine, en somme, de $-36^{Cal},0$.

Une absorption analogue se produirait, sans doute, si le formiate d'ammoniaque pouvait exister sous forme gazeuse et être décomposé dans cet état.

En résumé, la formation du nitrile formique au moyen du formiate d'ammoniaque absorbe, dans toute hypothèse, une grande quantité de chaleur : résultat conforme à ce qui se passe dans la plupart des décompositions.

On peut aller plus loin. En effet, la déshydratation du formiate

(¹) Je dis un chiffre voisin, parce que les chaleurs de vaporisation des corps mis en expérience, à la température de décomposition du formiate d'ammoniaque (180 à 200°), ne sont pas les mêmes qu'aux points d'ébullition.

d'ammoniaque s'effectue en deux temps; elle engendre d'abord du formamide et de l'eau,

$$C^2H^2O^4, AzH^3 = C^2H^3AzO^2 + H^2O^2.$$

J'ai décomposé en sens inverse le formamide liquide par l'acide chlorhydrique concentré. Je déduis des nombres observés que la réaction théorique, rapportée à l'acide étendu, dégagerait : $+1^{Cal},4$; chiffre probablement trop faible, et que je donne sous toutes réserves, l'état liquide du formamide offrant peu de garanties de pureté. Il s'applique, à peu de chose près, au changement du formamide dissous en formiate d'ammoniaque dissous, le chiffre qui s'en déduit étant $+1,0$.

On conclut encore de ces nombres que la transformation du formiate d'ammoniaque fondu en formamide gazeux et eau gazeuse doit absorber un nombre voisin de $18^{Cal},0$ (en supposant que la vaporisation du formamide absorbe 6^{Cal} à 8^{Cal}).

Les deux phases de la déshydratation du formiate d'ammoniaque cristallisé, changé en amide gazeux, puis en nitrile gazeux, répondraient donc à des phénomènes thermiques sensiblement égaux;

La première phase absorbant	$-18^{Cal},0$
Et les deux phases réunies...............	$-36^{Cal},0$

Mais cette égalité n'existerait que pour les produits envisagés sous la forme gazeuse.

Réciproquement, la fixation des éléments de l'eau, soit sur l'amide, soit sur le nitrile formique en dissolution, avec reproduction du sel ammoniacal dissous, dégage de la chaleur, à savoir : $+1^{Cal},0$ pour l'amide et $+10,4$ pour le nitrile; quantités fort inégales, mais toutes deux positives.

C'est là une nouvelle preuve des dégagements de chaleur qui peuvent résulter d'une simple hydratation opérée par voie humide, et spécialement de la transformation des amides, lesquelles jouent un rôle très important dans l'étude des métamorphoses des principes organiques azotés et dans celle de la chaleur animale ([1]).

Je vais maintenant exposer la formation des cyanures.

([1]) *Annales de Chimie et de Physique*, 4e série, t. VI, p. 461.

§ 4. — Cyanure de potassium.

1. J'ai trouvé, par expérience, vers 20°, que :

	Cal
CyH liquide, en se dissolvant dans 40 fois son poids d'eau, dégage	+0,40
CyH étendu + KO étendue	+2,96
CyK pur, en se dissolvant dans 50 fois son poids d'eau, absorbe	−2,86

On déduit de là la chaleur dégagée par la formation du cyanure de potassium solide, depuis les éléments.

$C^2 + Az + K = C^2AzK$ cristallisé, dégage .... +30,3

Voici le calcul :

Système initial : $C^2 + Az + K + H + O$.
Système final : C^2AzK cristallisé + HO liquide et séparée.

Première marche.

$C^2 + Az + H = C^2AzH$ liquide, absorbe	−23,8
$C^2AzH + n$Aq	+ 0,4
$K + O + n\text{Aq} = KO$ étendue	+82,3
C^2AzH diss. + KO diss. = C^2AzK diss. + HO	+ 3,0
Séparation de C^2AzK solide	+ 2,9
Somme	+64,8

Seconde marche.

$C^2 + Az + K = C^2AzK$ cristallisé	x
$H + O = HO$ liquide	+34,5
	$+34,5 + x$

$$x = +64,8 - 34,5 = +30,3.$$

2. La formation directe du cyanure de potassium, au moyen de l'union de ses éléments, telle qu'elle est exprimée par l'équation pondérale et par le dégagement thermique correspondant, ne s'effectue pas en réalité à la température ordinaire. Mais on admet qu'elle a lieu effectivement à une très haute température, lorsqu'on fait agir l'azote libre sur le charbon imprégné de carbonate de potasse ; c'est-à-dire dans les conditions où le potassium prend

naissance. A cette température, le cyanure de potassium est fondu, peut-être même gazeux, changement d'état qui absorbe de la chaleur; mais, par contre, le potassium est gazeux, ce qui fait une compensation. Si l'azote, le carbone et le potassium libres se combinent réellement, sans autre réaction intermédiaire telle que la formation d'un acétylure (ce qui n'est pas démontré), on serait conduit à admettre que la synthèse totale du cyanure de potassium dégage de la chaleur, dans les conditions réelles où elle s'effectue.

Que le dégagement se produise d'un seul coup, ou par des réactions successives, il n'en explique pas moins la synthèse totale.

3. Venons maintenant à une synthèse plns nette. L'union du cyanogène avec le potassium a lieu, comme on sait, directement. Cette union, calculée pour les états suivants :

Cy gaz + K solide = KCy cristallisé, dégage...... $+67^{Cal},6$

Ce chiffre justifie la synthèse directe du cyanure de potassium, par le cyanogène. Mais il est inférieur à la chaleur dégagée par l'union du même métal solide avec les éléments halogènes gazeux. En effet :

	Cal
Cl + K = KCl solide, dégage.........	+ 105,6
Br gaz + K = KBr....................	+ 100,4
I solide + K = KI...................	+ 85,4

Une telle infériorité explique pourquoi le chlore, le brome, l'iode décomposent le cyanure de potassium dissous : le cyanogène, qui devrait être mis en liberté, se combine d'ailleurs avec la moitié du corps halogène, non sans un faible dégagement de chaleur additionnelle (+ 1,6 pour CyCl gaz; + 4,2 pour CyI solide).

4. Je rappellerai encore, pour compléter ce parallèle, que la formation du cyanure de potassium, au moyen de l'hydracide étendu et de la potasse;

$$CyH \text{ étendue} + KO,HO \text{ étendue} = CyK \text{ dissous} + H^2O^2$$

dégage beaucoup moins de chaleur (+ 3,0) que la formation des chlorure, bromure, iodure de potassium, dans les mêmes conditions (+ 13,7).

L'écart serait accru de $+17^{Cal},0$, si l'on partait des acides chlorhydrique et cyanhydrique gazeux.

L'acide cyanhydrique est donc un acide bien plus faible que

les hydracides dérivés des éléments halogènes; aussi il est même déplacé dans le cyanure de potassium dissous par la plupart des acides (*Ann. de Chim. et de Phys.*, 4e série, t. XXX, p. 492).

Cette faiblesse de l'acide cyanhydrique lui-même contraste avec l'énergie plus grande des acides complexes qu'il constitue, en s'associant avec les cyanures métalliques, l'acide ferrocyanhydrique par exemple : j'y reviendrai tout à l'heure.

5. Soit encore la transformation du cyanure de potassium en formiate. D'après les nombres actuels,

$$C^2AzK \text{ diss.} + 2H^2O^2 = C^2HKO^4 \text{ diss.} + AzH^3 \text{diss., dégage} : +9^{Cal},5.$$

Cette réaction a lieu en effet dans les dissolutions du cyanure, mais lentement.

La même réaction, opérée sur le sel sec par la vapeur d'eau, produit du formiate et du gaz ammoniac; elle est bien plus rapide; mais aussi elle dégage le double de chaleur : + 17,7.

Si la température s'élève, cette réaction se complique de la destruction ultérieure du formiate par la chaleur ou par un excès d'alcali, réaction qui s'opère vers 300° et qui transforme en définitive le cyanure de potassium en carbonate de potasse :

$$C^2AzK \text{ solide} + KO, HO \text{ solide} + 2H^2O^2 \text{ gazeux}$$
$$= C^2O^4, 2KO \text{ solide} + AzH^3 \text{ gaz}.$$

Cette réaction dégage : + 37,4.

Je la signale, parce que c'est l'une des causes les plus actives de la destruction du cyanure de potassium, pendant sa préparation industrielle : circonstance où l'on opère sur les sels fondus, ce qui modifie légèrement les nombres ci-dessus, sans en modifier la signification générale.

En présence de l'oxygène de l'air, on sait que le cyanure de potassium se change aisément en cyanate de potasse; on reviendra tout à l'heure sur cette réaction.

§ 5. — Cyanhydrate d'ammoniaque.

1. J'ai trouvé que l'union de l'acide cyanhydrique dissous avec l'ammoniaque dissoute dégage environ : $+1^{Cal},3$.

La dissolution du cyanhydrate d'ammoniaque récemment préparé (1 partie de sel dans 180 parties d'eau) absorbe : — 4,36 pour $C^2HAz, AzH^3 = 44^{gr}$.

2. Il résulte de ces chiffres que l'union du gaz cyanhydrique et du gaz ammoniac, avec formation de cyanhydrate solide,

$$CyH \text{ gaz} + AzH^3 \text{ gaz} = CyH, AzH^3;$$

dégage : + 20,5.

C'est la moitié seulement de la chaleur dégagée dans les formations semblables du chlorhydrate (+ 42,5), du bromhydrate, de l'iodhydrate d'ammoniaque (*voir* t. I, p. 193); l'acétate est plus voisin (+ 28,2) et le sulfhydrate plus encore (+ 23,0).

3. Depuis les éléments, on aurait

$$C^2 (\text{diamant}) + Az^2 + H^2 = C^2AzH, AzH^3 (\text{solide}), \text{ dégage} : + 40^{Cal},5.$$

La formation semblable du chlorhydrate d'ammoniaque dégage : + 76,7.

4. Enfin, la chaleur de formation du chlorhydrate d'ammoniaque depuis les éléments est inférieure à celle du chlorure de potassium, de $28^{Cal},3$; tandis qu'entre la formation du cyanhydrate d'ammoniaque et celle du cyanure de potassium, la différence thermique est 27,1 : l'écart est donc à peu près le même, c'est-à-dire que cet état ne dépend pas du générateur halogène.

§ 6. — Cyanures métalliques.

1. J'ai trouvé que le cyanogène gazeux s'unit directement, non seulement au potassium, mais aussi aux métaux proprement dits, tels que le fer, le zinc, le cadmium, le plomb et le cuivre même; cette aptitude à la combinaison directe ne s'étendant pas jusqu'au mercure et à l'argent.

2. Les réactions s'effectuent en chauffant le cyanogène et les métaux dans des tubes scellés, soit à 100° pour les premiers métaux, soit vers 300° pour les deux derniers.

3. De telles combinaisons sont toujours accompagnées par un dégagement de chaleur. En particulier,

$$Cy + Zn = CyZn, \text{ dégage} \ldots\ldots\ldots\ldots + 28,5$$
$$Cy + Cd = CyCd, \quad \text{»} \quad \ldots\ldots\ldots\ldots + 19,8$$

d'après M. Joannis.

Au contraire, depuis les éléments

$$C^2 + Az + Zn = C^2AzZn, \text{ absorbe} : - 8,8$$
$$C^2 + Az + Cd = C^2AzCd, \quad \text{»} \quad - 17,5$$

§ 7. — Cyanure de mercure.

1. *Formation depuis l'acide et l'oxyde.* — J'ai trouvé par expérience que l'acide cyanhydrique étendu et l'oxyde de mercure

CyH ($1^{éq} = 2^{lit}$) + HgO (précipité et délayé
dans 10^{lit} d'eau) dégagent......... +15,48.

Un excès d'acide cyanhydrique ne change pas ce chiffre, lequel est considérable et l'emporte même sur la chaleur dégagée dans l'action de l'acide chlorhydrique dissous sur la potasse.

C'est en raison de cette inégalité que la potasse unie à l'acide cyanhydrique, avec lequel elle dégage d'ailleurs bien moins de chaleur (3,0), est déplacée par l'oxyde de mercure.

D'autre part, la dissolution de ce sel

HgCy solide + eau (1 partie + 40 parties d'eau). −1,50

par suite

HCy dissous + HgO = HgCy solide .... +17,0
HCy liquide et pour + HgO = HgCy solide ..... +17,4
HCy gaz + HgO = HgCy solide + HO gaz... +18,3

Rapprochons ce dernier chiffre de la chaleur de formation du chlorure mercurique :

HCl gaz + HgO = HgCl solide + HO gaz, dégage... +23,5;

valeur qui surpasse de +4,8 seulement la formation du cyanure mercurique. Nous reviendrons sur ces chiffres et sur les conséquences qui en résultent.

2. *Formation du cyanure de mercure depuis les éléments.* — On déduit des nombres précédents que cette formation :

C^2 (diamant) + Az gaz + Hg liq. = C^2AzHg sol., absorbe : $-25^{Cal},4$.

Soient, en effet, le système initial

$$C^2 + Az + Hg + H + O,$$

et le système final

$$C^2AzHg \text{ solide} + HO \text{ liquide et séparée.}$$

On passe de l'un à l'autre, en suivant les deux marches que voici :

Première marche.

Hg + O = HgO, dégage............	+ 15,5
C^2 + Az + H = C^2AzH dissous......	− 23,4
Union de ces deux corps............	+ 15,5
Séparation de C^2AzHg solide	+ 1,5
	+ 9,1

Deuxième marche.

H + O = HO liquide..............	+ 34,5
C^2 + Az + Hg = C^2AzHg solide.....	x
	+ 34,5 + x

$$x = -25,4$$

Le sel dissous : — 26,9.

Il y a donc *absorption* de chaleur dans la formation du cyanure de mercure depuis les éléments; précisément comme pour l'acide cyanhydrique : les chiffres sont même très voisins (p. 60).

3. Au contraire, l'union du gaz cyanogène et du mercure liquide, à la température ordinaire,

Cy gaz + Hg liq. = Cy Hg sol., dégage: + 37,3 — 25,4 = + 11,9.

Cette quantité est inférieure de 19,5 à la chaleur dégagée dans la formation directe du chlorure mercurique :

Cl gaz + Hg liquide = ClHg solide......... + 31,4

4. La même quantité de chaleur est absorbée, au contraire, dans la préparation classique du cyanogène, par la décomposition du cyanure de mercure. Il faut même y joindre alors la vaporisation du mercure; ce qui porte l'absorption de chaleur à — 19,4 environ, pour la réaction : CyHg solide = Cy gaz + Hg gaz.

Observons que ce chiffre est fort voisin de celui qui accompagne la décomposition analogue de l'iodure de mercure (— 22,4) en iode gazeux et mercure gazeux. Mais la dernière réaction est accompagnée de phénomènes de dissociation, dus à la tendance inverse de l'iode et du mercure à se recombiner, tendance qui n'existe pas pour les composants du cyanure de mercure (*Ann. de Ch. et de Phys.*, 5e s., t. XVIII, p. 382).

5. *Substitution du chlore au cyanogène et formation du chlo-*

rure de cyanogène. — La substitution simple du cyanogène gazeux par le chlore gazeux, vis-à-vis du mercure,

$$\mathrm{CyHg} \text{ solide} + \mathrm{Cl} \text{ gaz} = \mathrm{HgCl} \text{ solide} + \mathrm{Cy} \text{ gaz},$$

soit en prenant les sels dans l'état solide, soit dans l'état dissous (les chaleurs des dissolutions des deux sels sont les mêmes), dégagerait : +19,4.

En fait, cette substitution est accompagnée par une formation simultanée de chlorure de cyanogène :

$$\mathrm{CyHg} \text{ solide} + \mathrm{Cl}^2 = \mathrm{HgCl} \text{ solide} + \mathrm{CyCl} \text{ (gaz), dégage : } +21,3.$$

Le chlorure de cyanogène supposé liquide : +29,6.

Tous les corps étant dissous, sauf le chlore, il faudrait ajouter à ce chiffre la chaleur de dissolution du chlorure de cyanogène.

En fait, j'ai mesuré la chaleur dégagée dans cette réaction, tous les corps étant dissous, sauf le chlore, et j'ai trouvé, le chlorure de cyanogène restant également dissous : +27,5. Ce chiffre semble indiquer que la chaleur de dissolution du gaz chlorure de cyanogène est fort voisine de sa chaleur de liquéfaction, comme on pouvait s'y attendre.

Malheureusement l'action n'est pas instantanée; ce qui diminue la certitude des évaluations et permet de redouter quelque complication, attribuable aux réactions secondaires du chlore sur l'eau.

6. *Déplacements réciproques des acides chlorhydrique et cyanhydrique.* — D'après les observations exposées plus haut, la formation du cyanure de mercure dissous, au moyen de l'acide dissous et de l'oxyde de mercure précipité, dégage +15,48, c'est-à-dire +6,02 de plus que celle du chlorure de mercure (+9,46); le même écart existe pour les sels solides, toujours à partir des hydracides étendus. Ceux-ci étant monobasiques et à fonction unique, l'inégalité thermique que je viens de signaler indique que l'acide cyanhydrique étendu doit déplacer entièrement l'acide chlorhydrique uni à l'oxyde de mercure.

Voici une expérience qui confirme pleinement cette prévision :

$$\left\{\begin{array}{l}\mathrm{HgCy}\ (1^{\text{éq}} = 16^{\text{lit}}) + \mathrm{HCl}\ (1^{\text{éq}} = 4^{\text{lit}}) + 0,0 \\ \mathrm{HgCl}\ (1^{\text{éq}} = 16^{\text{lit}}) + \mathrm{HCy}\ (1^{\text{éq}} = 4^{\text{lit}}) + 5,9\end{array}\right\} \begin{array}{l}\mathrm{M} - \mathrm{M}_1 = +5,9, \\ \text{calculé : } +6,0.\end{array}$$

La réaction est d'autant plus remarquable, que, d'après mes observations thermiques, l'acide chlorhydrique étendu déplace complètement l'acide cyanhydrique dans le cyanure de potassium dissous. Il était d'ailleurs facile de prévoir qu'il en serait ainsi dans ce dernier cas, car

$$\left.\begin{array}{l}\text{HCy dissous} + \text{KO étendue dégage}: + \ \ 2,96 \\ \text{HCl dissous} + \text{KO étendue dégage}: + 13,59\end{array}\right\} M_1 - M = 10,63.$$

La décomposition du chlorure de mercure dissous par l'acide cyanhydrique étendu est d'autant plus remarquable, que le cyanure de mercure solide est décomposé par l'acide chlorhydrique concentré; c'est même par cette voie que l'on prépare l'acide cyanhydrique pur.

Mais cette décomposition, inverse de celle qui a lieu dans les dissolutions étendues, s'explique aisément par les théories thermiques. En effet, elle est due à la réaction de l'acide chlorhydrique anhydre contenu dans les liqueurs, lorsqu'on opère à froid; ou formé sous l'influence de la chaleur, lorsqu'on procède par distillation. Or cet hydracide anhydre possède, par rapport à l'hydrate du même acide, l'énergie que celui-ci a perdue en formant un hydrate défini; énergie dont la grandeur est suffisante pour renverser la réaction (voir *Annales de Ch. et de Phys.*, 5e série, t. IV, p. 465, et 4e série, t. XXX, p. 494.

Le gaz chlorhydrique déplace d'ailleurs immédiatement et à froid le gaz cyanhydrique du cyanure de mercure cristallisé. J'ai signalé ce procédé pour préparer le dernier gaz. La réaction dégage, d'après le calcul : $+ 5^{Cal},2$.

J'ai déjà appelé l'attention [1] sur ces deux réactions et sur leur mécanisme, lequel se retrouve dans une multitude d'autres circonstances, où l'on compare les réactions des acides ou des alcalis concentrés avec celles des mêmes acides ou des mêmes alcalis étendus. C'est l'existence d'une certaine proportion d'acide (ou d'alcali) non combiné à l'eau, ou combiné à l'état d'hydrate moins avancé dans les liqueurs concentrées; c'est encore la formation d'un tel acide, déshydraté sous l'influence de la chaleur, qui déterminent la réaction inverse, et cela en raison de l'excès d'énergie que l'acide anhydre possède par rapport à l'hydrate du même acide, avec lequel il coexiste dans les liqueurs. Cet excès d'énergie mesure précisément l'aptitude à produire la réaction inverse; mais celle-ci cesse, dès que l'hydracide anhydre contenu dans la liqueur est saturé.

Au contraire, la réaction ne saurait être prévue d'après la connaissance de la quantité de chaleur dégagée dans la dilution de l'acide

---

(1) *Essai de Mécanique chimique*, t. II, p. 547.

concentré, devenant en masse un acide étendu : mode de prévision qui a été proposé par divers auteurs (voir *Annales de Chimie et de Physique*, 5ᵉ série, t. IV, p. 464). Outre que ce mode de prévision n'est pas justifié en principe, parce qu'il ne distingue pas l'acide anhydre de ses hydrates dans les dissolutions; en fait, il conduit à des conclusions contraires à l'expérience. Par exemple, le cyanure de mercure est encore décomposé à froid par l'acide chlorhydrique d'une densité 1,10, laquelle répond à $HCl + 7H^2O^2$ environ; la dilution d'une telle solution chlorhydrique dégage seulement $+1^{Cal},7$. Or il faudrait que l'excès fût égal à $+6,0$ pour que la réaction pût être renversée, d'après la théorie que je rejette; c'est-à-dire si le renversement était dû uniquement à la chaleur de dilution prise en bloc. Un tel excès est si grand que la dilution de l'acide chlorhydrique, même le plus concentré, ne pourrait le compenser.

La plupart des déplacements réciproques donnent lieu aux mêmes observations, la chaleur dégagée par la dilution des acides ou des alcalis concentrés n'étant presque jamais suffisante pour fournir à la totalité du corps dissous l'énergie nécessaire au renversement des actions chimiques; tandis que cette énergie est fournie au contraire par l'hydratation de la portion d'acide (ou d'alcali) qui existait à l'état dissocié au sein de la liqueur.

5. Mais revenons au cyanure de mercure. La théorie indique que le déplacement de l'acide chlorhydrique par l'acide cyanhydrique, dans le chlorure de mercure, doit pouvoir être observé plus nettement encore, si l'on substitue à l'acide cyanhydrique libre un cyanure alcalin. En effet, on aura en plus, dans cette circonstance, la différence des chaleurs de neutralisation des deux acides par l'alcali. C'est ce que l'expérience confirme :

$$\left.\begin{array}{lr} KCy\,(1^{éq}=8^{lit}) + HgCl\,(1^{éq}=4^{lit})\text{ dégage}\ldots\ldots\ldots & +16,7 \\ KCl\,(1^{éq}=8^{lit}) + HgCy\,(1^{éq}=4^{lit})\quad \text{»} \quad \ldots\ldots\ldots & +\ 0,0 \end{array}\right\}$$

Or le calcul indique :

$$(M - M_1) - (M' - M'_1) = (13,6 - 3,0) - (9,5 - 15,5) = +16,6;$$

résultat qui concorde parfaitement avec le précédent. Ainsi se trouve établie la réalité d'un double échange intégral entre les bases et les acides dissous.

C'est ici l'un des cas les plus tranchés où la prétendue thermoneutralité saline, que l'on admettait autrefois, se trouve en défaut. La concordance est parfaite entre l'observation et le calcul, fait dans l'hypothèse d'une transformation totale en cyanure de mercure et de chlorure de potassium dissous. Elle ne préjuge rien d'ailleurs sur l'action réciproque des deux derniers sels dissous, c'est-à-dire sur la formation d'un cyanure double, formation sur laquelle je vais revenir bientôt.

6. Une action réciproque de ce genre est facile à mettre en évidence entre le cyanure de potassium dissous et l'iodure de mercure solide, lequel entre en dissolution.

HgI solide + 2KCy ($1^{éq} = 16^{lit}$), solution totale....... +9,7

La dissolution du corps solide a lieu, dans cette circonstance, avec un dégagement de chaleur considérable; à cause de la formation des sels doubles qui se forment et subsistent dans les liqueurs.

7. Signalons encore ici la formation des oxycyanures de mercure, par suite de la combinaison du cyanure et de l'oxyde; cette combinaison est effectuée avec dégagement de chaleur (Joannis),

HgCy solide + HgO = HgCy, HgO solide, dégage.... +1,2.

Cet oxycyanure chauffé fait explosion, par suite de la combustion d'une partie de son carbone par l'oxygène qu'il renferme.

§ 8. — Cyanure d'argent.

1. *Formation depuis l'acide et la base.*

J'ai fait des expériences sur la chaleur de formation du cyanure d'argent :

1° AzO^6Ag ($1^{éq} = 16^{lit}$) + HCy ($1^{éq} = 4^{lit}$).......... +15,72

d'où je tire :

HCy dissous + AgO précip. = AgCy précip., dégage : +20, 9

2° AzO^6Ag ($1^{éq} = 16^{lit}$) + KCy ($1^{éq} = 4^{lit}$).......... +26,57

d'où je tire :

HCy diss. + AgO précip. = AgCy précip., dégage : +20,9

valeur identique à la précédente. Elle est d'ailleurs à peu près la même que la chaleur dégagée dans la formation du chlorure d'argent.

On tire encore des résultats précédents :

HCy liquide	+ AgO (précipité)	= AgCy + HO liq.		+ 21,3
HCy gaz	+ AgO	»	= AgCy + HO liq.	+ 27,0
HCy gaz	+ AgO	»	= AgCy + HO gaz	+ 22,2

cette dernière valeur n'étant qu'approchée, à cause des changements physiques éprouvés par l'oxyde et le cyanure d'argent.

Elle est inférieure d'un tiers à la chaleur dégagée dans la formation analogue du chlorure d'argent, soit : + 33,2.

Ces valeurs expliquent pourquoi l'acide cyanhydrique déplace l'acide azotique uni à l'oxyde d'argent, et pourquoi le cyanure d'argent résiste à l'action de l'acide azotique étendu.

2. *Formation depuis les éléments.*

C^2 (diamant) + Az + Ag = C^2AzAg, absorbe : — 13,6

Voici le calcul de ce nombre.

Système initial :

$$C^2 + Az + Ag + H + O,$$

Système final :

$$C^2AzAg \text{ solide} + HO \text{ liquide}.$$

Première marche.

Ag + O = AgO, dégage	+ 3,5
C^2 + Az + H = C^2AzH, étendu ..	— 23,4
AgO + HCy étendu............	+ 20,9
Somme..........	+ 0,8

Deuxième marche.

C^2 + Az + Ag = C^2AzAg	x
H + O = HO	+ 34,5
	+ 34,5 + x

d'où

$$x = -33,7.$$

3. On a encore

Cy gaz + Ag = CyAg, dégage .... — 3,6

Rapprochons les écarts observés entre les chaleurs de formation du chlorure et du cyanure, engendrés par un même métal ou système d'éléments. Pour le potassium, la différence est

$$105,0 - 67,6 = +37,4;$$

pour l'ammonium,

$$76,7 - 40,5 = +36,2.$$

C'est à peu près la même valeur.

Mais les chiffres deviennent fort inégaux pour les sels métalliques, tels que l'argent :

Ag + Cl dégage	+ 29,2	Différence = + 25,6
Ag + Cy	+ 3,6	
Hg + Cl dégage	+ 31,4	Différence = + 19,5
Hg + Cy	+ 11,9	

Pour l'argent et le mercure, on observe donc seulement la moitié du chiffre relatif aux sels alcalins.

Les mêmes écarts existent pour les cyanures comparés aux bromures (Br gaz) :

	Différence.
K.............	85,4 − 67,6 = 17,8
Hg.............	22,4 − 11,9 = 10,5
Ag.............	19,7 − 3,6 = 16,1

De même, entre les cyanures et les iodures (I gaz) :

	Différence.
K.............	100,4 − 67,5 = 32,8
Hg.............	30,4 − 11,9 = 18,1
Ag.............	27,7 − 3,6 = 24,1

Ces inégalités résultent de la grande quantité de chaleur dégagée par l'union de l'acide cyanhydrique et des oxydes métalliques, comparée avec la faible quantité de chaleur dégagée par l'union du même acide et des alcalis.

§ 9. — Cyanures doubles.

1. Je vais chercher maintenant la chaleur de formation des cyanures doubles, tels que les cyanures de mercure et de potassium, d'argent et de potassium, et celle des ferrocyanures, qui méritent une attention toute particulière.

2. *Cyanure de mercure et de potassium :* HgCy, KCy. — Ce composé offre l'exemple remarquable d'un sel double qui subsiste et même prend naissance d'une manière non douteuse dans les dissolutions. En effet, j'ai trouvé que ses deux composants dissous dégagent une grande quantité de chaleur par leur simple mélange :

$$\text{HgCy}\,(1^{\text{éq}} = 16^{\text{lit}}) + \text{KCy}\,(1^{\text{éq}} = 4^{\text{lit}}) \ldots\ldots\ldots\ldots \quad +5,8$$

Cette quantité représente à peu près les deux tiers de la chaleur dégagée par l'union des deux sels solides. On calcule celle-ci à l'aide des données que voici :

KCy, en se dissolvant dans 40 fois son poids d'eau.			—2,96
HgCy	»	»	—1,50
KCy, HgCy	»	..	—6,96

Ces données réunies montrent que la combinaison

$$\text{HgCy sec} + \text{KCy sec} = \text{HgCy, KCy sec, dégage} \ldots\ldots \quad +8,3$$

quantité de chaleur considérable. Elle approche et surpasse même la chaleur dégagée dans la formation de beaucoup de sels métalliques, au moyen de l'acide et de la base anhydres.

Cependant le cyanure double dissous est décomposé immédiatement par l'acide chlorhydrique étendu, avec séparation de ses composants : le cyanure de mercure étant régénéré sans altération dans la liqueur; tandis que le cyanure de potassium se change en chlorure de potassium. C'est ce que j'ai reconnu par la mesure de la chaleur dégagée dans la réaction. Cette mesure prouve, en effet, que l'acide chlorhydrique étendu, agissant sur la dissolution du cyanure de potassium et de mercure, en sépare les composants, avec reproduction de chlorure de potassium et d'acide cyanhydrique :

$$\text{HgCy, KCy}\,(20^{\text{lit}}) + \text{HCl}\,(1^{\text{éq}} = 2^{\text{lit}}) \ldots\ldots\ldots \quad +5,2$$
$$+ 2^{\text{e}}\,\text{HCl} \quad \ldots\ldots\ldots \quad +0,0$$

Le calcul, appuyé sur ces dernières données, indique la valeur suivante : $+3,0 + 5,8 + 5,2 = +14,0$ pour la chaleur dégagée dans l'union de l'acide chlorhydrique avec la potasse; valeur qui ne s'écarte pas sensiblement de la valeur réelle $+13,6$. Je dis sensiblement, étant données des liqueurs aussi étendues.

3. *Cyanure d'argent et de potassium :* AgCy, KCy. — Ce sel, dont on connaît les grandes applications en galvanoplastie, se comporte d'une manière analogue au précédent. Il se forme par la réaction directe du cyanure de potassium dissous sur le cyanure d'argent précipité, lequel entre en dissolution avec dégagement de chaleur :

KCy ($1^{éq} = 4^{lit}$) + AgCy préc. + eau (20^{lit}), dégage.... +5,6

La réaction dégage à peu près la même quantité de chaleur que celle du cyanure de mercure, malgré l'état solide du cyanure d'argent.

C'est un nouvel exemple de la dissolution d'un précipité opérée avec dégagement de chaleur, par suite de la formation d'un sel double. Cette formation règle les phénomènes, indépendamment de la solubilité ou de l'insolubilité du cyanure métallique primitif (mercure ou argent); parce que le sel double prend naissance avec dégagement de chaleur et qu'il est stable en présence du dissolvant.

D'ailleurs j'ai trouvé pour la dissolution du sel soluble :

AgCy, KCy solide (1 partie + 40 parties d'eau)... −8,55

On conclut de ces données, jointes à la chaleur de dissolution du cyanure de potassium, que la combinaison.

AgCy préc. + KCy sec = AgCy, KCy sec, dégage... +11,2

Le sel double dissous est décomposé immédiatement par l'acide chlorhydrique étendu, avec reproduction de chlorure de potassium et d'acide cyanhydrique, comme le prouvent les mesures thermiques. Il se produit en même temps un précipité, formé de chlorure d'argent, mêlé avec une proportion notable de cyanure : ce qui doit être, la formation des deux sels, depuis les hydracides étendus et l'oxyde d'argent précipité, dégageant sensiblement la même quantité de chaleur (+20,9).

Cependant le cyanure double d'argent et de potassium représente une combinaison plus intime que les sels doubles ordinaires. En effet, l'acide acétique étendu n'en sépare que très incomplètement le cyanure d'argent, en dégageant seulement $+1^{Cal},7$; au lieu de +4,8 qui répondraient à une décomposition totale. L'acide tartrique donne des résultats analogues.

Il paraît donc que les liqueurs renferment un *acide argento-cyanhydrique*, déjà signalé par Meillet, acide complexe qui ne peut subsister en présence de l'eau et d'un autre acide, sans donner lieu à des phénomènes d'équilibre, et par conséquent à une décomposition partielle. Les dissolutions de cet acide complexe produisent des phénomènes d'argenture presque aussi nets que les solutions cyanurées alcalines, comme j'ai eu occasion de le vérifier.

C'est là un degré intermédiaire très remarquable dans la formation de ces types moléculaires spéciaux, qui constituent les cyanures complexes.

3. *Cyanoferrure de potassium.* — Une stabilité plus accusée caractérise le cyanure double de potassium et de fer, connu sous le nom de *cyanoferrure*. Quoique l'étude thermique de sa formation offre de grandes difficultés, parce qu'elle ne peut être abordée directement sur les cyanures de fer isolés, cependant il me paraît utile de présenter les résultats de mes essais, sans dissimuler ce qu'ils ont sans doute d'imparfait.

4. J'ai d'abord mesuré la *chaleur de dissolution* du cyanoferrure de potassium, sec et hydraté : le premier en présence de 50 parties d'eau, le second en présence de 40 parties d'eau. J'ai trouvé à 11° :

Cy^3FeK^2, 3HO (211gr,2), en se dissolvant, absorbe :		$-8,46$
Cy^3FeK^2 (sec),	» »	$-5,98$

Il résulte de ces nombres que l'union de l'eau avec le sel sec

$Cy^3FeK^2 + 3HO$ solide $= Cy^3FeK^2, 3HO$ crist., dégage... $+0,34$

soit $+0,11$ par chaque HO ; quantité fort petite, mais comparable à celle qui se dégage dans la formation des hydrates des acétates de chaux et de cuivre, d'après mes expériences (*Annales de Chimie et de Physique*, 5e série, t. IV, p. 127).

5. La *chaleur de neutralisation* de l'acide ferrocyanhydrique par les bases n'est pas commode à mesurer directement, à cause de la difficulté d'obtenir cet acide libre dans un parfait état de pureté. J'ai cherché à y suppléer par des voies indirectes, c'est-à-dire en le déplaçant dans ses sels par des acides plus énergiques.

En mêlant une solution étendue de ferrocyanure

$$Cy^3FeK^2 = 4^{lit}$$

avec l'acide chlorhydrique dilué ($1^{éq} = 2^{lit}$), on n'observe absolument aucun changement de température : soit qu'il n'y ait pas réaction, soit que les deux acides dégagent la même quantité de chaleur en agissant sur la potasse, auquel cas ils pourraient se partager la base dans la liqueur. Ce dernier cas me paraît le plus vraisemblable.

En effet, en mêlant le ferrocyanure avec l'acide sulfurique étendu, on observe réellement un partage progressif et un déplacement qui tend à devenir total, en présence d'un grand excès d'acide sulfurique. Parmi les diverses expériences que j'ai faites à cet égard, je citerai seulement les suivantes :

Cy^3FeK^2 (6^{lit}) + SO^4H ($1^{éq} = 2^{lit}$), dégage.... $+1,107$
» + $2^e SO^4H$ » » ..... $+0,181$

En continuant les additions progressives d'acide sulfurique, il se produit une absorption de chaleur, à cause de la formation du bisulfate.

Avec un grand excès ajouté d'un seul coup :

Cy^3FeK^2 (4^{lit}) + $10SO^4H$ ($1^{éq} = 2^{lit}$) .... $+0,966$

Ces phénomènes sont comparables à la réaction de l'acide sulfurique sur les chlorures (*Annales de Chimie et de Physique*, 4e série, t. XXX, p. 524), quoique avec des valeurs un peu différentes. Ils traduisent de même un partage progressif de la base entre les deux acides. Si l'on admet que $10SO^4H$ suffisent pour enlever la presque totalité de la potasse au ferrocyanure, conformément à ce qui se produit pour les chlorures, les azotates, etc., on peut calculer la chaleur X dégagée dans la réaction de l'acide ferrocyanhydrique dissous sur la potasse étendue. En effet, $+15,7$ étant la chaleur dégagée par la réaction de l'acide sulfurique sur la potasse, et $-1,75$ la chaleur absorbée dans la réaction de $4SO^4H$ étendu sur SO^4K dissous (formation du bisulfate), on aura, pour la réaction cherchée :

$\frac{1}{2}(Cy^3FeH^2 = 4^{lit}) + KO\ (1^{éq} = 2^{lit})$,
dégage : $X = +15,71 - 1,75 - \frac{1}{2}(0,97) = +13,5.$

Ce nombre est le même sensiblement que celui qui représente la chaleur dégagée (13,6) par les acides chlorhydrique et azotique unis à la potasse : d'où il suit que l'acide ferrocyanhydrique est un acide fort, comparable aux acides minéraux. On sait, en effet, qu'il déplace les acides carbonique et acétique. L'absence de réaction thermique apparente entre l'acide chlorhydrique et le cyanoferrure dissous concorde avec ces résultats.

6. Rien n'est plus facile que de passer de là à la formation du *bleu de Prusse*. J'ai trouvé en effet [1]

$\frac{1}{2}(Cy^3FeK^2 = 4^{lit}) + SO^4 fe\,(1^{éq} = 2^{lit}) = \frac{1}{2}(Cy^3Fe\,fe^2)$ précipité
$+ SO^4K$ dissous, dégage............ $+2,54$ à $2,78$

la chaleur dégagée croissant peu à peu avec le temps, comme il arrive fréquemment dans la formation des précipités amorphes [2]. De même :

$\frac{1}{2}(Cy^3FeK^2 = 4^{lit}) + AzO^6 fe\,(1^{éq} = 2^{lit}) = \frac{1}{2}(Cy^3Fe\,fe^2)$ précipité
$+ AzO^6K$ dissous, dégage................ $+0,725$

D'après le résultat fourni par le sulfate ferrique, la substitution de la potasse au peroxyde de fer (KO à feO) dans le bleu de Prusse dégage $+7,2$; d'après le résultat fourni par l'azotate : $+7,2$; ce qui concorde.

En admettant que, dans la formation du cyanoferrure de potassium

Cy^3FeH^2 (étendu) + 2KO (étendue) dégage. $+13,5 \times 2 = 27,0$,

on conclut de là que la formation du bleu de Prusse, avec le même acide et le peroxyde de fer précipité,

Cy^3FeH^2 étendu + 2 feO précipité, dégage.... $+6,3 \times 2 = 12,6$.

La valeur 6,3 diffère peu de la valeur 5,7, qui représente la combinaison des acides azotique et chlorhydrique avec le peroxyde de fer; ce qui est une nouvelle preuve de l'analogie entre l'acide ferrocyanhydrique et les acides minéraux. Cependant $+6,3$ surpasse $+5,7$; ce qui fait comprendre pourquoi l'acide chlorhydrique étendu ne décompose pas le bleu de Prusse, avec formation de chlorure de fer.

7. L'acide cyanhydrique, l'un des plus faibles qui soient connus, a donc constitué, par son association avec le cyanure de fer, un acide puissant, comparable de tous points aux acides azotique, acétique, chlorhydrique. C'est une nouvelle preuve, propre à établir que les propriétés acides les mieux caractérisées, même dans les combinaisons hydrocarbonées, ne sont pas liées d'une manière nécessaire avec la présence ou la proportion de l'oxygène.

---

[1] $fe = \frac{1}{3}$ Fe + 18,7; $\frac{1}{3}$ $Fe^2O^3 = fe$ O.

[2] *Annales de Chimie et de Physique*, 5e série, t. IV, p. 174 et 181.

8. Il reste à mesurer la chaleur dégagée dans la formation même du cyanoferrure. J'ai trouvé les résultats suivants :

$$SO^4Fe\,(1^{éq} = 2^{lit}) + 2SO^4 fe\,(1^{éq} = 2^{lit}) + 6KO\,(1^{éq} = 2^{lit}), \text{ dégage} \ldots\ldots\ldots \quad +23,2$$

En ajoutant au mélange précédent $3CyH\,(1^{éq} = 4^{lit})$, on observe un nouveau dégagement de $+39,3$, lequel représente la formation du cyanoferrure, à partir de l'acide cyanhydrique et des deux oxydes :

$$3CyH \text{ dissous} + 2KO \text{ dissoute} + FeO \text{ précipité} = Cy^3FeK^2 \text{ dissous, dégage} \ldots\ldots \quad +39,3$$

Comme contrôle, j'ai ajouté dans la liqueur

$$3HCl\,(1^{éq} = 2^{lit});$$

ce qui a dégagé $+25^{Cal},0$, en donnant lieu à un abondant précipité de bleu de Prusse ; la chaleur dégagée a varié pendant cette précipitation de $+23,0$ à $+25,0$.

En somme, l'acide chlorhydrique a dû produire les réactions suivantes :

$$\left.\begin{array}{lll} HCl \text{ étendu} + KO \text{ étendue} = KCl \text{ étendu} \ldots & +13,6 \\ 2HCl \quad » \quad + 2feO \text{ précipité} = 2feCl \text{ étendu.} & +11,4 \\ 2feCl \quad » \quad + Cy^3FeK^2 \text{ dissous} & \\ \quad = Cy^3Fe\,fe^2 + 2KCl \text{ étendu} \ldots\ldots & +1,4 \end{array}\right\} +26,4$$

La concordance entre les chiffres 25,0 et 26,4, sans être absolue, est aussi grande qu'on peut l'espérer dans l'étude de semblables précipités, dont l'état varie suivant les conditions.

9. Je conclus encore de là :

$$3CyH \text{ étendu} + FeO \text{ précipité} + 2feO \text{ précipité} = Cy^3Fe\,fe^2 \text{ précipité, dégage} \ldots\ldots \quad +24,9$$

$$3CyH \text{ étendu} + FeO \text{ précipité} = Cy^3FeH^2 \text{ dissous.} \quad +12,3$$

J'ai vérifié ces valeurs, en formant le bleu de Prusse directement au moyen du cyanure de potassium et des deux sulfates :

$$3CyK\,(1^{éq} = 2^{lit}) + SO^4Fe\,(1^{éq} = 2^{lit}) + 2SO^4 fe\,(1^{éq} = 2^{lit}) = Cy^3Fe\,fe^2 \text{ précipité} + 3SO^4K \text{ étendu, dégage :} \quad +37,5$$

La différence entre la chaleur de formation du sulfate alcalin et celle des sulfates de fer, à partir des oxydes, étant

$$12,5 + 11,1 - 47,1 = -23,2$$

et la chaleur de formation de 3CyK depuis la potasse étant + 8,9, on conclut aisément de ces données la chaleur dégagée dans la formation du bleu de Prusse depuis l'acide cyanhydrique :

3CyH étendu + FeO + 2*fe*O
= $Cy^3Fe\,fe^2$, dégage........ + 37,5 + 8,9 − 23,2 = + 23,2,

valeur qui concorde suffisamment avec + 24,9, obtenue par une autre voie, mais que je regarde comme un peu moins exacte.

10. Tirons maintenant de ces résultats quelques conclusions générales. La première qui se présente est relative à la chaleur dégagée dans la formation du cyanoferrure, à partir de l'acide cyanhydrique ou du cyanure de potassium :

3CyH dissous + 3KO étendue, dégage.................. + 8,7
3CyH » + 2KO » + FeO précipité dégage.. + 39,3

On voit que la substitution de l'oxyde ferreux à la potasse, avec formation de cyanoferrure, dégage une proportion de chaleur considérable : soit 39,3 − 8,7 = + 30,6. Un seul équivalent d'oxyde ferreux concourt d'ailleurs à constituer l'acide ferrocyanhydrique. Ce chiffre explique en outre le déplacement observé et il répond à la constitution d'un nouveau type moléculaire, celui de l'acide ferrocyanhydrique.

En effet, on tire de là

3CyH dissous + FeO précipité, dégage............. + 12,3

quantité supérieure à la chaleur (+ 9,0) dégagée par 3KO étendue, unie avec 3CyH.

C'est qu'il y a ici deux réactions simultanées, à savoir : la réunion de 3 molécules d'acide cyanhydrique en un type trois fois aussi condensé, et la combinaison de l'oxyde ferreux qui entre dans la constitution de ce nouveau type : Cy^3FeH^2.

De même pour le bleu de Prusse, on a établi ailleurs que :

Cy^3FeH^2 étendu + 2*fe*O précipité, dégage : + 12,6 = 6,3 × 2 ;

soit à peu près le même chiffre que l'union du même oxyde avec les acides chlorhydrique et azotique étendus.

Depuis l'acide cyanhydrique lui-même, on a encore

$$3CyH \text{ étendu} + FeO + 2feO$$
$$= Cy^3Fefe^2 \text{ précipité} \ldots\ldots \quad +24{,}9 = 8{,}3 \times 3$$

La grandeur de ce dernier chiffre, triple de la chaleur dégagée par la potasse unie avec l'acide cyanhydrique, permet de rendre compte, comme tout à l'heure, de la formation du nouveau type moléculaire des cyanoferrures et, plus généralement, de la formation des cyanures doubles.

11. Cette superposition d'effets explique en outre la supériorité d'affinités apparentes que l'oxyde de fer présente ici sur la potasse, dans son union avec l'acide cyanhydrique, laquelle se traduit par une chaleur dégagée plus grande; contrairement à ce qui arrive dans la formation des oxysels ordinaires, sulfates, azotates, acétates, etc., à partir des acides étendus et des bases alcalines comparées aux oxydes métalliques.

12. Ne pourrait-on pas invoquer quelque circonstance analogue pour expliquer comment les oxydes d'argent et de mercure, aussi bien que l'oxyde ferreux, dégagent plus de chaleur que la potasse étendue en s'unissant avec l'acide cyanhydrique? En un mot, les cyanures de mercure et d'argent sont-ils véritablement représentés par les formules simples

$$CyAg \quad \text{et} \quad CyHg,$$

comparables à celles du cyanure de potassium et de l'acide cyanhydrique

$$CyK \quad \text{et} \quad CyH?$$

ou bien ne conviendrait-il pas de les regarder eux-mêmes comme des cyanures d'un type plus condensé, tel que

$$Cy^2Hg^2 \quad \text{et} \quad Cy^2Ag^2?$$

La chaleur dégagée par leur union avec le cyanure de potassium, pour constituer des cyanures doubles, même à l'état de solutions étendues, telles que

$$Cy^2HgK;\ Cy^2AgK \text{ (formules brutes)},$$

viendrait à l'appui de cette manière de voir; car elle résulterait du passage du type simple, le cyanure de potassium, au type complexe qui constitue les cyanures doubles

$$Cy^2Hg^2 + 2CyK = 2Cy^2HgK,$$
$$Cy^2Ag^2 + 2CyK = 2Cy^2AgK.$$

Au surplus, l'acide cyanhydrique n'est pas le seul acide qui donne lieu au renversement général des affinités ordinaires, traduit par les effets thermiques correspondants, entre les oxydes alcalins et les oxydes métalliques. L'acide sulfhydrique est précisément dans le même cas (voir *Annales de Chimie et de Physique*, 5e série, t. IV, p. 186).

13. Quoi qu'il en soit de ces dernières considérations, il n'en demeure pas moins établi que les oxydes métalliques dégagent plus de chaleur que les bases alcalines en s'unissant avec l'acide cyanhydrique; ce qui explique pourquoi ils les déplacent. La Thermochimie rend ainsi compte, je le répète, de la constitution des cyanures complexes, types moléculaires nouveaux, très supérieurs au type primitif par l'énergie de leurs affinités à l'égard des bases, aussi bien que par la stabilité des sels résultants : je veux dire très supérieurs à l'acide cyanhydrique, qui concourt à les former par sa condensation.

L'acide cyanhydrique, générateur commun de ces types condensés, se distingue d'ailleurs, parce qu'il est formé, à partir des éléments, avec une absorption de chaleur qui s'élève à $-29,5$; en d'autres termes, sa formation a emmagasiné un excès d'énergie, qui le rend spécialement apte aux combinaisons successives et aux condensations moléculaires.

14. Donnons, pour terminer, la chaleur de formation du ferrocyanure de potassium depuis ses éléments, quantité qui joue un rôle dans l'étude de certaines matières explosives.

Depuis le cyanogène, on aurait

$$Fe + K^2 + Cy^3 = Cy^3FeK \text{ solide, dégage : } +183,6 \text{ ou } +61,2 \times 3$$

Depuis les corps simples :

$$Fe + 2K + 6C + 3Az = C^6Az^3FeK^2 \ldots \quad +71,7 \text{ ou } +23,9 \times 3.$$

Ces valeurs sont voisines de celles qui répondent à la formation même du cyanure de potassium; soit depuis le cyanogène : $+67,6$ et depuis les éléments : $+30,3$.

Le sel hydraté renferme trois équivalents d'eau, 3HO, en plus; eau dont l'union sous forme liquide avec le sel anhydre a dégagé $+2,48$; ce qui fait en tout pour le prussiate jaune cristallisé, depuis les éléments et l'eau : $+94^{Cal},2$.

§ 10. — Chlorure de cyanogène.

1. J'ai préparé le chlorure de cyanogène dans l'état liquide, incolore, sec et pur; j'en ai vérifié la pureté, en dosant le chlore contenu dans un poids donné de ce composé. Cela fait, j'en ai pesé plusieurs échantillons, dans des ampoules scellées à la lampe : le poids de ces échantillons était voisin de 2gr; soit 1gr,946, 2gr,4675, 2gr,137,....

2. J'ai transformé ce chlorure de cyanogène en acide carbonique dissous et chlorhydrate d'ammoniaque,

$$C^2AzCl \text{ liquide} + 2H^2O^2 + \text{eau} = C^2O^4 \text{ dissous} + AzH^4Cl \text{ dissous};$$

j'ai mesuré la chaleur dégagée pendant cette transformation, par l'artifice suivant, qui consiste à traiter le chlorure de cyanogène successivement par la potasse et l'acide chlorhydrique.

Opérations préliminaires. — J'introduis dans le calorimètre une solution de potasse, renfermant environ 1éq (47gr,1) dans 10lit de liqueur, et j'en prends une proportion telle, qu'elle représente un peu plus de 3éq pour 1éq de chlorure de cyanogène (CyCl = 61gr,5); ce qui exige près de 1lit de la solution alcaline.

La vitesse du refroidissement, mesurée pendant dix minutes avant l'expérience, a été trouvée nulle; ce qui s'explique par ce fait que la température du liquide était + 21°,51, celle de l'enceinte étant + 21°,31.

D'autre part, on entoure l'ampoule qui renferme le chlorure de cyanogène avec un gros fil de platine, contourné en spirale, de façon à lester cette ampoule et à former un système qui se tienne au fond de l'eau, que l'ampoule soit pleine, ou vide, ou qu'elle dégage des gaz. On dépose ce système dans un tube de verre sec, entouré de glace, avec un petit thermomètre et un morceau de potasse à côté de l'ampoule, et l'on attend que le thermomètre marque une température aussi voisine que possible de zéro : + 0°,5 par exemple. Cette précaution de refroidir l'ampoule à l'avance est nécessaire, si l'on veut pouvoir l'ouvrir ensuite sans perte ni projection, lors de son introduction dans le calorimètre : attendu que le chlorure de cyanogène bout à + 12°, et qu'il serait violemment projeté, si l'on cassait la pointe d'une ampoule close, où il aurait été maintenu liquide par sa propre pression, à une température de 21°.

Première phase de l'expérience. — L'ampoule étant ainsi préparée à l'avance, et conservée dans un tube froid et sec (je dis sec pour éviter la condensation de l'eau à la surface de l'ampoule), on dispose le calorimètre, puis on saisit la spirale de platine qui enveloppe l'ampoule; on plonge le tout, spirale et ampoule, dans le calorimètre, dont l'eau doit recouvrir complètement les deux pointes de l'ampoule. Cependant on évite que la pointe inférieure ne touche le fond du calorimètre, où elle pourrait se rompre lors de la manipulation qui va suivre.

Cela fait, on brise la fine pointe supérieure de l'ampoule, par le choc brusque d'une petite molette de platine contre un morceau de verre sur lequel la pointe est appliquée, ou par tout autre artifice analogue; mais la pointe inférieure doit être maintenue soigneusement close. Dans ces conditions, le chlorure de cyanogène se dégage aussitôt, en donnant naissance à des bulles gazeuses, qui s'échappent par la pointe supérieure brisée, et qui sont absorbées à mesure par la solution alcaline; l'opération marche avec une extrême régularité, si l'on a observé toutes les précautions prescrites.

Cependant on suit de minute en minute la marche du thermomètre calorimétrique. Au bout de vingt minutes environ, la vaporisation est terminée et le maximum thermique atteint. Il surpasse de 2° environ la température initiale.

On brise alors complètement l'ampoule avec la molette, afin de détruire les dernières traces de chlorure de cyanogène et de compléter le mélange.

Cette première phase de l'opération a transformé le chlorure de cyanogène en chlorure de potassium et cyanate (ou plutôt isocyanate) de potasse, mêlés avec une certaine dose de carbonates de potasse et d'ammoniaque. La proportion de ces produits d'une transformation ultérieure varie avec la concentration de la potasse et diverses autres circonstances. Elle paraît s'accroître peu à peu, par réaction lente. On ne saurait donc s'arrêter à ce terme, qui ne fournirait pas une base sûre aux évaluations calorimétriques.

Seconde phase de l'expérience. — C'est pourquoi, dès que le maximum a été atteint et l'ampoule brisée, on introduit dans le calorimètre une certaine dose d'acide chlorhydrique étendu, dose un peu supérieure à celle qui neutraliserait exactement la potasse mise en expérience. La température de cet acide est connue d'ailleurs avec précision, par une mesure spéciale.

Une nouvelle réaction se développe aussitôt; réaction qui transforme assez rapidement, quoique non instantanément, le cyanate (iso) de potasse en chlorure de potassium, chlorhydrate d'ammoniaque et acide carbonique dissous. Pour éviter le dégagement de ce dernier gaz, par suite du mélange de la liqueur avec l'air, on remue la liqueur au moyen d'un agitateur qui se meut horizontalement (t. I, p. 224).

Cependant le maximum est atteint en six minutes : il surpasse de 3° environ la température initiale. Il dure trois minutes; puis la température commence à baisser. On suit la marche du refroidissement pendant trente minutes. L'expérience proprement dite a duré à peu près autant. Pendant tout ce temps l'enceinte a varié seulement de 21°,21 à 21°,37.

Étude du refroidissement. — On prend alors une solution étendue de chlorure de potassium occupant le même volume que celui de la liqueur précédente; on l'introduit dans le même instrument, on en porte la température à un point tel qu'elle possède un excès de 3° sur la température de l'enceinte telle qu'elle vient d'être donnée. On suit de nouveau la marche du refroidissement pendant dix minutes; puis on ramène l'excès de température à 2° seulement, en substituant un volume convenable d'une solution froide, de même composition, à la solution échauffée que renferme le calorimètre. On répète alors les expériences sur la vitesse du refroidissement, telle qu'elle réponde à ce nouvel excès. (Sur cette méthode, voir *Annales de Chimie et de Physique*, 4e série, t. XXIX, p. 158.)

Calculs. — On possède ainsi toutes les données nécessaires au calcul de la chaleur dégagée pendant l'expérience [1] : ce calcul s'effectue sans hypothèse et suivant les règles exposées à l'occasion de l'acide cyanhydrique (p. 53).

On obtient par cette voie les quantités de chaleur dégagées pendant les deux phases de l'expérience, soit : $q_1 + q_2$. La correction due au refroidissement est de 8 pour 100 pour la première phase de l'expérience que je cite en ce moment; elle s'élève à 12 pour 100 pour la seconde phase.

La quantité totale de chaleur dégagée représente la transforma-

[1] La seule inconnue est la chaleur spécifique du chlorure de cyanogène liquide. J'ai admis la valeur approchée 0,4, qui suffit, en raison de la petitesse extrême de la correction correspondante.

tion du chlorure de cyanogène liquide en acide carbonique dissous et chlorhydrate d'ammoniaque, accrue de la chaleur produite dans la saturation totale de la potasse employée par l'acide chlorhydrique étendu.

P étant le poids de cette potasse, elle dégagerait, si elle était traitée séparément par l'acide chlorhydrique : $\frac{P}{47,1} \times 13^{Cal},6$.

Soit q_3 la quantité de chaleur dégagée par la transformation du chlorure de cyanogène changé en acide carbonique et chlorhydrate d'ammoniaque, sous l'influence de l'eau pure, on aura

$$q_3 = q_1 + q_2 - \frac{P}{47,1} 13^{Cal},6.$$

Il ne reste plus qu'à multiplier le nombre q_3 par le rapport inverse du poids employé, p, à l'équivalent du chlorure de cyanogène, 61^{gr},5. J'ai trouvé :

$$q_3 \times \frac{61,5}{p} = +61^{Cal},68$$ d'après la moyenne des expériences.

Ce chiffre représente la chaleur dégagée dans la réaction que voici :

$$C^2AzCl \text{ liquide} + 4HO + \text{eau} = C^2O^4 \text{ dissous} + AzH^3, HCl \text{ dissous}.$$

3. *Chaleur de formation du chlorure de cyanogène depuis les éléments.* — On déduit aisément cette quantité du chiffre précédent. Soient en effet le système initial

$$C^2 \text{ (diamant)} + O^4 + Az + Cl + H^4 + \text{eau}$$

et le système final

$$C^2O^4 \text{ gaz} + AzH^3, HCl \text{ dissous}.$$

On passe de l'un à l'autre, en suivant deux marches différentes :

Première marche.

C^2 diamant + O^4 = C^2O^4 gaz	+ 94,0
Dissolution de C^2O^4	+ 5,6
H + Cl = HCl dissous........................	+ 39,3
Az + H^3 = AzH^3 dissoute	+ 21,0
Union de AzH^3 + HCl = AzH^4Cl dissous .	+ 12,45
Somme..................	+ 172,35

Deuxième marche.

$2(H^2 + O^2) = 2H^2O^2$	$+138,0$
$C^2 + Az + Cl = C^2AzCl$ liquide	x
C^2AzCl liq. $+ 4HO +$ eau $= C^2O^4$ diss. $+ AzH^3, HCl$ diss.	$+ 61,7$
Somme	$x + 199,7$

d'où

$$x = -27,35.$$

C'est la quantité de chaleur absorbée pendant la *formation du chlorure de cyanogène avec les éléments :*

C^2 diamant $+ Az + Cl = C^2AzCl$ liquide, absorbée.. $-27,35$

Passons au composé gazeux.

4. *Vaporisation du chlorure de cyanogène.* — J'ai mesuré la chaleur absorbée dans cette opération, en opérant d'une manière directe, je veux dire en plongeant dans l'eau d'un calorimètre (500^{cc}), à 20°, une ampoule contenant un poids connu : $2^{gr},069$ par exemple, de chlorure de cyanogène liquide. L'ampoule avait été refroidie à l'avance vers zéro et lestée avec un fil de platine, comme il a été dit plus haut. Seulement la pointe supérieure, au lieu d'être ouverte directement dans le liquide du calorimètre, était ajustée avec un petit serpentin, au travers duquel le chlorure gazeux se dégageait. On conduit ensuite ce gaz en dehors du calorimètre, et on l'absorbe par une dissolution de potasse. L'opération dure vingt-cinq minutes environ.

Tous calculs faits, j'ai trouvé, pour la vaporisation de $CyCl = 61^{gr},5$,

$$-8^{Cal},76 \text{ absorbées.}$$

Ce chiffre comprend :

1° La chaleur de vaporisation du chlorure de cyanogène à $+12^\circ,7$;

2° La chaleur absorbée par le liquide, qui a passé de $+1^\circ$ à $+12^\circ,7$;

3° La chaleur absorbée par le gaz, qui a passé de $+12^\circ,7$ à $+19^\circ,7$ (température moyenne pendant la vaporisation).

Ces deux dernières quantités sont relativement petites. Elles ne pourraient être évaluées avec toute précision, que si l'on connaissait les chaleurs spécifiques du chlorure de cyanogène, dans l'état liquide et gazeux, aux températures indiquées. A défaut de données directes, j'y ai substitué une valeur approximative; la valeur totale de ces deux quantités représentant d'ailleurs une quantité fort petite par rapport à la chaleur de vaporisation elle-même. J'admettrai pour ces chaleurs spécifiques la valeur moyenne + 0,4, déduite d'observations faites sur des liquides analogues. Par suite, la chaleur absorbée dans les opérations accessoires (2° et 3°) sera évaluée à + 0,46 : correction qui ne comporte pas une erreur probable égale à plus du quart de sa valeur. La chaleur de vaporisation du chlorure de cyanogène sera, pour CyCl = 61gr,5,

$$-8^{Cal},30.$$

Dès lors la formation du chlorure de cyanogène gazeux, depuis ses éléments,

C^2 diamant + Az + Cl = C^2AzCl gaz, absorbe .... — 35,7

Ce chiffre l'emporte en valeur absolue sur la chaleur absorbée dans la formation de l'acide cyanhydrique; car

C^2 + Az + H = C^2AzH gaz, absorbe .... — 29,5

La formation du chlorure de cyanogène par les éléments est donc endothermique, comme celle de l'acide cyanhydrique, et même à un plus haut degré. Cette circonstance explique pourquoi le chlorure de cyanogène éprouve si aisément des transformations polymériques et autres condensations.

5. *Union du cyanogène avec le chlore.*

On déduit des données précédentes :

Cy gaz + Cl gaz = CyCl gaz, dégage ... + 37,3 — 35,7 = + 1,6
Cy + Cl = CyCl liquide .... + 9,9

J'ai contrôlé ces valeurs par une autre méthode.

On sait que le chlorure de cyanogène se forme aisément par la réaction du cyanure de mercure dissous sur le chlore. J'ai mesuré la chaleur dégagée dans cette opération :

CyHg dissous + Cl^2 gaz = HgCl dissous + CyCl dissous.

J'ai trouvé

$$+27^{Cal},5.$$

Le calcul, fait en supposant le chlorure de cyanogène liquéfié au lieu d'être dissous, donnerait + 29,6; l'écart ne sort pas des limites d'erreur de ce genre d'expériences et des différences qui existent entre la dissolution et la liquéfaction. C'est donc un contrôle, au moins approché, de la chaleur de formation du chlorure de cyanogène.

La chaleur de formation du chlorure de cyanogène liquide, depuis le chlore et le cyanogène, soit : + 9,9, est tout à fait comparable à la chaleur de formation du chlorure d'iode et du bromure d'iode, pris sous le même état :

$$\text{I gaz} + \text{Cl} = \text{ICl liquide} : +9{,}8; \text{ ICl solide} : +12{,}1,$$
$$\text{I gaz} + \text{Br gaz} = \text{IBr solide} : +11{,}9.$$

C'est là un rapprochement nouveau entre le cyanogène et les corps halogènes. Dans la formation du chlorure de cyanogène, aussi bien que dans les combinaisons des éléments halogènes entre eux, il ne se dégagea guère d'autre chaleur que celle qui répond au changement d'état du composé, c'est-à-dire à la transformation du corps gazeux en liquide ou solide.

6. *Substitution du chlore au cyanogène.* — On déduit des nombres précédents que la substitution simple du chlore à l'hydrogène, dans l'acide cyanhydrique gazeux :

$$\text{Cl} + \text{CyH gaz} = \text{CyCl gaz} + \text{H},$$

absorberait — 6,2. Elle est donc impossible ; à moins d'être accompagnée de produits secondaires, fournissant un supplément d'énergie.

Au contraire, la substitution simple du chlore au cyanogène,

$$\text{Cl} + \text{CyH gaz} = \text{HCl gaz} + \text{Cy gaz},$$

dégagerait : + 14,2.

Enfin la formation simultanée du chlorure de cyanogène et de l'acide chlorhydrique gazeux,

$$\text{Cl}^2 + \text{CyH gaz} = \text{CyCl gaz} + \text{HCl gaz, dégagerait} \ldots\ldots \quad +15{,}8$$

On voit que cette dernière formation répond au maximum de la chaleur dégagée.

C'est en effet celle qui se produit de préférence. Elle se produit d'autant mieux que la combinaison entre le chlorure de cyanogène et l'acide chlorhydrique dégage une nouvelle dose de chaleur, dans l'état liquide du moins : ce qui agit encore dans le même sens.

Cependant les effets de ces réactions directes entre le chlore et l'acide cyanhydrique libre se compliquent de diverses réactions secondaires mal connues.

Les réactions directes deviennent plus nettes, si l'on opère sur les cyanures; les corps correspondants étant toujours envisagés sous des états comparables :

CyK solide + Cl^2 gaz = KCl solide + $CyCl$ gaz, dégagerait. +39,0
$CyHg$ sol. + Cl^2 gaz = $HgCl$ sol. + $CyCl$ gaz, dégage.... +21,3

Toutes ces quantités de chaleur sont positives.

La formation de chlorure de cyanogène liquide dégage +7,3 en plus ; soit en tout : +29,6 avec le chlorure de mercure.

Le cyanure de mercure étant supposé dissous, ainsi que le chlorure de cyanogène, ces chiffres ne changent pas sensiblement. J'ai trouvé par expérience : +27,5 ; au lieu de +29,6.

7. Notons encore la *réaction de l'eau* sur le chlorure de cyanogène. L'eau le dissout d'abord, puis elle le transforme lentement en acide carbonique et chlorhydrate d'ammoniaque : ce qui est une réaction de l'ordre de celles des amides :

D'après le calcul :

C^2AzCl liq. + $2H^2O^2$ liq. = C^2O^4 gaz + AzH^3, HCl dissous. +55,9
C^2AzCl gaz + $2H^2O^2$ sol. = C^2O^4 gaz + AzH^3, HCl solide.. +65,4

8. La *chaleur de combustion* du chlorure de cyanogène serait la suivante :

C^2AzCl gaz + O^4 = C^2O^4 + Az + Cl...... +129,7.

On sait que cette combustion n'a pas lieu directement.

§ 11. — Iodure de cyanogène.

1. J'ai préparé ce corps par synthèse, au moyen du cyanure de potassium pur, en solution aqueuse ($1^{éq} = 6^{lit},5$), et de l'iode solide. La réaction est facile et rapide. J'ai opéré d'abord avec du cyanure de potassium préparé à l'avance et dont j'avais vérifié la pureté. J'ai obtenu pour la réaction :

CyK ($1^{éq} = 6^{lit},5$) + I^2 solide = CyI diss. + KI dissous : $+6^{Cal},36$.

J'ai répété l'expérience avec l'acide cyanhydrique pur, dont j'ai dissous un poids déterminé dans une solution étendue de potasse équivalente; ce qui m'a fourni une solution renfermant

$$KCy(1^{éq} = 2^{lit}).$$

En ajoutant de l'iode solide en quantité équivalente, j'ai obtenu : $+ 6^{Cal},21$.

J'adopterai la moyenne : $+ 6,3$.

2. *Dissolution dans l'eau.* — La dissolution dans l'eau de l'iodure de cyanogène cristallisé ($6^{gr},3$ dans 500^{cc} d'eau) absorbe, à 20° : $- 2,78$.

3. *Formation depuis les éléments.*

Système initial :

$$C^2 \text{ diamant} + Az + K + I^2 \text{ solide} + \text{eau}.$$

Système final :

$$C^2AzI \text{ dissous} + KI \text{ dissous}.$$

Première marche.

C^2diamant + Az + K = C^2AzK solide............	+ 30,3
Dissolution..	− 2,9
Réaction de I^2 solide..............................	+ 6,3
Somme.....................	+ 33,7

Deuxième marche.

K + I solide = KI dissous..............................	+ 74,7
C^2(diamant) + Az + I sol. = CyI dissous...........	x
Somme.................	$+ 74,7 + x$

$$x = - 41,0;$$

chiffre qui s'applique à l'iodure de cyanogène dissous.

Pour l'iodure solide, on a

C^2 diamant + Az + I solide = CyI solide, absorbe.. − 38,2.

4. *Union de l'iode avec le cyanogène.*

Cy + I solide = CyI solide...........	+ 0,9
Cy + I gaz = CyI solide.............	+ 6,3

Ces chiffres sont à peine inférieurs à la chaleur de formation du chlorure de cyanogène liquide: soit +9,9. Ils sont moindres que les nombres relatifs au chlorure d'iode solide (+12,1) et au bromure d'iode (+11,9) solide. L'écart n'est cependant pas très considérable : ce qui confirme l'analogie générale de tous ces composés (*voir* p. 91).

5. *Substitution.* — La substitution de l'iode à l'hydrogène dans l'acide cyanhydrique, avec formation simultanée d'acide iodhydrique et d'iodure de cyanogène :

CyH gaz + I^2 solide = CyI solide + HI gaz, absorberait... —13,1.

Aussi cette réaction n'a-t-elle pas lieu directement. Mais on observe au contraire la réaction de l'iode sur les cyanures, en raison de l'énergie complémentaire, due à l'action de l'iodure alcalin. Voici le calcul, tous les corps étant rapportés à des états pareils :

	Cal
CyK solide + I^2 solide = IK solide + ICy solide..	+13,3
CyAg solide + I^2 solide = IAg solide + ICy solide..	+11,6
CyHg solide + I^2 solide = IHg solide + ICy solide..	+ 6,0

Ici, je le répète, il y a un dégagement de chaleur, dû à la formation de l'iodure métallique : formation nécessaire pour déterminer la combinaison entre le cyanogène et l'iode.

6. J'avais encore étudié la formation thermique du bromure de cyanogène, au moyen du brome et du cyanure de potassium dissous; mais cette formation est suivie presque aussitôt par des réactions secondaires, qui se prolongent indéfiniment et qui jettent du doute sur les résultats numériques observés tout d'abord. Aussi je crois devoir les supprimer.

§ 12. — Cyanate de potasse.

1. J'ai décomposé le cyanate de potasse pur par l'acide chlorhydrique étendu. En opérant en présence d'une quantité d'eau suffisante pour que tout l'acide carbonique demeure dissous, la décomposition est complète au bout de peu de minutes :

C^2AzKO^2 dissous + 2HCl dissous + H^2O^2
= C^2O^4 dissous + KCl dissous + AzH^3,HCl dissous.

Cette réaction dégage, d'après mes essais : $+28^{Cal},80$.

2. D'autre part, la *dissolution* du cyanate de potasse :

C^2AzKO^2 (1 partie de sel + 300 parties d'eau), absorbe .. — 5,20.

3. *Formation du cyanate de potasse depuis les éléments :*

Elle se déduit des données précédentes.

Système initial :

$$C^2 \text{ diamant} + Az + K + 4H + 4O + 2Cl.$$

Système final :

$$C^2O^4 \text{ dissous} + KCl \text{ dissous} + AzH^3, HCl \text{ dissous}.$$

Première marche.

$C^2 + O^4 = C^2O^4$	— 94,0
Dissolution	+ 5,6
$K + Cl = KCl$ dissous............	+ 100,8
$Az + H^3 = AzH^3$ dissoute.........	+ 21,0
$H + Cl = HCl$ dissous	+ 39,3
$HCl + AzH^3 = AzH^4Cl$ dissous....	+ 12,45
	+ 273,15

Deuxième marche.

$C^2 + Az + K + O^2 = C^2AzKO^2$ solide.	x
Dissolution..........................	— 5,2
$2(H + Cl) = 2HCl$ étendu	+ 78,6
$H^2 + O^2 = H^2O^2$.................	+ 69,0
	$+ 142,4 + x$
Réaction.............	+ 28,8
	$+ 171,2 + x$

$$x = 273,15 - 171,2 = + 102,0.$$

Ainsi, la *formation du cyanate de potasse solide depuis les éléments :*

$$C^2 \text{ diamant} + Az + K + O^2 = C^2AzKO^2$$

dégage : + 102,0.

Le sel dissous : + 96,8.

Cette même formation, depuis la potasse étendue,

$C^2 + Az + O + KO$ étendue $= C^2AzKO^2$ dissous, dégage : + 15,5.

Depuis le cyanogène gazeux :

$Cy + K + O^2 = CyKO^2$ solide .... $+ 139,3$
$Cy + O + KO$ étendue $= CyO^2K$ dissous .... $+ 51,8$
$Cy^2 + 2KO$ étendue $= CyKO^2$ étendu $+ CyK$ étendu..... $+ 34,2$

4. Tous ces nombres surpassent la chaleur dégagée par les réactions analogues des éléments halogènes proprement dits. Par exemple :

Cl^2 gaz $+ 2KO$ étendue $= ClO^2K$ étendu $+ KCl$ dissous,
dégage seulement.............................. $+ 25,4$.

Il y a d'ailleurs cette différence que la nature complexe du cyanogène et sa tendance soit à former des polymères et autres corps condensés, soit à régénérer l'ammoniaque et ses dérivés, deviennent l'origine d'une multitude de réactions secondaires, que l'on ne saurait observer avec le chlore. Ces réactions sont d'autant plus faciles que la chaleur dégagée par la réaction directe est elle-même plus grande et qu'elle fournit dès lors une réserve d'énergie plus forte par d'autres transformations.

5. L'union du cyanure de potassium sec avec l'oxygène gazeux, pour former du cyanate solide,

$$C^2AzK \text{ solide} + O^2 \text{ gaz} = C^2AzKO^2 \text{ solide},$$

dégagerait

$$+102,0 - 30,3 = +71,7;$$

chiffre énorme et voisin des trois quarts de la chaleur ($+ 94,0$) dégagée par la combustion du carbone contenu dans le cyanure.

Ce chiffre se rapporte aux corps pris dans leur état actuel; circonstance dans laquelle on n'a pas observé jusqu'ici l'absorption de l'oxygène par le cyanure de potassium : peut-être parce qu'on ne l'a pas recherchée. Dans l'état fondu, au contraire, elle a lieu facilement, comme on sait. Or les chiffres calculés tout à l'heure peuvent être appliqués approximativement aux mêmes corps, dans les conditions connues de leur réaction réelle, à une haute température; car la fusion du cyanure et celle du cyanate doivent absorber des quantités de chaleur peu différentes.

Au point de vue de la chaleur dégagée par l'oxydation de son composé potassique, le cyanogène se rapproche de l'iode et s'écarte au contraire du chlore. On a en effet :

$KCl + O^6 = ClO^6K$ solide, absorbe.. $-11,0$
$KBr + O^6 = BrO^6K$ solide, absorbe. $-11,1$
$KI + O^6 = IO^6K$ solide, dégage.... $+44,1$
$CyK + O^2 = CyO^2K$ solide, dégage.. $+71,7$;

progression inverse de celle qui caractérise l'union d'un même métal, tel que le potassium, avec la même série de corps halogènes, tels que le chlore (+105,0), le brome gazeux (+100,4), l'iode gazeux (+85,4) et le cyanogène (+67,6).

On s'explique, par les nombres précédents, pourquoi le cyanure de potassium offre une si grande tendance à s'oxyder, soit sous l'influence des agents oxydants, soit même sous l'influence de l'air.

Le caractère combustible de l'un des éléments du cyanogène s'oppose en outre à ce qu'il se forme des acides suroxygénés, comme avec le chlore et les éléments halogènes : de tels composés auraient trop de tendance à se transformer en acide carbonique.

La combustion totale du cyanate de potasse, dans l'état solide,

$$C^2AzKO^2 + O^3 = CO^3K + CO^2 + Az, \text{ dégagerait} \ldots \quad +83,9.$$

4. La facilité avec laquelle le cyanate de potasse se régénère de l'ammoniaque, même par le seul fait de son contact prolongé avec l'eau, s'explique aisément; car

$$C^2AzKO^2 \text{ dissous} + 2H^2O^2 = CO^3K \text{ dissous}$$
$$+ CO^2Az,H^3,HO \text{ dissous, dégage} \ldots\ldots\ldots\ldots\ldots \quad +20^{Cal},0.$$

C'est encore là une réaction d'amides.

La transformation bien connue du cyanate de potasse fondu par la vapeur d'eau en carbonate de potasse fondu, gaz carbonique et ammoniac, dégage environ : $+9^{Cal}$.

Le changement du cyanure de potassium en carbonate et ammoniaque, sous les influences réunies de l'oxygène et de la vapeur d'eau à haute température, changement si pernicieux dans la préparation industrielle des prussiates, s'explique non moins aisément que la Thermochimie. En effet, on aurait, à la température ordinaire :

$$C^2AzK \text{ solide} + O^4 + 3HO \text{ gazeux}$$
$$= CO^3K \text{ solide} + CO^2 \text{ gaz} + AzH^3 \text{ gaz} \ldots \quad +79,3.$$

Vers le rouge, ce nombre doit conserver le même ordre de grandeur, le cyanure et le carbonate étant pareillement fondus.

J'ai passé en revue les déductions les plus immédiates qui résultent des nouvelles valeurs, relatives à la chaleur de formation du cyanogène, de l'acide cyanhydrique et des cyanures; il serait facile de développer et d'étendre ces conséquences à une multitude d'autres réactions, car le sujet est extrêmement fécond. Chacun pourra le faire, dans la mesure qu'il jugera utile ou intéressante.

On trouvera le Tableau général de la formation thermique des composés cyaniques, tome I, page 201.

CHAPITRE XIII.

CHALEUR DE FORMATION DES SELS PRODUITS PAR LES COMPOSÉS OXYGÉNÉS DU CHLORE ET DES AUTRES ÉLÉMENTS HALOGÈNES.

§ 1. — Notions générales.

Le chlore et les éléments halogènes forment avec l'oxygène une série de composés parallèles aux composés oxygénés de l'azote, et qui comprennent même un terme de plus, l'acide perchlorique. La plupart de ces composés sont des oxydants énergiques, soit par voie humide, soit par voie sèche, et certains de leurs sels, les chlorates en particulier, jouent un rôle important dans la fabrication des matières explosives. C'est ce qui m'a engagé à en mesurer la chaleur de formation.

§ 2. — Formation thermique de l'acide chlorique et des chlorates.

1. La formation thermique de l'acide chlorique et des chlorates a déjà été examinée par MM. Favre, Frankland et Thomsen, mais avec des résultats fort discordants.

M. Favre [1] a cherché à mesurer la chaleur dégagée dans la réaction du chlore gazeux sur la potasse concentrée; d'après lui l'union du chlore et de l'oxygène, pour former l'acide chlorique

$$Cl + O^5 + HO + Eau = ClO^5, HO \text{ étendu},$$

absorberait $-65^{Cal},2$. La décomposition du chlorate de potasse solide en oxygène et chlorure de potasse

$$ClO^6K = KCl + O^6 \text{ dégagerait dès lors} \ldots \quad +64,9.$$

Mais le calcul du savant auteur est compliqué et repose sur des données incertaines, telles que l'insolubilité supposée des sels formés dans la solution alcaline.

[1] *Journal de Pharmacie et de Chimie*, 3e série, t. XXIV, p. 316; 1853.

M. Frankland ([1]), ayant brûlé diverses matières organiques, d'une part avec l'oxygène libre, et d'autre part avec le chlorate de potasse, a trouvé, dans trois essais, que l'excès de chaleur développée par 9gr,75 de chlorate de potasse s'élevait à 378, 326 et 341, en moyenne 348cal; ce qui ferait pour

$$ClO^6K = 122^{gr},6 : +4^{Cal},37;$$

valeur sujette aux doutes que comporte une détermination si indirecte.

M. Thomsen enfin ([2]) a réduit une solution étendue d'acide chlorique par l'acide sulfureux, opération facile à exécuter dans un calorimètre; d'autre part, il a décomposé le chlorate de potasse au moyen de la chaleur produite par la combustion de l'hydrogène, procédé qui ne paraît pas susceptible de la même précision que le premier. Il a déduit de ses essais les nombres suivants :

$Cl + O^5 + HO + Eau = ClO^5, HO$ étendu ..... $-10,2$,
ClO^6K solide $= KCl$ solide $+ O^6$ .... $+9,8$.

2. Voici les résultats auxquels je suis arrivé de mon côté.

J'ai pris comme point de départ, suivant la méthode que j'adopte constamment, un *sel cristallisé* et *défini*; de préférence à une *liqueur titrée*, ou à une liqueur renfermant l'acide préparé par précipitation, liqueurs dont le dosage est toujours moins exact.

J'ai employé le chlorate de baryte en très beaux cristaux, qui répondaient à la formule $ClO^6Ba + HO$. L'analyse de ce sel a donné :

	SO^4Ba.	HO.
Trouvé...........	72,2	5,7
Calculé	72,3	5,6

Ce sel, déshydraté, puis chauffé dans un tube, se décompose subitement, avec une incandescence très marquée et une sorte d'explosion, qui projette au loin une poussière blanche de chlorure de baryum; ces effets sont visibles, même en opérant sur quelques grammes du sel sec. On sait que des phénomènes analogues ont été observés sur le chlorate de potasse; mais le chlorate de baryte les offre à un bien plus haut degré. Ils prouvent que sa décomposition est exothermique.

([1]) *Philos. Magaz.*, t. XXXII, p. 184; 1866.
([2]) *Journal für praktische Chemie*, t. XI, p. 138; 1875.

3. J'ai dissous un poids connu de ce sel, soit 2gr,500, tantôt dans 400cc d'eau, tantôt dans 900cc, et je l'ai réduit par 100cc d'une solution d'acide sulfureux moyennement concentrée. Le chlorate de baryte se trouve ainsi changé complètement en sulfate de baryte et acide chlorhydrique, ainsi que je l'ai vérifié par divers dosages.

La réduction est d'autant plus prompte que la liqueur est moins étendue, toutes choses égales d'ailleurs. Avec 500cc de liquide et 2gr,500 de sel, à 12°,5, elle a duré six à sept minutes; avec 1000cc et le même poids de sel, quatorze à quinze minutes. A 22°, on a trouvé des durées de réaction peu différentes : ce qui prouve que l'écart précédent ne dépend pas de l'inégal échauffement produit par la réaction (6°,5 dans le premier essai, 3°,2 dans le second). L'acide sulfureux doit être en excès notable; en opérant avec un très léger excès seulement, la réaction opérée à 23° a duré près de vingt minutes, au lieu de sept.

Toutes ces durées de réactions peuvent être nettement définies, d'après la marche du thermomètre, comparée avec la vitesse de refroidissement d'un liquide analogue, de même poids, et porté à une température identique, mais dans lequel ne s'exerce aucune réaction chimique.

4. J'ai trouvé, pour la réaction

$$ClO^6Ba \text{ dissous} + 6SO^2 \text{ dissous}$$
$$= SO^4Ba \text{ précipité} + HCl \text{ étendu} + 5SO^4H \text{ étendu},$$

les quantités de chaleur que voici :

Températures initiales.	Poids du sel.	Chaleur dégagée pour les poids équivalents.
°		Cal
23	2,500 $ClO^6Ba + HO$.........	213,8
23	2,5000......................	215,2
22	1,544 ClO^6Ba (anhydre).....	215,2 (2 essais).
12	2,500 $ClO^6Ba + HO$.........	214,3
12	2,500 id.	212,3
Vers 19°, on aurait en moyenne.....		214,3

D'autre part, des essais directs ont donné, pour la chaleur dégagée par la réaction de l'acide sulfurique étendu sur le chlorate de baryte, pris dans le même degré de dilution que pendant les expériences précédentes :

SO^4H étendu + ClO^6Ba dissous, à 19°......... +4,6;

d'où l'on tire, pour l'union de l'acide chlorhydrique étendu avec la baryte :

ClO^6H étendu + BaO dissoute .... +13,8

et, pour la réduction de l'acide chlorique libre,

ClO^6H étendu + $6SO^2$ dissous
$= 6SO^4H$ étendu + HCl étendu, dégage : +214,3 − 4,6 = +209,7.

5. Soient, maintenant, les données suivantes :

SO^2 dissous + H^2O^2 + Cl gaz = SO^3, HO étendu + HCl dissous dégage : +36,95 (Thomsen).

H + Cl = HCl étendu .... +39,3
H + O = HO étendu .... +34,5

On conclut de ces nombres :

SO^2 dissous + O gaz + HO = SO^3, HO étendu : +32,15,

et, par suite,

Cl + O^5 + HO + Eau = ClO^5, HO étendu : −12,0.

Ce nombre est subordonné aux chaleurs de formation de l'eau, ou de l'acide chlorhydrique et de l'acide sulfurique.

6. Il en résulte que la production de l'acide chlorique hydraté étendu, depuis ses éléments,

Cl + O^6 + H + Eau = ClO^5, HO étendu, dégage ..... +22,5.

La métamorphose de l'acide chlorique étendu en acide chlorhydrique étendu et oxygène gazeux :

ClO^5, HO étendu = HCl étendu + O^6, dégage .... +16,8.

Cette valeur joue un rôle dans les oxydations.

7. Elle est la même pour les chlorates dissous, transformés en chlorures et oxygène libre, parce que la chaleur dégagée dans la réaction des diverses bases sur les acides chlorhydrique et chlorique est sensiblement la même. J'ai trouvé, en effet, vers 19° :

	HCl étendu.	ClO^6H étendu.
+ KO étendue	+13,7	+13,7
+ NaO étendue	+13,7	+13,7
+ BaO étendue	+13,85	+13,8

8. En se reportant aux chaleurs de dissolution des chlorures et des chlorates, dont j'ai donné ailleurs les valeurs (*Annales de Chimie et de Physique*, 5e série, t. IV, p. 103 et 104), on obtient la chaleur de décomposition des chlorates en chlorures et oxygène (rapportée à la température ordinaire).

$$ClO^6K \text{ solide} = KCl \text{ solide} + O^6 \ldots\ldots \quad +11,0;$$

au lieu de +9,8, donné par M. Thomsen : ces valeurs sont fort voisines.

Je trouve encore :

$$ClO^6Na \text{ solide} = NaCl \text{ solide} + O^6 \ldots\ldots \quad +12,3$$
$$ClO^6Ba \text{ solide} = BaCl \text{ solide} + O^6 \ldots\ldots \quad +12,6$$

A la température même des réactions, c'est-à-dire vers 500° ou 600°, les quantités de chaleur, pour les sels *solides*, sont à peu près les mêmes, comme on peut l'établir par le calcul.

Par exemple, la chaleur spécifique du chlorate de potasse, pour le poids équivalent ClO^6K, est égale à 23,8; pour $KCl + O^6$, la somme des chaleurs spécifiques s'élève à 23,3. Le terme U — V, qui exprime la variation de la chaleur de combinaison, est donc égal à

$$+0^{cal},5\,(T-t);$$

soit pour un intervalle de zéro à 500° : $+0^{Cal},25$: accroissement insignifiant par rapport à +11,0.

Il résulte de ces nombres qu'une *combustion effectuée au moyen du chlorate de potasse solide* dégage plus de chaleur que la même combustion opérée par le moyen de l'oxygène libre : soit $+1^{Cal},83$ pour chaque équivalent d'oxygène (O = 8) consommé (t. I, p. 204).

9. *La formation des chlorates depuis les éléments,*

$$Cl + O^6 + K = ClO^6K \text{ solide, dégage} \ldots\ldots \quad +94^{Cal},6$$
$$Cl + O^6 + Na = ClO^6Na \text{ solide} \ldots\ldots \quad +85^{Cal},4$$

Ces quantités ne varient guère avec la température; du moins tant que les métaux sont solides. En effet, la chaleur spécifique du système des éléments, $Cl + O^6 + K$, est : 21,3;

Celle du composé ClO^6K est : 23,8.

On a donc : $U - V = -2^{cal},5\,(T-t)$; ou, ce qui est la même chose, $-0^{Cal},0025\,(T-t)$, en adoptant la même unité que pour la formation des chlorates.

Un intervalle de 100° ne produit donc qu'un accroissement de $+0^{Cal},25$ dans la chaleur dégagée.

10. *Diverses réactions.* — La réaction du chlore gazeux sur la potasse étendue peut être envisagée comme formant : soit de l'hypochlorite, soit du chlorate, soit de l'oxygène libre.

1° Avec l'hypochlorite

$$6Cl + 6KO \text{ étendue} = 3(ClO, KO) \text{ dissous} + 3KCl \text{ étendu}.$$

La réaction dégage, d'après mes expériences (*Annales de Chimie et de Physique*, 5e série, t. V, p. 335, 337, 338),

$$+25,4 \times 3 = +76,2.$$

Avec la soude, on a : $+75,9$;
Avec la baryte : $+75,8$.

2° Cette réaction peut aussi former du chlorate :

$$6Cl + 6KO \text{ étendue} = ClO^5, KO \text{ dissous} + 5KCl \text{ étendu},$$

ce qui dégage, avec la potasse : $+94,2$;
Avec la soude, $+94,2$;
Avec la baryte, $+95,0$.

3° La formation du perchlorate de potasse et du chlorure de potassium, rapportée au même poids de chlore que les précédentes, soit

$$\tfrac{3}{4}(8Cl + 8KO \text{ étendue} = 7KCl \text{ dissous} + ClO^8K \text{ dissous}),$$

dégage : $+111,0$;
Avec la soude : $+111,0$;
Avec la baryte : $+111,8$.

4° Enfin la même réaction peut développer du chlorure et de l'oxygène libre :

$$6Cl + 6KO \text{ étendue} = 6KCl \text{ dissous} + O^6,$$

ce qui dégage, avec la potasse : $+111,0$;
Avec la soude, $+110,0$;
Avec la baryte, $+111,8$;

Il résulte de ces nombres que la formation de l'hypochlorite répond au moindre dégagement de chaleur; puis vient le chlorate, et enfin le perchlorate et l'oxygène libre qui dégagent le plus de chaleur, les deux quantités étant d'ailleurs sensiblement les mêmes.

Quand l'hypochlorite se change en chlorate

$$3(ClO, KO) \text{ dissous} = ClO^5, KO \text{ dissous} + 2KCl;$$

il y a donc dégagement de chaleur, soit :
+ 18,0 pour les sels de potasse,
+ 18,3 pour les sels de soude,
+ 19,9 pour les sels de baryte.

La seconde métamorphose, celle du chlorate dissous en chlorure, dégage + 16,8 pour les trois sels, d'après ce qui a été dit plus haut.

La métamorphose d'un chlorate dissous en perchlorate dégage sensiblement la même quantité de chaleur.

On voit que la stabilité relative dans les dissolutions va en croissant de l'hypochlorite au chlorate, puis au perchlorate et à l'oxygène libre : ce qui est conforme à ce que nous savons en Chimie.

Enfin si nous rapportons les actions à la formation des acides eux-mêmes, ce qui donne en moins la chaleur dégagée par leur union avec les bases, on a :

$$6Cl + 6HO + \text{eau} = 3(ClO, HO) \text{ ét.} + 3HCl \text{ ét., dégage:} \quad + 5,7$$
$$6Cl + 6HO + \text{eau} = ClO^5, HO \text{ ét.} + 5HCl \text{ étendu,} \quad + 12,0$$
$$\tfrac{3}{4}(8Cl + 8HO + \text{eau} = ClO^7, HO \text{ ét.} + 7HCl \text{ étendu,} \quad + 28,9$$
$$6Cl + 6HO + \text{eau} = O^6 \text{ gaz} + 6HCl \text{ étendu} \quad + 28,8$$

Les relations thermiques demeurent donc les mêmes.

11. *Degrés successifs d'oxydations.* — Examinons maintenant les chaleurs de formation des divers acides du chlore.

D'après mes expériences :

$$Cl + O + HO + \text{Eau} = ClO, HO \text{ étendu, absorbe :} \quad - 2,9$$
$$Cl + O^5 + HO + \text{Eau} = ClO^5, HO \text{ étendu} \quad \text{»} \quad : -12,0$$
$$Cl + O^7 + HO + \text{Eau} = ClO^7, HO \text{ étendu} \quad \text{»} \quad : + 4,9$$

Il y a donc d'abord une *absorption de chaleur croissante, à mesure que la proportion d'oxygène unie à un même poids de chlore s'accroît dans le composé :* ceci pour les deux premiers composés.

Mais il y a au contraire dégagement de chaleur pour le troisième, soit + 16,9 pour O^2: formation de l'acide perchlorique.

Les mêmes relations subsistent, si l'on prend l'oxygène comme unité, en faisant varier le chlore. Pour un poids donné d'oxygène, tel que $O^5 = 40^{gr}$, uni à $Cl = 35^{gr},5$ dans l'acide chlorique dissous, il y a une absorption de — 12,0;

Le même poids d'oxygène étant uni à $Cl^5 = 177,5$ dans l'acide hypochloreux dissous donne lieu à une absorption de

$$-2,9 \times 5 = -14,5;$$

c'est-à-dire plus considérable.

Mais cet accroissement dans la chaleur absorbée ne s'étend pas jusqu'à l'acide perchlorique, lequel donne lieu, au contraire, à un dégagement de chaleur: soit $+3,5$ pour le même poids d'oxygène.

De telles relations sont d'autant plus remarquables dans les acides du chlore que la formation des combinaisons successives d'un même élément avec l'oxygène dégage en général de la chaleur, comme le montre l'histoire des combinaisons oxygénées du soufre, du sélénium, du phosphore, de l'arsenic, etc.

Cependant on retrouve des anomalies analogues dans l'étude des combinaisons de l'iode et de l'azote avec l'oxygène. En effet, si l'on compare les acides hypoiodeux, iodique et periodique,

$I + O + \text{eau} = IO$ dissous, absorbe, d'après mes essais, une quantité de chaleur notablement supérieure, en valeur absolue, à .... $-5,2$

$I + O^5 + \text{Eau} = IO^5$ dissous, dégage...... $+21,5$ (Thomsen.)

ou...... $+22,2$ (Berthelot.)

$I + O^7 + \text{Eau} = IO^7$ dissous, dégage...... $+13,5$ (Thomsen.)

On voit ici que la chaleur dégagée présente un minimum et un maximum, qui ne répondent ni l'un ni l'autre au degré d'oxydation le plus élevé. Les combinaisons de l'azote et de l'oxygène offrent un minimum analogue pour le bioxyde d'azote (t. I, p. 279).

Je rappelle à dessein ces nombres, afin de montrer combien il est difficile de généraliser les relations entre les quantités de chaleur dégagées ou absorbées et les proportions multiples des combinaisons successives de deux éléments.

Si le minimum de la chaleur dégagée, ou le maximum de la chaleur absorbée, répondait dans tous les cas au premier terme formé par l'union successive de deux éléments, et si la chaleur dégagée croissait ensuite régulièrement avec la proportion de l'élément variable; il serait permis de supposer que l'un des éléments, celui que l'on envisage comme constant, a éprouvé une modification isomérique spéciale, précédant la combinaison, et à partir de laquelle les quantités de chaleur devraient être comptées. Mais il paraît difficile d'admettre cette hypothèse dans les séries oxydées de l'azote, de l'iode et même du chlore, séries où le minimum et le maximum thermiques ne correspondent ni au premier ni au dernier degré d'oxydation.

13. J'aurais désiré pousser la comparaison plus loin, et l'étendre à l'acide chloreux. A cet effet, j'ai cherché d'abord à préparer un sel défini, le chlorite de baryte, qui serait un corps cristallisé, d'après Millon. En suivant exactement les indications de cet auteur, j'ai bien obtenu un sel cristallisé, offrant l'apparence d'écailles comme il l'annonce, et qui donnait à l'analyse des nombres correspondant sensiblement à la formule ClO^4Ba. Mais un examen approfondi m'a fait reconnaître que ce sel n'était guère autre chose qu'un mélange de chlorure et de perchlorate de baryte à équivalents égaux (avec quelques centièmes de chlorite)

$$BaCl + ClO^8Ba.$$

Ce composé offre la même composition centésimale que le chlorite : sa formation dans la réaction de l'acide chloreux sur les alcalis paraît devoir répondre à la décoloration des liqueurs, qui se produit, comme on sait, au bout de quelque temps.

§ 3. — Formation thermique de l'acide perchlorique et de ses sels.

1. La suite de mes recherches sur les oxacides de chlore et des éléments halogènes m'a conduit à étudier la chaleur de formation de l'acide perchlorique : les résultats obtenus, non sans de grandes difficultés, mettent en évidence un certain nombre de faits chimiques nouveaux. Ils montrent en même temps comment la Thermochimie éclaircit les différences de stabilité et d'activité qui existent entre l'acide perchlorique pur et le même acide uni à une dose d'eau plus considérable.

2. On sait en effet, par les recherches de M. Roscoë principalement [1], qu'il existe plusieurs hydrates perchloriques, savoir : l'acide monohydraté proprement dit, ClO^8H; un hydraté cristallisé, $ClO^8H, 2HO$, et un hydrate $ClO^8H, 4HO$, volatil vers 200° et en partie dissociable, dans les conditions mêmes de sa distillation.

J'ai reproduit ces expériences et j'ai même réussi à obtenir le premier acide sous la forme cristallisée. Il suffit de prendre l'acide liquide, lequel contient quelques centièmes d'eau excédante, et de le placer

---

[1] *Annalen der Chemie und Pharmacie*, t. CXXI, p. 346; 1861.

dans un mélange réfrigérant. L'acide cristallise; on décante l'eau mère. On le laisse se liquéfier, on le fait cristalliser de nouveau, et l'on obtient finalement un acide fusible vers + 15°; point de fusion probablement encore trop peu élevé. J'en ai vérifié la composition par l'analyse. C'est un corps excessivement avide d'eau, et qui répand à l'air d'épaisses fumées.

3. La dissolution de l'acide monohydraté liquide, ClO^8H, dans cent fois son poids d'eau, à 19°, dégage : + 20^{Cal},3.

L'expérience est assez délicate, à cause de la promptitude avec laquelle l'acide attire l'humidité pendant sa pesée, et à cause de la violence avec laquelle il réagit sur l'eau, au moment de l'essai calorimétrique.

Le chiffre précédent est énorme; il surpasse la chaleur de dissolution de tous les acides monohydratés communs, étant plus que double, par exemple, de celle de l'acide sulfurique hydraté, SO^4H. Il est à peu près égal à la chaleur même de dissolution des acides sulfurique anhydre (+18,7) et phosphorique anhydre (+20,8), les plus considérables qui soient connues jusqu'à présent; mais elles se rapportent à des corps anhydres. Le chiffre + 20,3 surpasse également les chaleurs de dissolution des hydracides; bien que ces dernières soient accrues de 6^{Cal} à 8^{Cal}, en raison de l'état gazeux des hydracides.

Cette énorme chaleur d'hydratation de l'acide perchlorique explique l'extrême différence qui existe entre les réactions de cet acide étendu d'eau, condition où il est à peu près aussi stable que l'acide sulfurique étendu, et les réactions de l'acide monohydraté, lequel enflamme le gaz iodhydrique et agit avec une violence explosive sur les corps oxydables. On y reviendra tout à l'heure.

4. L'acide perchlorique monohydraté se décompose spontanément, comme M. Roscoë l'a remarqué. D'abord incolore, il se colore en jaune, puis en rouge et en rouge brun, et il finit par dégager des gaz, qui exposent à l'explosion des récipients : explosion d'autant plus à craindre, que le col des flacons à l'émeri ne tarde pas à être soudé, par suite de la formation des cristaux du second hydrate perchlorique.

L'acide qui a éprouvé une décomposition partielle ne convient pas pour la mesure de la chaleur d'hydratation, laquelle devient de moins en moins considérable, par suite de la formation d'eau qui accompagne cette décomposition. Malgré cette formation d'eau, le titre acidimétrique de l'acide, rapporté au poids équivalent de l'acide perchlorique, ne baisse pas, et il peut même augmenter un peu en apparence, parce que les acides oxygénés inférieurs du chlore ont un équivalent moindre que celui de l'acide perchlorique. C'est une cause d'erreur qu'il importe de signaler.

5. Une décomposition analogue se produit sous l'influence de la chaleur et ne permet pas de redistiller l'acide perchlorique.

Elle a lieu aussi dans les conditions mêmes de la préparation de l'acide perchlorique, au moyen du perchlorate de potasse et de l'acide sulfurique, comme le montre le dégagement incessant de chlore qui accompagne la distillation.

L'acide monohydraté semble ne pouvoir être isolé qu'à la condition d'être entraîné par un gaz : aussi ne l'obtient-on qu'en petite quantité. Ceci tient à ce que la décomposition de l'acide perchlorique dégage de la chaleur. Dans la préparation même de cet acide au moyen du perchlorate de potasse et de l'acide sulfurique concentré, la réaction, une fois provoquée par l'action d'une source extérieure de chaleur, continue d'elle-même, cette source étant écartée, et cela avec une violence susceptible parfois de donner lieu à une explosion : ce fait prouve que la réaction est exothermique. En même temps, il se dégage du chlore et de l'oxygène, qui entraînent la vapeur perchlorique et en rendent la condensation difficile.

6. Donnons quelques détails sur les réactions oxydantes exercées par l'acide perchlorique.

En solution étendue, cet acide n'est réduit par aucun corps connu. Ni l'acide sulfureux, ni l'acide sulfhydrique, ni l'acide hydrosulfureux [1], ni l'acide iodhydrique, ni l'hydrogène libre, ni le zinc en présence des acides, ni l'amalgame de sodium en présence de l'eau pure, acidulée ou alcaline, ni l'électrolyse, n'exercent d'action. L'acide perchlorique et les perchlorates dissous sont aussi stables que les sulfates eux-mêmes.

Les hydrates $ClO^8H + 4HO$ (liquide), même $ClO^8H + 2HO$ (cristallisé), hydrates dont la chaleur de dissolution s'élève seulement à $+5^{Cal},3$ pour le premier, à $+7^{Cal},7$ pour le second [2], ne parais-

---

[1] J'ai spécialement vérifié par des pesées précises que cet acide, annoncé récemment comme capable de réduire les perchlorates, n'agit pas, en réalité, en dehors des petites quantités de chlorates que les perchlorates renferment souvent.

[2] $+11,7$ environ dans l'état liquide.

sent guère plus actifs que l'acide étendu lui-même, d'après des dosages faits avec le gaz iodhydrique, le gaz sulfureux et l'acide arsénieux.

L'acide perchlorique monohydraté se comporte tout autrement; ce qui s'explique, parce qu'il dégage en plus les $+20^{Cal},3$ répondant à sa chaleur de dissolution. Mis en présence des corps oxydables, tantôt il demeure presque inactif, à la façon de l'acide azotique en rapport avec le fer passif; tantôt, au contraire, il les attaque subitement et avec une violence explosive. Il enflamme le gaz iodhydrique, l'iodure de sodium (par suite de la formule préalable du même gaz); il attaque très énergiquement l'acide arsénieux, etc. Avec les corps hydrogénés, la formation de l'eau limite l'action, en transformant une partie de l'acide en hydrate supérieur. L'acide arsénieux n'offre pas cet inconvénient; il produit un oxychlorure, intermédiaire entre ce corps et l'acide arsénique, et que j'ai déjà signalé en parlant des déplacements réciproques de l'oxygène et des corps halogènes [1]. Cependant je n'ai pas pu utiliser cette réaction pour les mesures calorimétriques, même en dissolvant ces produits dans la soude; à cause de la constitution incertaine de l'acide arsénique formé, laquelle offre des différences analogues à celle des divers acides phosphoriques. Il en résulte que la saturation de l'acide arsénique par la soude dégage beaucoup moins de chaleur que celle de l'acide arsénique normal : ce qui trouble tous les calculs.

Je citerai seulement les chiffres suivants, qui montrent la multiplicité des modes simultanés de décomposition de l'acide perchlorique (*voir* t. I, p. 20 et 22). $1^{gr},175$ de cet acide, en présence de l'acide arsénieux en grand excès, se sont répartis de la manière suivante :

$0^{gr},246$ ont cédé tout leur oxygène (O^8) à l'acide arsénieux;
$0^{gr},139$ se sont détruits en $HCl + O^8$ qui s'est fixé sur le même acide,
$0^{gr},145$ en $Cl + O^7$ (fixé sur l'acide arsénieux) $+ HO$;
$0^{gr},645$ ont été retrouvés inaltérés.

Quelques milligrammes seulement avaient formé de l'acide chloreux, d'après un dosage spécial.

---

(1) *Annales de Chimie et de Physique*, 5e série, t. XV, p. 211.

7. J'ai mesuré la chaleur dégagée par l'union de l'acide perchlorique avec diverses bases, à 18°.

ClO^8H ($1^{éq} = 6^{lit}$) + NaO ($1^{éq} = 6^{lit}$) dégage	+ 14,25
» + $2^e NaO$	+ 0,07
ClO^8H ($1^{éq} = 6^{lit}$) + BaO ($1^{éq} = 6^{lit}$)	+ 14,47
» + $2^e BaO$	+ 0,08
ClO^8H ($1^{éq} = 6^{lit}$) + AzH^3 ($1^{éq} = 4^{lit}$)	+ 12,90
» + $2^e AzH^3$	+ 0,00

La potasse dégage la même quantité de chaleur que la soude; mais les solutions de potasse ont été prises deux fois aussi étendues, afin d'éviter la précipitation du perchlorate.

Ajoutons ici la chaleur de dissolution des perchlorates :

ClO^8K + eau, absorbe	— 12,1
ClO^8Na vers 100°	— 3,5
ClO^8Ba vers 100°	— 0,9
ClO^8AzH^4, à 20°	— 6,36

8. Examinons maintenant la *chaleur de formation de l'acide perchlorique et des perchlorates depuis leurs éléments.*

Nous avons déterminé la chaleur de formation du perchlorate de potasse, M. Vieille et moi, en mélangeant ce corps dans une proportion exactement équivalente avec une matière combustible, explosive par elle-même et dès lors susceptible de donner lieu à une réaction instantanée, telle que le picrate de potasse et le picrate d'ammoniaque. Cette même matière étant brûlée d'autre part par l'oxygène libre, la différence entre les deux quantités de chaleur mesurées représente l'excès de la chaleur développée par la réaction de l'oxygène libre, sur la chaleur développée par la réaction de l'oxygène combiné; c'est-à-dire la chaleur (absorbée ou dégagée) par la décomposition du perchlorate de potasse en oxygène libre et chlorure de potassium

$$ClO^8K \text{ solide} = KCl \text{ solide} + O^8.$$

Cette quantité résulte ainsi de deux données expérimentales seulement; elle est indépendante des chaleurs de combustion du potassium, du carbone, de l'hydrogène, comme de la chaleur de chloruration du potassium.

On a vérifié chaque fois que le poids du chlorure de potassium formé (transformé en chlorure d'argent) était à $\frac{1}{200}$ près celui qui répondait à la décomposition complète du perchlorate. La combustion du picrate, au contraire, n'a pas été trouvée complète, lors des essais, faits dans une atmosphère d'azote, un certain déficit ayant été observé sur l'acide carbonique; déficit représenté par le charbon libre et l'oxyde de carbone [1]. C'est pourquoi nous avons cru devoir opérer dans une atmosphère d'oxygène, qui complète la combustion, ainsi que nous l'avons vérifié par le dosage de l'acide carbonique.

Trois séries d'expériences ont été exécutées : avec le picrate de potasse, avec le picrate d'ammoniaque et avec l'acide picrique. Mais les deux premières séries ont seules donné des résultats satisfaisants, la combustion de l'acide picrique n'ayant jamais été totale, probablement à cause d'une certaine volatilité de ce corps.

Les nombres obtenus avec le picrate de potasse brûlé, d'une part par l'oxygène pur, d'autre part par le perchlorate, diffèrent de $-8^{Cal},6$; les nombres obtenus avec le picrate d'ammoniaque, de $-6^{Cal},5$; résultats aussi concordants qu'on pouvait l'espérer pour des valeurs qui représentent la différence de nombres beaucoup plus grands. Nous adopterons la moyenne : $-7^{Cal},5$, comme répondant à la réaction

$$ClO^8K \text{ solide} = KCl \text{ solide} + O^8 \text{ gaz}.$$

Cette décomposition, exécutée à la température ordinaire, absorberait donc de la chaleur; contrairement à ce qui arrive par la décomposition du chlorate de potasse, qui dégage $+11^{Cal},0$.

Depuis les éléments, il est facile de calculer la chaleur de formation du perchlorate de potasse, en admettant que celle du chlorure de potassium :

$K + Cl = KCl$ solide, dégage .... $+105^{Cal},0$

$Cl + O^8 + K = ClO^8K$ solide, dégage.......... $+112^{Cal},5$

De ce chiffre et des données précédentes, il résulte que :

$Cl + O^8 + H = ClO^8H$ liquide pur, dégage............ $+19,1$
$Cl + O^8 + H +$ eau $= ClO^8H$ étendu.................. $+39.35$
$Cl + O^8 + K = ClO^8K$ solide : $+112,5$; dissous....... $+100,4$
$Cl + O^8 + Na = ClO^8Na$ solide......... $+100,2$; dissous $+96,7$
$Cl + O^8 + H^4 + Az = ClO^8H, AzH^3$ solide. $+79.7$; dissous $+73,3$
ClO^6K solide $+ O^2 = ClO^8K$ solide.................. $+17,9$

---

[1] Une fraction correspondante de l'oxygène du perchlorate devient libre, par suite de la décomposition simultanée de ce sel, mais ceci ne change rien au calcul. Rappelons en outre que la combustion du picrate de potasse transforme la potasse en bicarbonate, comme nous l'avons vérifié.

9. On tire de ces chiffres

ClO^8H pur liq. = HCl gaz + O^8, dégage.. + 2,9
» = Cl + O^7 + HO gaz ..... + 9,9; HO liq. + 14,9
ClO^8H étendu = HCl étendu + O^8...... nul
ClO^8H étendu = Cl gaz + O^7 + HO liq... − 4,9;

nombres qui rendent compte de la différence entre la stabilité de l'acide concentré et de l'acide étendu, ainsi que de la facile décomposition de l'acide concentré.

10. Les perchlorates dissous se changent en chlorates avec un phénomène thermique à peu près nul; mais il en est autrement des sels solides. En effet,

ClO^8K solide = KCl solide + O^8............. − 7,5
ClO^8Na solide = NaCl solide + O^8............. − 3,0
ClO^8Ba solide = BaCl solide + O^8............. − 1,1

Le changement d'un perchlorate solide en chlorure à la température ordinaire absorbe donc de la chaleur, c'est-à-dire qu'il ne saurait devenir explosif; tandis que le contraire arrive pour les chlorates, d'après mes mesures.

Le signe du phénomène ne paraît pas d'ailleurs devoir changer avec l'élévation de la température, la chaleur spécifique moléculaire du perchlorate de potasse, par exemple (26,3), étant inférieure à la somme de celles du chlorure et de l'oxygène (33,9); c'est-à-dire que vers 400° l'écart serait accru de 3^{Cal} environ en valeur absolue.

11. Le changement du chlorate de potasse en perchlorate par la chaleur est dès lors exothermique, comme on aurait pu le prévoir. A la température ordinaire,

$4ClO^6K = 3ClO^8K + KCl$, dégagerait : + 63

Ceci est conforme d'ailleurs à la relation thermique déjà observée entre les hypochlorites et les chlorates; les derniers étant plus stables que les premiers, mais aussi formés avec une moindre absorption de chaleur.

12. Les relations thermiques montrent également que la décomposition du perchlorate d'ammoniaque doit être explosive, car

ClO^8H, AzH^3 solide = Cl + O^4 + Az + 4HO liq., dégage. + 58^{Cal},3
» » l'eau gazeuse... + 38^{Cal},3

Avec le sel fondu, on aura en plus la chaleur de fusion.

C'est ce que l'expérience vérifie. En effet, le perchlorate d'ammoniaque chauffé fond d'abord; puis le liquide devient incandescent, en prenant la forme sphéroïdale; la perle brillante ainsi produite se décompose avec une extrême rapidité en chlore libre, oxygène et eau, avec production d'une flamme jaunâtre. Le sel ne détone cependant pas, du moins lorsqu'on opère sur une petite quantité. Ces phénomènes rappellent la décomposition de l'azotate d'ammoniaque (*nitrum flammans*), mais avec un peu plus d'intensité.

13. Nous avons remarqué plus haut combien est grande la chaleur de dissolution (+20,3) de l'acide perchlorique hydraté, ClO^8H, laquelle est plus que double de celles de tous les autres acides monohydratés et comparable à celles des acides anhydres les plus puissants. La grandeur des chaleurs dégagées se poursuit jusque dans les hydrates secondaires ([1]). Celle du deuxième hydrate

ClO^8H liquide $+ H^2O^2$ liquide $= ClO^8H, H^2O^2$
dégage, l'hydrate étant solide............. $+12^{Cal},6$;

$+8,6$, environ, s'il est envisagé comme liquide.

La formation du troisième hydrate

$ClO^8H, H^2O^2 + H^2O^2 = ClO^8H, 2H^2O^2$ liq., dégage encore : $+7,4$;

valeur comparable à la chaleur de formation de l'hydrate sulfurique secondaire.

Ces nombres viennent à l'appui de l'opinion qui regarderait les hydrates perchloriques comme le dernier indice du caractère quintibasique, reconnu dans l'acide periodique. Un tel caractère ne se traduirait plus que par la formation des hydrates avec un grand dégagement de chaleur, l'acide perchlorique formant seulement des sels monobasiques. J'ai déjà montré dans une autre série, RO^6H, comment on passe des acides chlorique et azotique, monobasiques, à l'acide phosphorique, tribasique, par l'acide iodique, qui offre certains caractères intermédiaires ([2]).

On voit par ces développements comment la Thermochimie rend compte des propriétés caractéristiques des perchlorates et spécia-

---

([1]) Sur les chaleurs de dilution de l'acide perchlorique, qui présentent des particularités remarquables, *voir* mes recherches (*Annales de Chimie et de Physique*, 5e série, t. XXVII, p. 212).

([2]) *Annales de Chimie et de Physique*, t. XII, p. 313 et 314.

lement de l'opposition singulière qui existe entre les réactions oxydantes si énergiques de l'acide concentré et la grande stabilité de l'acide étendu.

§ 4. — Composés oxygénés du brome.

1. J'ai étudié la formation thermique de l'acide bromique, du bromate de potasse et celle des hypobromites.

2. J'ai opéré sur du bromate de potasse très pur, que j'avais préparé moi-même et analysé. Je l'ai dissous dans l'eau.

BrO^6K + eau (1 p. de sel + 50 p. eau), à 11°, absorbe : $-9^{Cal},85$.

J'ai réduit cette solution par une solution aqueuse d'acide sulfureux, et j'ai mesuré, d'autre part, la chaleur dégagée par l'union de l'acide bromique étendu avec la potasse; laquelle est sensiblement la même que la chaleur de neutralisation des acides chlorique, bromhydrique et chlorhydrique (+13,7), par la même base.

3. Tout calcul fait, j'ai trouvé pour l'*acide bromique* :

Br liq. + O^5 + HO + eau = BrO^5, HO étendu, absorbe... —24,8

M. Thomsen, en réduisant le même acide par le chlorure stanneux, a trouvé —21,8. Mais, en substituant, dans le calcul de ses expériences, le nombre +38,5, qui me semble plus exact ([1]), au nombre +38,0, qu'il a adopté pour la perchloruration du chlore stanneux, on arrive également à —24,8.

On tire de là

Br gaz + O^5 + HO + eau = BrO^5, HO étendu..... —20,8;

nombre presque double de la chaleur absorbée dans la formation de l'acide chlorique (—12,0).

4. On a encore, pour l'acide bromique (et les bromates dissous)

BrO^6, HO étendu = HBr étendu + O^6....... +15,5;

Et pour le bromate de potasse solide

BrO^6K solide = KBr + O^6.......... +11,1;

valeurs qui sont sensiblement les mêmes que pour l'acide chlorique dissous (+16,8) et pour le chlorate de potasse solide (+11,0).

([1]) *Annales de Chimie et de Physique*, 5e série, t. V, p. 330.

Enfin, depuis les éléments

$$Br \text{ gaz} + O^6 + K = BrO^6K \text{ solide, dégage} \ldots\ldots \quad +89,3.$$

5. *Acide hypobromeux.* — Les hypobromites se forment aisément par la réaction du brome sur les solutions alcalines. J'ai trouvé, en présence d'un excès d'alcali, le brome étant liquide :

NaO ($1^{éq} = 3^{lit}$) + Br ($14^{gr},318$ et $3^{gr},365$), à 9°.....	+6,0
KO ($1^{éq} = 4^{lit}$) + Br (15,801 et 5,734), à 11°.....	+5,95
BaO ($1^{éq} = 6^{lit}$) + Br (12,096 et 12,339), à 13°.....	+5,7

En admettant que l'acide hypobromeux étendu dégage, en s'unissant aux bases, la même quantité de chaleur que l'acide hypochloreux, soit +9,5, je tire des chiffres précédents :

Br liquide + O + eau = BrO étendu	−6,7
Br gaz + O + eau = BrO étendu..........	−3,1;

le dernier nombre est le même sensiblement que celui que j'ai observé pour la formation de l'acide hypochloreux (−2,9).

Les alcalis dissolvent d'ailleurs une dose de brome plus forte que celle qui répond à la formation de l'acide hypobromeux. Ainsi l'eau de baryte dissout à froid près de $2^{éq}$ de brome; soit Br^4 pour 2BaO. Ces faits s'expliquent par la formation simultanée des tribromures alcalins (*Annales de Chimie et de Physique*, 5e série, t. XXI, p. 375, 378), et des hypobromites.

Avant de pousser plus loin ces comparaisons, il convient d'étudier la formation thermique des composés oxygénés de l'iode.

§ 5. — Acide iodique et iodates.

1. Je vais exposer les résultats que j'ai obtenus en faisant agir l'iode sur la potasse, condition dans laquelle on observe les formations de l'acide hypoiodeux et de l'acide iodique; j'examinerai ensuite la réaction de l'acide iodique sur l'eau et les alcalis; enfin je comparerai la formation thermique des sels oxygénés qui dérivent du chlore, du brome et de l'iode, en tâchant d'en déduire quelques données nouvelles pour la mécanique moléculaire.

2. Si l'on dissout l'iode dans la potasse étendue, à la température ordinaire, avec le concours de mon écraseur (t. I, p. 369), deux effets thermiques se succèdent très rapidement. Pendant la première minute, on observe un abaissement de température, qui s'élève jusqu'à — 0°,3, lorsqu'on dissout, par exemple, 3^{gr} d'iode dans 500^{cc} d'une solution renfermant $\frac{1}{2}$ équivalent de potasse par litre. Ce phénomène initial répond à la dissolution de la plus grande portion de l'iode employé. Des effets de même signe ont lieu également avec des liqueurs deux fois et quatre fois aussi étendues.

Aussitôt ces effets produits, le thermomètre remonte, par suite d'une nouvelle réaction, qui se prolonge pendant quatre à cinq minutes, tandis que la totalité de l'iode entre en dissolution. Toute la réaction peut être effectuée en rapports équivalents (sauf une trace d'iode libre ou de quelque autre composé, qui jaunit un peu la liqueur). A ce moment, la liqueur renferme de l'iodate et de l'iodure de potassium, conformément à la relation connue

$$3I^2 + 6KO \text{ étendue} = 5KI \text{ dissous} + IO^6K \text{ dissous.}$$

3. Le phénomène initial me paraît dû à la formation d'un hypoiodite :

$$I^2 + 2KO \text{ étendue} = IO, KO \text{ étendu} + KI \text{ étendu};$$

mais ce corps n'a qu'une existence momentanée, et il se change aussitôt en iodate, à la température ordinaire.

4. On sait que la même réaction avec les hypochlorites ne se produit très rapidement que vers 100°.

L'hypobromite avec excès d'alcali résiste bien plus longtemps, même à 100°, comme je l'ai vérifié.

5. Cette inégale stabilité des trois sels est explicable par la progression inverse des stabilités des chlorate, bromate, iodate, ainsi qu'on le verra tout à l'heure. L'acide hypochloreux libre, au contraire, est le plus stable de tous, car on peut le déplacer à froid par l'acide carbonique, et même par l'acide acétique; tandis que l'un ou l'autre de ces derniers acides, mis en présence des hypobromites, en sépare aussitôt du brome, comme Balard l'avait observé dès l'origine. Ce brome est mêlé probablement de quelque autre composé, ainsi que je l'ai reconnu, d'après la mesure de la chaleur dégagée.

6. Mais revenons à la formation de l'hypoiodite. Quand on ajoute l'iode à la potasse étendue par fractions successives, en deux fois ou en trois fois par exemple, chaque addition donne lieu à la même succession de phénomènes, c'est-à-dire à un abaissement de température, suivi aussitôt d'un réchauffement : ce qui montre que l'effet est bien caractéristique de la réaction elle-même, et indépendant des fractions d'iode et de potasse déjà combinées.

Ces effets singuliers, que le thermomètre seul peut nous révéler, demandent à être précisés par des chiffres :

I + KO ($1^{éq} = 2^{lit}$), à 14° :

Premier effet : absorption	− 0,58
Deuxième effet : dégagement	+ 0,65
Effet total	+ 0,07

I + KO ($1^{éq} = 4^{lit}$), à 15° :

On ajoute la moitié de l'iode : premier effet	− 0,38
» » deuxième effet	+ 0,30
Effet total	− 0,08
On ajoute le surplus de l'iode : premier effet	− 0,19
» » deuxième effet	+ 0,17
Effet total	− 0,02
La chaleur totale des deux effets réunis	− 0,10

I + KO ($1^{éq} = 8^{lit}$), à 15° :

Premier effet	− 1,27
Deuxième effet	+ 1,18
Effet total	− 0,09

Observons ici que le premier effet thermique, c'est-à-dire le refroidissement, ne fournit pas une mesure précise de la chaleur absorbée dans la réaction correspondante (formation de l'hypoiodite), mais seulement une limite supérieure ; attendu que le réchauffement succède trop rapidement.

7. Étant admis que le produit final de la réaction précédente est l'iodate de potasse dissous :

$$6I \text{ solide} + 6KO \text{ étendue} = IO^6K \text{ dissous} + 5KI \text{ étendu},$$

et étant admis encore que la formation de l'iodure de potassium étendu,

$$K + I + \text{eau} = KI \text{ étendu, dégage } + 74^{Cal},7,$$

on passe de là à l'acide iodique anhydre, à l'acide monohydraté et à l'iodate de potasse solide, à l'aide des données que voici :

1° *Iodate de potasse dissous.*

IO^6H ($1^{éq} = 1^{lit}$) + KO ($1^{éq} = 1^{lit}$) = IO^6K dissous, à 13°	+ 14,30
IO^6H ($1^{éq} = 4^{lit}$) + KO ($1^{éq} = 4^{lit}$) = IO^6K dissous	+ 14,25

Ces nombres surpassent d'une petite quantité la chaleur de neutralisation de l'acide azotique par la potasse; j'ai vérifié cet excès par la méthode des doubles décompositions réciproques, c'est-à-dire en traitant tour à tour l'iodate de potasse dissous par l'acide azotique étendu, et l'azotate de potasse par l'acide iodique, en présence des mêmes quantités d'eau.

2° *Dissolution de l'acide iodique hydraté.*

IO^6H cristallisé (1 partie + 45 parties d'eau), + eau, à 12°. + 2,67

M. Ditte a trouvé — 2,24; M. Thomsen — 2,17, à une température un peu différente.

Dilution de l'acide iodique.

IO^6H ($1^{éq} = 1^{lit}$) + son volume d'eau, à 13°	— 0,30
IO^6H ($1^{éq} = 2^{lit}$) »	— 0,08
IO^6H ($1^{éq} = 4^{lit}$)	— 0,0

4° *Dissolution de l'acide iodique anhydre.*

J'ai préparé ce corps pur et j'en ai vérifié la composition par l'analyse.

IO^5 (1 partie + 45 parties d'eau, à 12°) + eau............ — 0,81

M. Ditte a trouvé — 0,95; M. Thomsen — 0,89; à une température un peu différente.

5° *Dissolution de l'acide iodique semihydraté.*

Ce corps est cristallisé, bien défini; j'en ai vérifié la composition

IO^6H, IO^5, (1 p. + 45 p. d'eau à 12°) + eau.............. — 2,86

6° Il m'a paru nécessaire de vérifier que les trois dissolutions formées par l'acide anhydre, monohydraté et semi-hydraté, renferment l'acide dans le même état moléculaire. A cet effet, ces dissolutions ont été traitées aussitôt après leur accomplissement par la potasse ($1^{éq} = 2^{lit}$) : elles ont dégagé par là la même quantité de chaleur :

Pour IO^5	+ 14,28
Pour IO^6H	+ 14,31
Pour $\frac{1}{2}(IO^6H, IO^5)$	+ 14,35

7° *Dissolution des iodates de potasse.*

Iodate neutre cristallisé :

IO^6K cristallisé (1 partie + 40 parties d'eau), + eau, à 12°. — 6,05

Dilution.

IO^6K ($1^{eq} = 2^{lit}$) + son volume d'eau, à 13° .... — 0,36
IO^6K ($1^{eq} = 4^{lit}$) » .... — 0,0

Iodate acide, cristallisé :

IO^6K, IO^6H cristallisé (1 partie + 40 parties d'eau) + eau. — 11,8

8° *Formation de l'acide iodique depuis les éléments.*

On déduit des données précédentes :

I solide + O^5 + eau = IO^5,HO étendu .... + 22,6

Ce chiffre, obtenu par voie synthétique, concorde avec la valeur + 21,5 trouvée par M. Thomsen, à l'aide de procédés analytiques. On a encore :

	Cal
I solide + O^5 = IO^5 anhydre	+ 18,0
I gaz + O^5 = IO^5 solide	+ 23,4
I solide + O^6 + H + eau = IO^6H dissous ..	+ 57,1
I solide + O^6 + H = IO^6H cristallisé	+ 59,8
IO^5 solide + HO solide = IO^6H cristallisé..	+ 1,13

D'après ce dernier nombre, l'hydratation de l'acide iodique ne dégage pas plus de chaleur que celle des hydrates salins, et à peu près la même quantité que celle de l'acide azotique anhydre. On a aussi :

IO^5 solide + IO^6H solide = IO^6H, IO^5 solide.... + 0,62
IO^6H dissous = HI dissous + O^6 gazeux........ — 43,9

9° *Sels.*

IO^5 + KO = IO^6K solide...................................... + 55,5
IO^5 + BaO anhydre = IO^6Ba solide.......................... + 34,9
IO^6H cristall. + KHO^2 sol. = IO^6K cristall. + H^2O^2 solide. + 31,5
IO^6H cristall. + $BaHO^2$ sol. = IO^6Ba sol. + HO solide .... + 25,6

La formation de l'iodate de potasse solide, définie par le chiffre ci-dessus, dégage beaucoup moins de chaleur que celle du sulfate (+71,1 corps anhydres; +40,7 corps hydratés) et de l'azotate de potasse (+64,2 corps anhydres, +42,6 corps hydratés). Elle surpasse au contraire notablement celle des sels organiques monobasiques, tels que l'acétate (+55,1 corps anhydres; +21,9 corps hydratés). Mais elle est comparable à celle des sels des acides organiques les plus puissants, tels que l'oxalate de potasse (+29,4; voir le Tableau du t. I, p. 192).

Soit encore l'iodate acide :

IO^6K cristallisé + IO^6H solide = IO^6K, IO^6H solide....... +3,1

valeur de l'ordre de celles des sels doubles ordinaires.

On a enfin, depuis les éléments :

I solide + O^6 + K = IO^6K solide...........	+123,9
Avec I gazeux.........................	+129,3
IO^6K solide = KI solide + O^6.............	−44,1
IO^6K dissous = KI dissous + O^6..........	−43,4

8. La chaleur dégagée par la formation de l'iodate de potasse solide depuis les éléments (+129,3) surpasse celle du bromate et du chlorate solides. J'ai trouvé, en effet,

Cl + O^6 + K = ClO^6K, dégage............	+94,6
Br gaz + O^6 + K = BrO^6K..............	+87,6
I gaz + O^6 + K = IO^6K..................	+129,3

On sait que la stabilité relative des trois sels va croissant, du bromate au chlorate et à l'iodate.

C'est ce qui ressort plus nettement encore de la comparaison des chaleurs mises en jeu, lorsque les trois sels solides se décomposent, avec mise en liberté d'oxygène :

ClO^6K = KCl + O^6, dégage................	+11,0
BrO^6K = KBr + O^6, dégage................	+11,1
IO^6K = KI + O^6, absorbe................	−44,1

Non seulement la décomposition de l'iodate est plus difficile, à cause de son caractère endothermique; mais elle est accompagnée de phénomènes de dissociation, l'iodure de potassium sec absorbant l'oxygène libre (*Annales de Physique et de Chimie*, 5e série, t. XII, p. 313).

Les acides chlorique (−12,0), bromique (−24,8) et iodique (+22,6) s'écartent davantage les uns des autres et ils offrent des différences qui ne sont pas les mêmes que pour leurs sels.

9. Comparons encore les trois réactions principales dont les systèmes formés par un corps halogène et un alcali sont susceptibles.

1° $3Cl^2$ gaz + 6KO étendue
= 3(ClO, KO) dissous + 3KCl dissous. + 76,2
ClO^5, KO dissous + 5KCl dissous....... + 94,2
6KCl dissous + O^6.................... + 111,0

Le dégagement de chaleur et la stabilité vont en croissant de l'hypochlorite au chlorate et à l'oxygène libre.

2° $3Br^2$ gaz + 6KO étendue
= 3(BrO, KO) dissous + 3KBr dissous. + 57,6
BrO^5, KO dissous + 5KBr dissous...... + 54,0
6KBr dissous + O^6.................... + 74,4

La formation de l'hypobromite dégage une quantité de chaleur un peu plus grande que le bromate; ce qui explique la stabilité relative du premier composé. Mais la formation du bromure et de l'oxygène demeure toujours la réaction qui dégage le plus de chaleur. On sait d'ailleurs que la potasse concentrée peut donner de l'oxygène, en agissant sur le brome libre.

3° $3I^2$ gaz + 6KO étendue
= 3(IO, KO) dissous + 3KI dissous... + 24,9 − 3x
IO^5, KO dissous + 5KI dissous (1)...... + 31,8
6KI dissous + O^6.................... − 12,3

Ici la formation de l'iodate l'emporte sur toutes les autres. Le dégagement de l'oxygène libre entraînerait même une absorption de chaleur; contrairement à ce qui arrive pour le chlorate et le bromate. Aussi ce dégagement n'a-t-il pas lieu à la température ordinaire; mais il s'effectue seulement avec le concours d'une énergie étrangère, empruntée à l'acte de l'échauffement.

On voit que les principales circonstances chimiques de la formation des combinaisons entre l'oxygène et les corps halogènes sont d'accord avec les données thermiques.

---

(1) Calculé d'après les chiffres de la page 118; en admettant qu'ils représentent une valeur maximum pour la formation de l'hypoiodite.

1. Il existe un certain nombre de composés non azotés, formés d'une manière régulière, c'est-à-dire formés depuis les éléments, en vertu d'une suite de réactions exothermiques, lesquels donnent cependant lieu à des phénomènes explosifs par l'effet d'un échauffement, ou d'un choc susceptible d'en déterminer la décomposition. Ce sont des composés tels que leurs éléments ne sont pas arrivés à l'état le plus stable, je veux dire à l'état où ils ont dégagé la plus grande dose de chaleur possible.

Tels sont, par exemple, les oxalates d'argent et de mercure, corps qui détonent, lorsqu'ils sont brusquement échauffés, ou soumis à un choc violent. Ils se décomposent par là en acide carbonique et métal; par suite d'une véritable *combustion interne*, en vertu de laquelle l'oxygène de l'oxyde métallique se porte sur l'acide oxalique pour le brûler complètement. Mais cette combustion n'est possible que si la chaleur qu'elle dégage l'emporte sur la chaleur d'oxydation du métal, accrue de la chaleur de neutralisation de l'acide. En d'autres termes, pour qu'un oxalate possède de telles propriétés, la réaction

$$C^4M^2O^8 = 2C^2O^4 + M^2$$

doit être exothermique. Telle est la condition fondamentale qui distingue les oxalates explosifs de ceux qui ne le sont pas.

2. Précisons ces notions, en calculant la chaleur mise en jeu dans la décomposition des principaux oxalates métalliques.

A cet effet, j'ai mesuré d'abord la chaleur de formation de l'acide oxalique dissous depuis ses éléments (*Annales de Chimie et de Physique*, 5e série, t. VI, p. 304); soit

$$C^4\text{ (diamant)} + H^2 + O^8 + \text{eau} = C^4H^2O^8 \text{ dissous } (90^{gr}),$$
$$\text{dégage : } + 194^{Cal},7.$$

On trouve d'ailleurs dans les Tables (t. I, p. 198) la chaleur de formation des oxydes métalliques; cette chaleur doit être doublée pour la rapporter à $2^{éq}$, poids qui concourt à former les oxalates. Voici les valeurs relatives aux oxydes métalliques usuels.

$2(Zn + O) = 2ZnO$	$+86,4$
$2(Pb + O) = 2PbO$	$+53,4$
$2(Cu + O) = 2CuO$	$+38,0$
$2(Hg + O) = 2HgO$	$+31,0$
$2(Ag + O) = 2AgO$	$+7,0$

J'ai mesuré en outre, par voie de double décomposition, la chaleur dégagée par l'union des oxydes métalliques avec l'acide oxalique, soit (1) :

$C^4H^2O^8$ étendu	$+ 2ZnO$ précipité	....	$C^4Zn^2O^8 + H^2O^2$...	$+25,0$
$C^4H^2O^8$	» $+ 2PbO$	»	$C^4Bb^2O^8 + H^2O^2$...	$+25,6$
$C^4H^2O^8$	» $+ 2CuO$	»	$C^4Cu^2O^8 + H^2O^2$...	$+18,4$
$C^4H^2O^8$	» $+ 2HgO$	»	$C^4Hg^2O^8 + H^2O^2$...	$+14,0$
$C^4H^2O^8$	» $+ 2AgO$	»	$C^4Ag^2O^8 + H^2O^2$...	$+25,8$

Ces données acquises, il suffit d'ajouter la chaleur de formation de l'acide oxalique, celle de l'oxyde métallique, et celle de leur combinaison réciproque, puis de retrancher la chaleur de formation de l'eau, H^2O^2, soit 69^{Cal}; pour obtenir la chaleur de formation de l'oxalate métallique depuis ses éléments

Acide *solide*.......	$C^4 + H^2 + O^8 = C^4H^2O^8$.........	$+197,0$
Sel de zinc........	$C^4 + Zn^2 + O^8 = C^4Zn^2O^8$........	$+237,1$
Sel de plomb......	$C^4 + Pb^2 + O^8 = C^4Pb^2O^8$........	$+204,7$
Sel de cuivre......	$C^4 + Cu^2 + O^8 = C^4Cu^2O^8$........	$+182,1$
Sel de mercure....	$C^4 + Hg^2 + O^8 = C^4Hg^2O^8$........	$+170,7$
Sel d'argent.......	$C^4 + Ag^2 + O^8 = C^4Ag^2O^8$........	$+158,5$

3. Si l'on remarque que la chaleur de formation de $4^{éq}$ d'acide carbonique, depuis le carbone (diamant) et l'oxygène, soit

$2(C^2 + O^4) = 2C^2O^4$, dégage.................... $+188,0$

---

(1) Le calcul est fait ici en admettant que les oxalates précipités sont anhydres ou plutôt que la chaleur dégagée est sensiblement la même pour les sels anhydres et pour les sels précipités : ce qui a été vérifié en fait pour ceux de mercure et d'argent.

il est facile de calculer la chaleur mise en jeu lorsqu'un oxalate se trouve décomposé en acide carbonique gazeux et métal libre, la réaction étant rapportée à la température ordinaire :

$C^4H^2O^8$ solide $= 2C^2O^4 + H^2$ .... $-9,0$
$C^4Zn^2O^8 = 2C^2O^4 + Zn^2$ solide........................ $-49,1$
$C^4Pb^2O^8 = 2C^2O^4 + Pb^2$ solide........................ $-16,7$
$C^4Cu^2O^8 = 2C^2O^4 + Cu^2$ solide .... $+5,9$
$C^4Hg^2O^8 = 2C^2O^4 + Hg^2$ liquide........................ $+17,3$
$C^4Ag^2O^8 = 2C^2O^4 + Ag^2$ solide .... $+29,5$

6. On voit par là que les oxalates de zinc et de plomb ne peuvent se décomposer avec dégagement de chaleur en acide carbonique et métal. Aussi cette réaction n'a-t-elle pas lieu, du moins sans complication étrangère.

Il semble à première vue que l'acide oxalique est dans le même cas. Mais ceci n'est vrai que si l'on part de l'acide solide. En fait, l'acide prend, en partie du moins, l'état gazeux, au moment où il se décompose; car l'observation prouve qu'une portion se trouve constamment volatilisée dans ces conditions. Mais cette volatilisation de l'acide solide doit absorber environ 8 à 12^{Cal}, d'après les analogies. En tenant compte de cette quantité, on voit que l'acide oxalique gazeux est à la limite d'une décomposition exothermique : ce qui en explique l'instabilité. Avec l'acide dissous, la décomposition est même réellement exothermique, car

$C^4 + H^2 + O^8 +$ eau $= C^4H^2O^8$ dissous, dégage..... $+194,7$

tandis que :

$2C^2O^4$ gaz $+$ eau $= 2C^2O^4$ dissous................. $+199,2$

La différence $+ 4^{Cal},5$ représente la chaleur dégagée dans la transformation.

L'oxalate de cuivre est également à la limite, et même au delà, sa décomposition étant exothermique. Enfin celle des oxalates de mercure et d'argent est franchement exothermique.

7. Cependant pour l'oxalate de mercure, la chaleur dégagée est restreinte, à partir d'une certaine température, par la volatilisation du mercure, laquelle absorbe : $-15,4$. Mais cette réserve n'existe pas pour l'oxalate d'argent. Aussi ce composé est-il fort explosif. Il détone par le choc ou par l'échauffement (vers 130°), avec beaucoup de vivacité. Dès 100° et au-dessous, il se décompose d'une façon lente et progressive.

On voit par ces développements comment la Thermochimie rend compte des propriétés explosives de certains oxalates métalliques et de la diversité qui existe entre les conditions de la décomposition de ces sels et celles des autres oxalates.

LIVRE TROISIÈME.

FORCE DES MATIÈRES EXPLOSIVES EN PARTICULIER.

LIVRE TROISIÈME.

FORCE DES MATIÈRES EXPLOSIVES EN PARTICULIER.

CHAPITRE PREMIER.

CLASSIFICATION DES EXPLOSIFS.

§ 1. — Définition des explosifs.

1. Tout système de corps capable de développer des gaz permanents, ou des matières qui prennent l'état gazeux dans les conditions de la réaction, telles que l'eau au-dessus de 100°, le mercure au-dessus de 360°, etc., peut constituer un agent explosif. Les corps gazeux eux-mêmes affectent le même caractère, s'ils sont comprimés à l'avance; ou bien si leur volume augmente, par suite de quelque transformation. Il n'est pas indispensable pour cela que la température du système s'élève; bien que cette condition soit remplie en général et qu'elle concoure à augmenter les effets.

2. Cependant cette définition des agents explosifs, exacte au point de vue abstrait, est trop étendue pour la pratique. Celle-ci utilise seulement les systèmes susceptibles d'une transformation rapide et accompagnée par un grand dégagement de chaleur.

3. De plus le système initial doit pouvoir subsister par lui-même, au moins pendant quelque temps; sa transformation subite n'ayant lieu que si elle est provoquée par quelque cause extérieure, telle que mise de feu, choc, friction; ou bien encore, telle que l'intervention d'un agent chimique pris à petite dose, mais agissant : soit en vertu de réactions propres qui se propagent chimiquement (acide sulfurique en présence du chlorate de potasse mélangé avec des substances organiques); soit parce qu'il produit un choc brusque, déterminant par ses effets mécaniques la production de l'onde explosive (t. I, p. 133) et la détonation générale.

§ 2. — Liste générale des explosifs.

1. Énumérons les corps explosifs qui remplissent ces conditions. Ils appartiennent à huit groupes distincts de matières.

Ce sont :

PREMIER GROUPE. — Les *gaz explosifs*, tels que :

I. L'ozone, l'acide hypochloreux, les oxacides gazeux du chlore, etc., qui détonent sous des influences très légères, par exemple un léger échauffement ou une compression brusque.

II. Divers *gaz formés* aussi *avec absorption de chaleur*, mais plus stables, gaz qui ne détonent ni sous l'influence d'un échauffement progressif, ni d'une compression modérée. Cependant ils peuvent détoner par suite de l'éclatement du fulminate de mercure. Tels sont l'acétylène, le bioxyde d'azote, le cyanogène, l'hydrogène arsénié, etc. (t. I, p. 106).

2. DEUXIÈME GROUPE. — Les *mélanges gazeux détonants*, formés par l'association de l'oxygène ou du chlore avec l'hydrogène, les gaz hydrogénés et les gaz ou vapeurs carbonés et hydrocarbonés.

3. TROISIÈME GROUPE. — Les *composés minéraux explosifs, corps définis, liquides* ou *solides*, susceptibles de détoner par choc, friction ou échauffement, tels que :

I. Le sulfure d'azote, le chlorure d'azote et l'iodure d'azote;

L'azoture de mercure et certains autres azotures métalliques;

Les oxydes fulminants d'or et de mercure, qui sont aussi des dérivés azotés;

II. Les oxacides du chlore liquides et l'acide permanganique concentré;

III. Les sels ammoniacaux solides, formés par les oxacides du chlore, de l'azote, du chrome, du manganèse et analogues.

4. QUATRIÈME GROUPE. — Les *composés organiques explosifs, corps définis, solides* ou *liquides*, susceptibles de détoner par choc, friction ou échauffement, tels que :

I. Les éthers azotiques proprement dits : éther azotique, nitroglycérine, nitromannite, etc.

II. Les dérivés azotiques des hydrates de carbone : coton, papier, bois, celluloses diverses, dextrines, sucres, etc.

III. Les dérivés nitrés et spécialement les dérivés aromatiques, par exemple le phénol trinitré et ses sels (acide picrique et picrates); l'oxyphénol nitré (acide oxypicrique et oxypicrates). Le formène tétranitré, la chloropicrine (formène chlorotrinitré), le nitrométhane (formène nitré) et ses homologues, ainsi que leurs dérivés, prennent aussi place ici.

IV. Les dérivés diazoïques, soit l'azotate de diazobenzol et les corps congénères, les acides nitroliques et autres dérivés polyazotés des nitréthanes, auxquels paraissent se rattacher les fulminates de mercure, d'argent, etc.

V. Les dérivés des acides minéraux suroxygénés, tels que :

D'une part, les azotites, chlorates, perchlorates, chromates, permanganates des alcalis organiques;

D'autre part, les éthers azoteux, les éthers perchloriques, etc.

VI. Ici nous pourrions ajouter encore les dérivés explosifs de l'eau oxygénée; peroxydes d'éthyle, d'acétyle, etc.

VII. Les dérivés hydrocarbonés des oxydes minéraux facilement réductibles, et spécialement les sels d'oxyde d'argent et d'oxyde de mercure, tels que l'oxalate d'argent, l'oxycyanure de mercure, etc.

VIII. Les dérivés des carbures d'hydrogène et autres corps caractérisés par un excès d'énergie par rapport à leurs éléments, tels que les acétylures métalliques et congénères.

5. Cinquième groupe. — *Mélanges de composés explosifs définis avec des corps inertes.* — Chacun des composés précédents, solides ou liquides, peut être mélangé avec des matières inertes, destinées à en atténuer les effets. De tels mélanges constituent la dynamite proprement dite, à base de silice ou d'alumine, le fulmicoton mouillé ou paraffiné, la nitroglycérine méthylée, c'est-à-dire dissoute dans l'alcool méthylique, le fulmicoton et la dynamite au camphre, etc.

6. Sixième groupe. — *Mélanges formés par un composé oxydable explosif et un corps oxydant non explosif, destiné à compléter la combustion du premier.* — Tels sont :

I. Le fulmicoton mêlé à l'azotate de potasse, ou à l'azotate d'ammoniaque, le picrate de potasse mêlé au chlorate de potasse, ou à l'azotate de potasse, etc.

II. Tels sont encore les mélanges d'acide azotique monohydraté avec les composés pernitrés, tels que la benzine binitrée, les toluènes nitrés, l'acide picrique (phénol trinitré), etc., mélanges pâteux pour la plupart.

III. Les mélanges d'acide hypoazotique et de corps nitrés se rangent encore ici.

7. SEPTIÈME GROUPE. — *Mélanges à base oxydante explosive.* — On peut constituer en sens inverse du précédent :

I. Les mélanges formés par un corps explosif qui renferme un excès d'oxygène (nitroglycérine, nitromannite), et un corps oxydable, tel que la dynamite au charbon.

II. Les mélanges analogues où le corps oxydant et le corps oxydable sont tous deux explosifs, tels que la dynamite gomme, formée par une association de cellulose azotique et de nitroglycérine, etc.

8. HUITIÈME GROUPE. — *Mélanges formés par des corps oxydables et des corps oxydants, solides ou liquides, dont aucun n'est explosif séparément.* — Ce groupe comprend :

I. La poudre noire, formée par l'association du soufre et du charbon avec l'azotate de potasse, et constituant les variétés désignées sous le nom de *poudre à canon, poudre de fusil, poudre de chasse, poudre de mine,* etc.

II. Les poudres diverses, formées par l'association des corps hydrocarbonés : charbon, houille, sciure de bois, celluloses diverses, amidon, sucre, cyanoferrure ; ou bien encore par l'association du soufre ou des métaux, avec les azotates de potasse, de soude, de baryte, de strontiane, de plomb, etc.

III. Les mélanges liquides ou pâteux, formés par l'association de l'acide azotique monohydraté liquide, soit avec un liquide combustible, soit avec une matière solide, sur lesquels il n'exerce pas de réaction instantanée.

IV. On peut ranger ici les mélanges de l'acide hypoazotique (peroxyde d'azote) liquide avec diverses substances oxydables, telles que le sulfure de carbone ou l'essence de pétrole.

V. Les poudres formées par l'association des corps combustibles avec les chlorates ou les perchlorates.

VI. Les poudres formées par l'association des corps combustibles avec divers corps comburants, tels que : bichromate de potasse, acide chromique, oxydes de cuivre, de plomb, d'antimoine, de bismuth, etc.

VII. On pourrait assimiler aux mélanges de ce groupe les mélanges formés par l'association d'un sulfure, d'un phosphure métallique, ou d'un composé binaire analogue, avec un autre métal apte à déplacer le premier sous forme gazeuse (le mercure, par exemple), avec dégagement de chaleur.

§ 3. — Division du troisième Livre.

La variété des mélanges explosifs ainsi créés par la pratique, en vue des applications, est indéfinie. Cependant le nombre des composés usuels est limité, et nous allons signaler les principaux que nous nous proposons d'examiner en particulier.

Mais auparavant nous présenterons dans le Chapitre II les données générales qu'il est nécessaire ou utile de connaître, pour définir la fabrication et l'emploi d'un explosif déterminé;

Le Chapitre III comprend l'étude des gaz explosifs, mélanges gazeux détonants et substances congénères (1er et 2e groupes);

Le Chapitre IV est consacré aux composés explosifs non carbonés (3e groupe);

Dans le Chapitre V, nous traiterons des éthers azotiques proprement dits (4e groupe);

La suite des matières de ce groupe est étudiée dans les quatre Chapitres suivants, qui comprennent également les mélanges constitutifs du 5e, du 6e et du 7e groupe.

Les dynamites seront examinées dans le Chapitre VI;

Le fulmicoton et ses congénères, dans le Chapitre VII;

Les picrates, dans le Chapitre VIII;

Les composés diazoïques, dans le Chapitre IX;

Enfin le 8e groupe sera examiné, savoir :

Les poudres à base d'azotates, dans le Chapitre X;

Les poudres à base de chlorates dans le Chapitre XI;

Et nous terminerons par quelques considérations générales.

CHAPITRE II.

DONNÉES GÉNÉRALES RELATIVES A L'EMPLOI D'UN EXPLOSIF DÉTERMINÉ.

§ 1. — Données théoriques.

1. Les corps explosifs ne peuvent être employés avec profit et sécurité que si on les caractérise par un certain nombre de données, tant théoriques que pratiques, que nous allons énumérer.

2. Soient d'abord les données théoriques. Elles ont été exposées en principe dans le Livre Ier; mais il parait être utile de les résumer ici, à un point de vue plus spécial. Ces données se rattachent à sept ordres de mesures, savoir :

(1) L'équation chimique de la transformation;

(2) Les chaleurs de formation des composants et des produits;

(3) Leurs chaleurs spécifiques;

(4) Leurs densités;

(5) Les pressions développées;

(6) Le travail initial qui détermine la réaction (température d'inflammation, nature du choc, etc.);

(7) La loi qui détermine la vitesse de la transformation, en fonction de la température et de la pression;

(8) Le travail total qu'une matière explosive peut effectuer (énergie potentielle).

Chacun de ces ordres de mesures embrasse lui-même plusieurs déterminations distinctes.

3. (1) L'ÉQUATION CHIMIQUE de la transformation explosive comprend :

1° La connaissance des *corps primitifs* et celle des *produits*, comme nature et comme poids relatifs (t. I, p. 15 et 19).

2° La connaissance du *volume des gaz permanents*, réduits à 0° et 0m,760, que développe la transformation (t. I, p. 37). Ce volume peut être, soit calculé *a priori*, soit mesuré directement, et comme élément essentiel de l'analyse chimique.

3° La connaissance du *volume gazeux* (*réduit* par le calcul à 0° et 0m,760) des produits actuellement liquides ou solides, mais susceptibles d'acquérir l'état gazeux à la température de l'explosion. Il y a souvent lieu sous ce rapport à une discussion.

4° La connaissance de l'*état de dissociation* des produits, au moment de l'explosion et pendant la période du refroidissement (t. I, p. 23).

En fait, cette donnée n'est connue jusqu'à présent avec précision pour presque aucun corps composé et notre ignorance à cet égard est l'une des principales causes des divergences observées entre les résultats de la pratique et les données du calcul théorique.

5° La connaissance du *poids de l'oxygène actuellement employé* dans la réaction explosive,

6° La connaissance du *poids de l'oxygène nécessaire* pour une combustion totale se déduit de la précédente.

4. (2) Les chaleurs de formation des composants et des produits comprennent :

1° La connaissance des *chaleurs de formation* de ces divers corps, depuis leurs éléments, quantités données par les Tables thermochimiques (t. I, p. 190 et suivantes).

2° Leur *chaleur de combustion totale par l'oxygène libre*, ou par les *composés oxydants* (azotates, chlorates, oxydes, etc.), laquelle s'en conclut.

3° La connaissance de la *chaleur de vaporisation des corps*, actuellement *liquides* ou *solides*, mais susceptibles de prendre l'état gazeux dans les conditions de l'explosion (t. I, p. 215).

4° La *chaleur dégagée par la transformation explosive* se conclut aussi des données précédentes, supposées connues. Au contraire, elle peut être mesurée directement et employée dans le calcul inverse de ces mêmes données.

5. (3) Les chaleurs spécifiques des composants et des produits sont, en général, connues par les Tables, pour la température ordinaire (t. I, p. 216 à 219). Pour les hautes températures, telles que celles développées pendant l'explosion, nos connaissances à cet égard sont fort imparfaites.

On déduit de la chaleur spécifique moyenne des produits la *température développée pendant l'explosion*. Le calcul se fait d'après la connaissance des quantités de chaleur (t. I, p. 27 et p. 45); mais la certitude du résultat en est subordonnée à la connaissance de la dissociation et à celle des chaleurs spécifiques (*voir* t. I, p. 42).

Les procédés de mesure directe des températures seraient préférables; mais ils n'ont pas pu être tentés avec quelque probabilité jusqu'à présent, si ce n'est dans un seul cas, celui de la poudre noire.

6. (4) **Les densités des composants et des produits** peuvent être mesurées à la température ordinaire (t. I, p. 220).

1° On en tire les *volumes moléculaires*.

Il conviendrait d'y joindre la connaissance des coefficients de dilatation des divers corps solides, liquides ou gazeux, afin d'en déduire le volume exact des produits à la température de l'explosion. Ce sont là des données malheureusement mal connues, et l'on se contente d'ordinaire des densités prises à froid, pour les solides et les liquides, et des densités calculées d'après les lois de Mariotte et de Gay-Lussac, pour les gaz.

2° Ces données sont nécessaires pour calculer *a priori*, d'après les mêmes lois, *la pression théorique* que l'explosif développerait en détonant *dans son propre volume* (t. I, p. 55 et 62).

3° Elles seraient également utiles pour calculer *la pression théorique, sous toute densité de chargement* (t. I, p. 62, 65); c'est-à-dire le volume réel occupé par les gaz au moment de l'explosion. Mais il faudrait pour cela que l'on connût exactement la densité réelle des produits solides, liquides et gazeux, à cette température.

7. (5) **Les pressions** développées doivent être mesurées directement (t. I, p. 46) :

1° Sous diverses densités de chargement;

2° On en déduit une *courbe* qui permet d'évaluer, *d'après les expériences mêmes*, la pression réelle développée sous une densité égale à l'unité, c'est-à-dire la *pression spécifique* (t. I, p. 61), ainsi que :

3° La *pression maximum* développée par l'explosif. C'est celle du corps détonant dans son propre volume (t. I, p. 61).

Si l'on admet qu'il y a proportionnalité entre les pressions et les fortes densités de chargement (t. I, p. 59), la pression spécifique, c'est-à-dire la pression développée sous une densité égale à l'unité, caractérisera la force de l'explosif.

Les mesures effectives ainsi obtenues pour les *pressions réelles* devront être comparées avec les *pressions théoriques* calculées, comme il vient d'être dit, à l'aide des lois de Mariotte et de Gay-Lussac (t. I, p. 53). Dans ce calcul, il convient de tenir compte du volume occupé par les produits solides ou liquides (t. I, p. 55).

4° Une donnée plus certaine, facile à calculer *a priori* et à vérifier expérimentalement, est *la pression permanente* exercée par les gaz de l'explosion, ramenés à 0° dans une capacité déterminée et suffisamment résistante (t. I, p. 64). Elle est souvent limitée par la liquéfaction des produits, tels que l'acide carbonique.

5° On peut donner également comme terme de comparaison, sinon absolu du moins relatif, *le produit caractéristique*, c'est-à-dire le produit de la chaleur dégagée multiplié par le volume réduit des gaz et divisé par la chaleur spécifique des corps formés (t. I, p. 64). Ce produit, en théorie, donne sensiblement les mêmes rapports entre les diverses matières explosives que la pression théorique.

8. (6) Le travail initial qui détermine la réaction paraît se résumer dans la connaissance des données suivantes :

1° La *température de réaction commençante*, température qu'il est nécessaire de mesurer directement;

2° Le plus petit choc qui détermine la décomposition, ainsi que les effets dus au choc, ou à la mise de feu, s'en déduiraient sans doute dans une théorie complète.

A défaut de cette donnée théorique, on mesure la hauteur minimum de chute d'un poids donné, qui soit nécessaire pour faire détoner la matière placée dans des conditions définies.

Plus généralement, mais d'une façon plus vague, on cherche si elle détone par le choc de fer sur fer, bronze sur bronze, pierre sur pierre, bois sur bois, fer sur bronze, sur pierre, sur bois, bronze sur pierre, sur bois, pierre sur bois; ou bien encore par frottements exercés dans diverses conditions, etc.

9. (7) La loi des vitesses de décomposition, dans les cas d'inflammation simple, et la vitesse de propagation de l'onde explosive dans les autres cas (t. I, p. 133), présentent une importance capitale. Mais cette loi n'est pas connue la plupart du temps.

10. (8) Le travail total exercé par une matière explosive, dans des conditions données, répond à la différence entre la chaleur dégagée par la transformation chimique effectuée sans travail extérieur et la chaleur réellement dégagée dans les conditions de l'expérience : différence qui pourrait être mesurée à la rigueur par expérience.

En principe, le travail maximum serait mesuré par la chaleur même dégagée (énergie potentielle). Mais on doit envisager seulement le travail que peuvent fournir les gaz développés par l'explosion, dans le cas d'une détente indéfinie. La théorie de ces effets n'a été abordée que pour la poudre de guerre (t. I, p. 35).

11. Dans la pratique, on y supplée par des notions empiriques, tirées de l'étude des effets de chaque explosif sur diverses espèces de récipients et de matériaux. Ces effets sont d'ailleurs complexes : car ils résultent à la fois du travail total, de la pression exercée, de la loi des vitesses et de la nature des matériaux.

Sans entrer à cet égard dans des détails circonstanciés, je citerai comme exemple l'essai de la force d'une matière explosive, d'après la grandeur de la capacité produite par son explosion au sein d'un bloc de plomb (procédé d'Abel). On prend, par exemple, un bloc de plomb, ayant 250^{mm} de côté sur 280^{mm} de hauteur et pesant 175^{kg} ; on perce suivant l'axe un canal cylindrique, d'un diamètre comparable à celui d'une barre de mineur ($28^{mm},5$) et profond de 178^{mm}. On dépose au fond un poids déterminé : soit 10^{gr}, 20^{gr}, ou 30^{gr} de la matière explosive, disposée au besoin sous une couche ou enveloppe imperméable. On y place un détonateur, à l'extrémité d'une mèche de longueur convenable, et l'on achève de remplir le trou avec de l'eau, qui joue le rôle de bourrage. On détermine l'explosion; puis on mesure la capacité de la chambre en forme de poire qui s'est produite. Les rapports entre les accroissements de capacités, produits sous l'influence de poids égaux des divers explosifs, peuvent être pris comme mesures comparatives de leur puissance. Quand la matière est trop vive, il se produit un système de déchirures, dirigées à peu près suivant une ligne diagonale, dans une section verticale quelconque passant par l'axe du bloc; lesquelles tendent à détacher dans la masse totale une sorte de tronc de cône. Mais on évite cet accident, en diminuant le poids de la matière.

On a constaté que les rapports des accroissements de capacité, obtenus avec des poids variables de diverses matières, demeurent les mêmes; le poids étant d'ailleurs supposé très petit, relativement à celui du bloc. Voici quelques-uns de ces rapports, qui expriment l'accroissement de capacité produit par 1^{gr} d'explosif, d'après les expériences de la Commission des substances explosives :

Nitromannite	43^{cc}
Nitroglycérine	35
Dynamite à 75 pour 100	29
Fulmicoton sec	34
Fulmicoton ($0^{gr},40$) + azotate d'ammoniaque ($0^{gr},60$)	32
Fulmicoton ($0^{gr},50$) + azotate de potasse ($0^{gr},50$)	21

Fulminate de mercure..................	13,5
Le même, en éliminant le poids du mercure par le calcul....................	45
Panclastites : 1vol sulfure de carbone + 1vol acide hypoazotique..................	25
2vol CS^2 + 1vol AzO^4....................	18
3vol CS^2 + 5vol AzO^4 (oxydation complète).	28
1vol essence de pétrole([1]) + 1vol AzO^4....	28
2vol essence de pétrole([1]) + 1vol AzO^4....	18
1vol nitrotoluène + 1vol AzO^4	29

Ce procédé fournit des données comparatives très intéressantes. Mais il ne s'applique pas aux poudres lentes (t. I, p. 12), telles que la poudre noire; le bourrage étant alors chassé avant que la chambre se soit agrandie.

Dans le cas des poudres rapides, les rapports ne sont pas les mêmes que ceux qui résultent de la comparaison tirée des quantités de chaleur et des volumes gazeux. Ainsi ces deux quantités sont à peu près les mêmes pour la nitroglycérine et la nitromannite : tandis que les capacités sont supérieures d'un quart pour cette dernière : sans doute parce que son explosion s'opère dans un temps plus court.

La classification de la force relative des explosifs, d'après leurs effets, change beaucoup suivant que l'on opère avec ou sans bourrage. En général, les études de ce genre ne sont pleinement valables que pour les travaux, effets et matériaux comparables à ceux qui ont fait l'objet des expériences préliminaires.

11. Tel est l'ensemble des données scientifiques que nous devrons chercher à acquérir pour pouvoir prétendre à la théorie complète d'une matière explosive déterminée.

En fait et dans la pratique, ces données sont moins nombreuses que ne l'indiqueraient les développements précédents. Elles se réduisent, en effet, dans l'état de nos connaissances, aux suivantes :

1° Équation chimique de la transformation;

2° Chaleur dégagée par cette transformation;

3° Volume (réduit à 0° et $0^m,760$) des gaz et des corps gazéifiables dans les conditions de la transformation;

4° Pressions développées.

([1]) Renfermant $\frac{1}{12}$ de son volume de sulfure de carbone.

5° Indications empiriques plus ou moins grossières relatives au travail effectué.

Ces cinq ordres de données règlent notre connaissance de la force des matières explosives.

Observons ici que les trois premières mesures se déduisent de la seule équation chimique du phénomène, et des Tables thermochimiques; la quatrième et la cinquième se calculeraient à l'aide des précédentes, si les lois de la Thermodynamique des gaz et celles de la résistance des matériaux étaient suffisamment connues.

§ 2. — Questions pratiques relatives à l'Emploi de matières explosives.

1. Dans la pratique, une matière explosive doit satisfaire à un certain nombre de conditions, que nous allons résumer. Ces conditions concernent l'emploi, la fabrication, la conservation et la stabilité de la matière explosive. Commençons par l'emploi.

2. La matière explosive, mise *sous un petit volume* et sous un poids modéré, doit développer un *volume de gaz considérable*, et *une grande quantité de chaleur* : circonstances qui excluent les gaz explosifs et les mélanges gazeux détonants; au moins dans la plupart des applications.

3. La *transformation chimique* que la matière subit doit être *produite dans un temps très court;* afin que la chaleur ne se dissipe pas à mesure, ce qui réduirait extrêmement la pression.

Observons en outre que l'effort d'une pression brusque produit de tout autres effets de rupture, sur une matière donnée, que si la même pression est lentement exercée.

Dans les travaux de mine, ou dans les armes, une réaction lente exposerait en outre à ce que les gaz s'échappassent peu à peu, à travers les interstices de la terre, ou du chargement.

4. La *mesure empirique de la force* d'une matière explosive sera effectuée à l'aide d'un système d'épreuves aussi rapprochées que possible des conditions de son emploi pratique (t. I, p. 7).

A défaut de cet emploi, qui se prête mal à des comparaisons précises, on réalise des essais sur une petite échelle, tels que :

L'usage du mortier éprouvette, ou du pendule balistique, pour les poudres destinées à projeter des projectiles dans les armes;

L'usage de bombes de diverses épaisseurs, sur lesquelles sont étudiés la charge de rupture (t. I, p. 96) et le mode de fragmentation :

La rupture des pierres de taille, des rails, des fers en T, des poutres de fer, des masses de fer, fonte ou fer forgé, ou des poutrelles de divers bois et de différents équarrissages, par des charges posées à leur surface;

La courbure imprimée à des plaques de tôle épaisse, dans des conditions comparatives;

L'écrasement d'un petit bloc de plomb par une charge posée à sa surface, avec ou sans bourrage;

L'écrasement d'un crusher de cuivre (t. I, p. 48);

La forme et la grandeur des chambres produites au sein d'une masse d'argile, ou bien au sein d'une masse de plomb par l'explosion d'une charge intérieure (*voir* plus haut, p. 138), etc., etc.

Nous renverrons aux Traités et Mémoires techniques pour la description de ces diverses épreuves, dont la théorie exacte serait presque impossible à donner aujourd'hui.

5. La *matière explosive* doit pouvoir être *maniée et transportée* par voiture et par chemin de fer, avec une sécurité au moins relative, et elle ne doit pas être trop sensible à la friction ou aux chocs. C'est là ce qui a à peu près exclu de la pratique la nitroglycérine pure et les poudres chloratées.

La même circonstance restreint à la guerre l'emploi de la dynamite et celui de la poudre-coton pure, parce que ces substances détonent sous le choc de la balle.

6. La matière doit détoner seulement *dans des conditions exactement connues*, susceptibles d'être produites ou évitées à volonté : telles que :

Mise de feu spéciale, usage de capsules et d'amorces déterminées;

Emploi de l'électricité pour rougir un fil, ou pour produire une étincelle;

Choc de deux pièces métalliques disposées à l'avance;

Réaction chimique définie, par exemple celle de l'acide sulfurique sur le chlorate de potasse mêlé avec un corps combustible; etc.

Les conditions, dans lesquelles la matière explosive est amenée à détoner, doivent être réalisables sans trop de difficultés : c'est ainsi que la détonation du coton-poudre paraffiné devient presque impossible au-dessus d'une certaine dose de paraffine. De même, un mélange d'essence de pétrole et d'acide hypoazotique, à volumes égaux, ne détone pas sous l'influence d'une capsule ordinaire au fulminate; tandis qu'il acquiert cette propriété par l'addition d'un dixième de sulfure de carbone, etc.

7. L'explosion doit produire des *effets prévus à l'avance*, au moins dans une certaine limite, comme *direction*, comme *caractères généraux* et comme *intensité*.

C'est ainsi qu'une réaction trop brusque, opérée dans une arme de guerre, en détermine la rupture avant que le projectile ait eu le temps de se déplacer. Toute matière capable de produire de tels effets sera donc exclue : c'est ce qui empêche l'emploi de la nitroglycérine pure ou du picrate de potasse, dans les armes.

Un obus doit être cassé en gros morceaux et non pulvérisé par l'explosion de la substance intérieure : ce qui s'oppose à l'emploi du fulminate de mercure pur.

La réaction de la poudre dans une arme doit être assez progressive pour que le projectile acquière une vitesse initiale déterminée.

8. A un point de vue plus particulier, la matière explosive *ne doit pas détériorer les armes :* soit par réaction chimique (sulfuration, oxydation, etc.); soit par encrassage (cendres et matières fixes, emplombage, etc.); soit par usure mécanique.

9. Dans les travaux souterrains, la matière explosive *ne doit pas produire de gaz délétères*, susceptibles d'asphyxier les ouvriers (oxyde de carbone, hydrogène sulfuré, vapeurs nitreuses, vapeurs cyanhydriques, etc.).

En général, elle ne doit pas produire *trop de fumée* à la guerre.

10. Au contraire, *dans certaines opérations militaires*, il peut être *utile de produire beaucoup de fumée :* pour masquer un mouvement ou des ouvrages, par exemple.

Il peut être aussi utile de *produire* des *gaz délétères*, pour rendre impraticable pendant quelque temps une galerie de mine, etc.

11. Les *effets pyrotechniques*, signaux, éclairage, feux de joie, etc., représentent un tout autre ordre de conditions spéciales à remplir, mais sur lesquelles je ne m'étendrai pas autrement, ce sujet étant étranger au présent ouvrage.

12. La *nécessité de diviser les matières explosives*, ou *de les façonner* sous *une forme déterminée* entre parfois en compte.

Ainsi la dynamite et les poudres proprement dites sont plus faciles que la poudre-coton à partager en petites masses pulvérulentes, destinées à être introduites dans une cavité quelconque. dont elles remplissent les anfractuosités, telle qu'un trou de mine.

Par contre, la poudre-coton comprimée peut être divisée aisément, et *travaillée avec des outils*, de façon à lui donner une forme propre, indépendante de toute enveloppe; particulièrement l'on a soin de l'imprégner à l'avance de paraffine, matière qui offre en outre l'avantage de diminuer la sensibilité explosive de la poudre-coton.

13. Dans divers cas, *on comprime et on agglomère les matières explosives* sous la presse hydraulique, pour en augmenter la densité et pour modifier la loi de propagation de l'inflammation. La poudre noire et le fulmicoton se prêtent bien à cette opération, qu'il serait périlleux de tenter avec le fulminate ou les poudres chloratées.

14. Citons encore l'emploi des matières fulminantes sous forme de *capsules*, d'*amorces ordinaires*, ou de *fortes amorces*, dites *détonateurs*, destinées à provoquer l'explosion d'une masse considérable d'une autre substance (t. I, p. 92).

On les met alors en œuvre par petites quantités, en se tenant en garde contre les dangers que présente leur préparation et leur manipulation; dangers qui ne seraient pas acceptés dans l'industrie pour une matière fabriquée ou employée en grandes masses.

Nous nous bornerons aux indications qui viennent d'être énumérées et qui répondent aux principaux usages des matières explosives dans la guerre et dans l'industrie. Quant aux effets eux-mêmes que l'on se propose d'atteindre, on conçoit que la diversité de ces effets spéciaux recherchés dans les matières explosives soit illimitée; nous avons signalé les principaux dans le Tome Ier (p. 7 à 9).

§ 3. — Questions pratiques relatives à la Fabrication.

1. La fabrication d'une matière explosive doit pouvoir être faite dans des conditions de *prix de revient*, appropriées avec leurs usages industriels : un même effet dans les mines et dans l'industrie en général devant être produit au plus bas prix possible. Dans les usages militaires cette condition intervient aussi, mais à un moindre degré : la facilité et la sécurité relative d'emploi dominant tout.

2. La *fabrication* doit pouvoir être *installée régulièrement* et *sans danger*, ou avec le moindre danger possible, tant pour les opérateurs que pour le voisinage.

3. Les incommodités résultant pour les uns et les autres, soit *des*

vapeurs nuisibles, soit du *bruit* et des *dégâts*, résultant d'explosions *accidentelles*, doivent entrer aussi en ligne de compte.

Mais je ne m'étendrai pas davantage sur cet ordre de questions.

§ 4. — Questions pratiques relatives à la Conservation.

1. Les matières explosives doivent pouvoir être *conservées sans aucune décomposition spontanée,* dans les conditions atmosphériques ordinaires, sous les divers climats, dans des circonstances de température et de lumière modérée, d'état hygrométrique moyen, etc.

2. La *lumière vive* est particulièrement à redouter pour les composés azotiques, dont elle détermine souvent l'altération chimique.

3. Les *variations étendues de température* exercent aussi une influence importante : particulièrement si elles déterminent la *congélation* de certains ingrédients, tels que la nitroglycérine dans les dynamites; ou si elles augmentent la fluidité de certains corps, telle que cette même nitroglycérine, et par suite leur tendance à l'exsudation. La séparation entre la nitroglycérine et son absorbant peut ainsi avoir lieu par le fait de variations réitérées de la température, voire même de congélations et de dégels réitérés.

Sous l'influence d'une température un peu élevée, mais susceptible de se présenter dans la pratique, surtout dans les pays chauds, certains composés peuvent s'évaporer lentement et modifier la composition primitive des mélanges. C'est ce qui arriverait, par exemple, à de la dynamite ordinaire chauffée très longtemps au bain-marie; la nitroglycérine s'évaporant peu à peu, et la matière perdant par suite une partie de sa puissance.

L'élévation de la température pourrait aussi déterminer la *vaporisation rapide* de certains composants et, par suite, leur élimination; par exemple, dans le cas des mélanges renfermant de l'acide hypoazotique, qui bout à 26°.

4. La conservation doit demeurer satisfaisante, même dans les *conditions hygrométriques* très *diverses* de l'atmosphère ambiante.

C'est cette condition qui a fait exclure les corps déliquescents, tels que l'azotate de soude, dans la fabrication de la poudre de guerre. Ce sel est également à éviter dans la fabrication de la dynamite; attendu que la formation accidentelle d'une solution concentrée d'azotate, de soude, due à la déliquescence du sel solide, détermine la séparation de la nitroglycérine en nature et transforme une matière maniable en un mélange non homogène et très dangereux.

L'azotate de diazobenzol se décompose complètement sous l'influence de l'humidité.

5. Les sels dont est imprégnée l'*atmosphère marine* constituent une cause spéciale d'altération, dont il faut tenir compte, surtout pour les explosifs destinés à être employés sur les navires ou même transportés par eux; l'air finissant par pénétrer dans le récipient le mieux clos, par suite des variations de température et de pression.

6. A ce même point de vue, il est utile de savoir si une matière explosive résiste à l'*action massive de l'eau liquide*, qui peut mouiller les matières explosives par accident, sur mer en particulier. On sait que l'eau détruit la poudre de guerre, en dissolvant le salpêtre; elle déplace peu à peu, par une sorte de liquation, la nitroglycérine dans la dynamite siliceuse. Les dynamites qui renferment des azotates sont également décomposées par l'eau.

La dynamite siliceuse déposée dans une eau courante perd peu à peu sa nitroglycérine, par voie de dissolution; la nitroglycérine étant un peu soluble dans l'eau.

Au contraire, l'eau pure n'altère pas la poudre-coton, soit mouillée simplement, soit plongée dans une eau courante. L'inflammabilité de la matière, restreinte par la présence de l'eau, reparaît avec tous ses caractères après dessiccation.

La poudre-coton mouillée peut d'ailleurs être conservée et même mise en œuvre en cet état, avec un moindre danger d'inflammation accidentelle que dans l'état sec.

Cependant la poudre-coton maintenue mouillée pendant longtemps peut devenir le siège de moisissures, et autres végétaux microscopiques, qui en altèrent à la longue les propriétés.

7. L'*exsudation lente* de la nitroglycérine, dans les dynamites fabriquées avec de mauvais matériaux, constitue un obstacle à leur conservation, ainsi qu'un danger grave : car elle a pour effet de substituer à une matière peu sensible aux chocs et aux frottements la nitroglycérine pure, qui est au contraire extrêmement sensible.

On a dit comment la congélation suivie du dégel, et l'action même de l'eau pourraient aussi donner lieu à cette exsudation.

8. La séparation possible des divers ingrédients d'un mélange,

sous l'*influence des secousses* dues au transport, par terre ou par mer, est également à considérer.

9. L'*action lente que les métaux*, constitutifs des cartouches métalliques, *exercent sur le salpêtre et le soufre* des poudres, surtout si ces poudres sont tant soit peu hygrométriques, peut déterminer l'oxydation et la sulfuration de ces métaux, aux dépens du salpêtre et du soufre : il en résulte à la longue un certain affaiblissement des effets obtenus avec les poudres récentes, d'après les expériences du colonel Pothier.

On voit par là comment la conservation des matières explosives donne lieu à des problèmes spéciaux très divers : il suffira d'avoir signalé ici les précédents.

§ 5. — Épreuves de Stabilité.

1. Les épreuves de stabilité, que l'on fait subir dans la pratique à une matière explosive donnée, résument les conditions les plus essentielles, parmi celles qui viennent d'être énumérées. Ce sont les suivantes :

2. *Stabilité à l'air*. — La matière doit se maintenir au contact de l'air, sans évaporation, ni liquation, ni altération apparente : même après plusieurs jours de conservation.

Elle ne doit pas attirer l'humidité atmosphérique.

3. *Neutralité*. — Elle doit être neutre en général, et conserver cette neutralité; surtout elle doit ne pas dégager de vapeurs acides, même quand on l'échauffe pendant quelques instants dans une étuve maintenue vers 60°.

4. *Exsudation*. — Elle ne doit pas laisser exsuder les substances liquides, la nitroglycérine par exemple, qu'elle renferme : soit, spontanément ; soit par une pression modérée, telle que celle que l'on exerce en refoulant doucement la matière avec un piston de bois, dans un tube de laiton percé de trous latéraux. Le piston dans cet essai ne sera pas pressé à la main, mais pressé par un poids, que l'on augmente graduellement, jusqu'à exsudation.

Chauffée vers 55° à 60° dans une étuve, la matière ne doit pas donner lieu à la séparation de petites gouttelettes, même par une légère pression.

Soumise à une température inférieure à zéro, puis ramenée à la température ordinaire, et cela à plusieurs reprises, elle ne doit pas non plus produire d'exsudation.

L'exsudation ne doit pas avoir lieu davantage sous l'influence d'un air saturé d'humidité : par exemple, en abandonnant la matière pendant quinze jours dans un coffre garni d'étoupes humides.

Il convient encore de rechercher si la matière, soumise pendant quelques jours à une série de trépidations, dans des conditions analogues à celles du transport par terre ou par mer, ne donne pas lieu à la séparation de quelqu'un de ses composants.

Ces épreuves d'exsudation sont surtout essentielles pour les dynamites: la séparation de la nitroglycérine ayant pour effet de les rendre extrêmement dangereuses.

5. *Choc.* — On cherche si la matière détone par le choc du marteau sur une enclume; ou mieux par la chute d'un poids déterminé, tombant de hauteurs variables, sur une parcelle de matière posée sur une enclume.

Une matière explosive ne doit pas détoner par le choc, ou par la friction de bois sur bois; ou de bois sur métal (bronze ou fer). Il en est qui ne détonent pas par le choc de bronze sur bronze, mais qui détonent par fer sur fer.

L'introduction accidentelle de quelque grain ou fragment de sable siliceux, ou autre roche dure, rend la détonation plus facile; surtout lorsqu'on procède par frottement.

L'action du choc de la balle à diverses distances doit être étudiée, spécialement pour les matières destinées aux opérations militaires.

6. *Immersion.* — On place la matière explosive sous l'eau, sans enveloppe, pendant quinze à vingt minutes. Elle ne doit ni s'y dissoudre, ni s'y déliter, ni donner lieu à une séparation de gouttelettes liquides. Cette épreuve n'est applicable qu'aux matières susceptibles de se trouver en contact avec l'eau pendant leur emploi.

7. *Chaleur.* — On examine d'abord si la matière s'enflamme au contact d'un corps en ignition, et comment elle brûle dans cette condition.

On recherche aussi l'influence d'un échauffement progressif très lent; afin de voir s'il donne lieu à une évaporation partielle de quelques-uns des composants.

On procède enfin à un échauffement rapide : en plaçant, par exemple, une petite quantité de matière dans une capsule métallique mince, que l'on dépose à la surface d'un bain d'huile ou de mercure ([1]), porté à l'avance et maintenu à une température fixe. On détermine à quelle température se produit l'explosion et s'il existe une température plus basse, à laquelle il se développe une inflammation simple, ou même une décomposition progressive.

Ces questions générales étant définies, nous allons procéder à l'étude des divers groupes et espèces de matières explosives. Rappelons d'ailleurs que nous ne nous proposons pas de faire l'histoire individuelle et pratique de chacune d'elles dans tous ses détails, ce qui nous conduirait trop loin ; mais nous voulons surtout signaler les données scientifiques qui les caractérisent, en étudiant les principaux corps explosifs connus, ces corps étant envisagés comme types de toutes les substances analogues.

([1]) La capsule doit être alors en platine.

CHAPITRE III.

GAZ EXPLOSIFS ET MÉLANGES GAZEUX DÉTONANTS.

§ 1. — Division du Chapitre.

Ce Chapitre comprend l'étude des gaz explosifs définis; celle des mélanges gazeux détonants, formés par exemple par l'association de l'oxygène avec un gaz combustible; celle des mélanges de gaz liquéfiés; enfin celle des mélanges de gaz et de poussières combustibles : tous systèmes dont l'étude se rattache à celle des gaz eux-mêmes.

§ 2. — Gaz explosifs et congénères.

1. Il existe un certain nombre de gaz définis, susceptibles de se transformer avec explosion, sous l'influence du choc, de la compression brusque, de l'échauffement, de l'étincelle électrique, etc. Tels sont l'ozone et les composés oxygénés du chlore, qui détonent, soit par compression brusque, soit par échauffement. Ces corps sont caractérisés par ce que leur formation, soit depuis l'oxygène ordinaire, dans le cas de l'ozone, soit depuis leurs éléments, dans le cas des gaz composés, a lieu avec absorption de chaleur.

Ce dernier caractère appartient également à d'autres gaz, dont on n'a pas su pendant longtemps déterminer la décomposition explosive, tels que les composés oxygénés de l'azote, l'acétylène et quelques autres gaz hydrocarbonés, l'hydrogène arsénié, le cyanogène, la vapeur d'acide cyanhydrique, le chlorure de cyanogène, la vapeur de sulfure de carbone. J'ai réussi cependant, dans ces derniers temps, à faire détoner les gaz de cette catégorie sous l'influence du fulminate de mercure (*voir* t. I, p. 106).

2. La chaleur dégagée par la décomposition des gaz explosifs est connue : elle est précisément égale à la chaleur absorbée dans la formation (t. I, p. 176). On peut dès lors, en partant de cette donnée, calculer la pression et la température développées par l'explosion, d'après les lois de Mariotte et de Gay-Lussac, et en employant les chaleurs spécifiques des éléments gazeux, mesurées à la température ordinaire. Observons qu'il ne saurait s'agir ici de dissociation, puisque les produits de l'explosion sont des gaz élémentaires.

En m'appuyant sur ces principes, je vais donner d'abord la chaleur dégagée, la température produite et la pression développée, pour l'ozone et le gaz hypochloreux : quant aux gaz chloreux et hypochlorique, aucune mesure n'a été prise jusqu'ici à leur occasion. J'y joindrai l'indication sommaire des résultats relatifs au bioxyde d'azote, au cyanogène et à l'acétylène.

3. L'*ozone* se change en oxygène ordinaire, dès la température ordinaire. Cette transformation est d'autant plus rapide que l'on opère sur un mélange d'oxygène et d'ozone plus riche en ozone, le dernier gaz n'ayant jamais été isolé à l'état de pureté (1). Elle s'accélère avec la température et devient explosive sous l'influence d'une compression brusque (2).

La chaleur dégagée est égale à $+14^{Cal},8$ pour 24^{gr} d'ozone, occupant $11^{lit},16$; soit $+29^{Cal},6$ pour le poids moléculaire $(Oz)^2 = O^6 (48^{gr})$ d'après mes expériences (3); c'est-à-dire 616^{Cal} par kilogramme de matière.

La chaleur spécifique moléculaire de l'oxygène étant égale à 6,95 pour 32^{gr} (soit O^4) à pression constante ; si l'on suppose cette chaleur spécifique invariable, la température acquise par l'ozone pur, se transformant en oxygène, serait dès lors : 2840° à pression constante. A volume constant, la chaleur spécifique moléculaire est 5,0 pour O^4, et la chaleur dégagée s'élève à $+29^{Cal},9$. Par suite, la chaleur spécifique étant supposée constante, la température produite serait : 3987°.

La pression développée à volume constant, calculée d'après cette donnée, serait égale à $23^{atm},4$.

Telles sont les données caractéristiques de l'ozone, supposé pur et pris sous la pression normale. Si j'y insiste, c'est que cette transformation représente un cas type dans la théorie des corps explosifs; attendu qu'il s'agit d'un gaz simple changeant seulement de condensation.

---

(1) Sur la vitesse de la transformation, voir *Annales de Chimie et de Physique*, 5e série, t. XIV, p. 361 ; t. XXI, p. 16[illegible].

(2) CHAPPUIS ET HAUTEFEUILLE, *Comptes rendus*, t. XCI, p. 5[illegible].

(3) *Annales de Chimie et de Physique*, 5e série, t. X, p. 15[illegible].

Dans la pratique, l'ozone pur n'ayant jamais été obtenu jusqu'ici, la transformation a lieu sur un mélange d'ozone et d'oxygène ordinaire. Donnons encore le calcul de la pression développée, pour un mélange susceptible de fournir après transformation un poids d'oxygène, provenant de l'ozone, égal au seizième du poids total (6,2 centièmes) : mélange qu'il est facile de préparer dans les conditions ordinaires avec mon appareil (t. I, p. 325).

La chaleur dégagée est toujours la même pour un poids donné d'ozone; mais elle se répartit entre l'oxygène qui en provient et l'excès du même gaz préexistant. Par suite, la température produite à volume constant sera : 245°; et la pression développée : $1^{atm},9$ environ.

4. L'*acide hypochloreux* détone sous l'influence d'une température supérieure à 60°, ou bien sous l'influence d'une étincelle, ou d'un choc, etc.

Il dégage ainsi : $+7^{Cal},6$ par $ClO = 43^{gr},5$ occupant $11^{lit},16$; soit $+15^{Cal},2$ pour le poids moléculaire (87^{gr}),

$$Cl^2O^2 = Cl^2 + O^2, \text{ dégage : } +15^{Cal},2 \text{ à pression constante;}$$

soit 175^{cal} par gramme de matière.

La chaleur spécifique de O^2 étant 3,5 et celle de Cl^2 8,6, la somme est 12,1 à pression constante : la température développée dans le mélange final des éléments, par le fait de leur séparation, sera dès lors :

$$\frac{15200}{12,1} = 1256°.$$

A volume constant, la somme des chaleurs spécifiques des éléments se réduit à 10,1, et la chaleur développée monte à $15^{Cal},5$. La température produite s'élève ainsi à 1535° et la pression calculée à $9^{atm},9$.

5. J'ai cru utile de donner ces résultats, parce qu'ils sont typiques, en raison du caractère gazeux des composants et des produits, et de la nature élémentaire de ces derniers. Au même point de vue, il est intéressant de signaler aussi les détonations du bioxyde d'azote, de l'acétylène et du cyanogène; bien qu'elles aient lieu seulement sous l'influence du fulminate de mercure.

6. La décomposition du *bioxyde d'azote* en éléments, telle qu'elle est provoquée par le fulminate (t. I, p. 114), se complique, en raison de la combustion de l'oxyde de carbone produit par le détonateur. Si elle pouvait avoir lieu isolément, elle fournirait une pression

moindre que l'ozone pur. En effet, on arrive aux chiffres suivants :

Chaleur dégagée,

$$Q = +21^{Cal},6 \text{ pour } AzO^2 (30^{gr});$$

Température développée à volume constant,

$$t = 4204°;$$

Pression produite,

$$p = 16^{atm},4.$$

7. La détonation de l'*acétylène*, provoquée également par le fulminate, (t. I, p. 109), donne lieu aux effets suivants :

Chaleur dégagée,

$$Q = 61^{Cal} \text{ pour } C^4H^2 (26^{gr});$$

Température développée à volume constant,

$$t = 6220°.$$

Pression produite,

$$p = 23^{atm},8.$$

8. La détonation du *cyanogène*, provoquée par le fulminate (t. I, p. 113), répond aux effets que voici :

Chaleur dégagée,

$$Q = 74^{Cal},5 \text{ pour } C^4Az^2 (52^{gr});$$

Température développée à volume constant,

$$t = 7600°;$$

Pression produite,

$$p = 28^{atm},8.$$

Dans ces calculs, on suppose que la chaleur moléculaire du carbone solide égale celle de l'oxygène gazeux, à volume constant.

On voit par ces chiffres que la température développée et la pression produite par l'acétylène et par le cyanogène surpasseraient les effets produits par tous les autres gaz explosifs ; même en tenant compte de l'état solide du carbone.

§ 2. — Mélanges gazeux détonants.

1. Le chlore et l'oxygène sont les seuls gaz simples qui puissent fournir des mélanges gazeux explosifs, par leur association avec des gaz combustibles, hydrogénés ou carburés.

Parmi les gaz composés, les oxydes du chlore et les oxydes de l'azote partagent cette propriété.

2. J'ai consigné dans le Tableau suivant les données caractéristiques pour les principaux mélanges gazeux détonants, constitués par ces divers gaz, tant comburants que combustibles.

Ici, la chaleur dégagée résulte de la formation de certains corps composés : par conséquent, la pression maximum calculée en théorie pourra être atténuée notablement en pratique, par suite de la dissociation; elle pourra l'être aussi en raison de la variation des chaleurs spécifiques. J'y reviendrai tout à l'heure; mais donnons d'abord les valeurs théoriques.

NATURE DU MÉLANGE EXPLOSIF.	FORMULE rapportée au poids moléculaire	POIDS molé-culaire total.	PRODUITS.
Oxygène et hydrogène	$H^2 + O^2$	gr 18	H^2O^2 liquid[e] H^2O^2 gazeu[se]
Chlore et hydrogène	$H + Cl$	36,5	HCl gaz
Protoxyde d'azote et hydrogène	$H^2 + Az^2O^2$	46	$Az^2 + H^2O^2$ liqui[de] $Az^2 + H^2O^2$ ga[z]
Bioxyde d'azote et hydrogène (1)	$H^2 + AzO^2$	32	$Az + H^2O^2$ liqu[ide] $Az + H^2O^2$ ga[z]
Oxyde de carbone et oxygène	$C^2O^2 + O^2$	46	C^2O^4 gaz
Oxyde de carb. et protoxyde d'azote	$C^2O^2 + Az^2O^2$	72	$C^2O^4 + Az^2$
Formène et oxygène	$C^2H^4 + O^8$	80	$C^2O^4 + 2H^2O^2$ liq[uide] $C^2O^4 + 2H^2O^2$ g[az]
Acétylène et oxygène	$C^4H^2 + O^{10}$	106	$2C^2O^4 + H^2O^2$ liq[uide] $2C^2O^4 + H^2O^2$ g[az]
Acétylène et bioxyde d'azote	$C^4H^2 + 5AzO^2$	176	$2C^2O^4 + H^2O^2$ liq. + $2C^2O^4 + H^2O^2$ gaz +
Éthylène et oxygène	$C^4H^4 + O^{12}$	124	$2C^2O^4 + 2H^2O^2$ liq[uide] $2C^2O^4 + 2H^2O^2$ g[az]
Éthylène et bioxyde d'azote	$C^4H^4 + 6AzO^2$	208	$2C^2O^4 + 2H^2O^2$ liq. + $2C^2O^4 + 2H^2O^2$ gaz +
Hydrure d'éthylène et oxygène	$C^4H^6 + O^{14}$	142	$2C^2O^4 + 3H^2O^2$ liq[uide] $2C^2O^4 + 3H^2O^2$ g[az]
Vapeur d'éther et oxygène	$C^8H^{10}O^2 + O^{24}$	266	$4C^2O^4 + 5H^2O^2$ liq[uide] $4C^2O^4 + 5H^2O^2$ g[az]
Vapeur de benzine et oxygène	$C^{12}H^6 + O^{30}$	318	$6C^2O^4 + 3H^2O^2$ liq[uide] $6C^2O^4 + 3H^2O^2$ g[az]
Cyanogène et oxygène	$C^4Az^2 + O^8$	116	$2C^2O^4 + Az^2$
Cyanogène et bioxyde d'azote	$C^4Az^2 + 4AzO^2$	172	$2C^2O^4 + 3Az^2$

(1) Cette réaction n'a pas lieu directement. Elle a été calculée comme terme de comparaison. Elle se

(2) Ce volume se rapporte à la pression $0^m,760$ et à zéro. On suppose l'eau gazeuse : ce qui revient a

(3) Cette pression est calculée d'après les lois de Mariotte et de Gay-Lussac. La chaleur dégagée a été r

$\frac{1}{100}$ sur la chaleur. On a admis en outre les valeurs suivantes pour les chaleurs spécifiques à volume cons

On suppose que le mélange explosif a été préparé sous la pression atmosphérique.

CHALEUR DÉGAGÉE à pression constante		VOLUME GAZEUX RÉDUIT, V_0, occupé par 1 kilogramme		PRESSION théorique (²).
our moléculaire	pour le kilogramme.	initial.	final	
Cal	cal	mc	mc	atm
9,0	3833	1,86	0,018	20
9,0	3278	1,86	1,24	
2,0	603	0,61	0,61	18
9,6	1948	0,97	0,48	25
9,6	1730	0,97	0,97	
0,6	2831	1,395	0,35	20
0,6	2519	1,395	1,05	
68,2	1483	0,73	0,48	24
88,8	1233	0,62	0,62	28
13,5	2669	0,84	0,28	34
93,5	2419	0,84	0,84	
18,1	3001	0,74	0,43	45,5
08,1	2907	0,74	0,63	
16,1	2364	0,76	0,57	44
06,1	2307	0,76	0,70	
41,4	2753	0,72	0,36	42
21,4	2592	0,72	0,72	
71	2745	0,75	0,54	48
51	2649	0,75	0,75	
89,3	2742	0,71	0,31	38
59,3	2530	0,71	0,79	
55,7	2465	0,59	0,34	45
05,7	2277	0,59	0,75	
83,2	2463	0,60	0,42	45
53,2	2369	0,60	0,63	
62,5	2263	0,58	0,58	51
48,9	2028	0,65	0,65	45,5

…s doute sous l'influence d'une amorce de fulminate de mercure (t. I, p. 109).
…s formules, ou ce volume figure, qu'au-dessus de 100° en général.
…le serait à volume constant, d'après les formules du t. I, page 32; ce qui ne fait ici que des écarts inférieurs à…

3. D'après ce Tableau, le travail maximum qui puisse être effectué par 1^{kgr} des divers mélanges gazeux explosifs, travail proportionnel à la chaleur dégagée, c'est-à-dire l'énergie potentielle de ces mélanges, varie seulement du simple au double pour les gaz qui renferment du carbone et de l'hydrogène, mélangés avec l'oxygène pur (l'eau supposée gazeuse). En outre, ce travail est à peu près le même pour les divers gaz hydrocarburés.

Un tel travail surpasse d'ailleurs celui de tous les composés explosifs solides ou liquides, pris sous le même poids. Avec l'hydrogène et l'oxygène par exemple, il est quadruple de celui de la poudre ordinaire, deux fois aussi grand que celui de la nitroglycérine. Avec les gaz hydrocarburés, il est triple de celui de la poudre et une fois et demie celui de la nitroglycérine. Mais les avantages qui pourraient résulter de l'énergie potentielle des mélanges gazeux explosifs, comparée à celle des solides et des liquides, sont compensés dans la pratique par les inconvénients qui résultent du volume plus grand des mélanges gazeux et de la nécessité de les conserver dans des enveloppes résistantes.

A ce même point de vue de l'énergie potentielle des mélanges gazeux, rapportée à l'unité de poids, aucun comburant ne rivalise, en général, avec l'oxygène pur; attendu que tout autre composé oxydant renferme des éléments inactifs (lest inutile), qui partagent la chaleur, sans fournir une énergie compensatrice suffisante, au moment de la destruction du composé oxydant.

4. Remarquons que les pressions théoriques, calculées pour les divers mélanges explosifs, ne varient guère que du simple au double; limites d'écarts que nous retrouverons tout à l'heure entre les pressions réellement observées; cela, malgré la diversité de composition et de condensation des gaz envisagés.

5. Au surplus, les pressions calculées sont purement théoriques et destinées uniquement à servir de termes de comparaison. En effet, les chiffres mesurés par les observateurs sont beaucoup plus faibles : ce qui s'explique, soit en raison de la brève durée de l'état de combinaison intégrale qui semble répondre à l'onde explosive; soit à cause de l'évaluation inexacte des chaleurs spécifiques employées dans les calculs; soit enfin à cause de la dissociation.

Développons cette discussion.

Il suffirait d'admettre l'existence d'une certaine dissociation pour réduire les pressions à moitié, ou même au tiers des valeurs calculées.

Cependant la vitesse de propagation de l'onde explosive, telle qu'elle a été mesurée (t. I, p. 151), paraît indiquer qu'au moment de sa production le système explosif renferme la totalité de la chaleur dégagée par une combinaison intégrale : ce qui exclurait la dissociation (t. I, p. 165), peut-être en raison de la grandeur même de la pression développée. Mais la propagation de l'onde est si rapide que la pression observée répond probablement dans tous les appareils à un système déjà en partie refroidi, et cette pression réduite paraît celle qui répond au régime de combustion ordinaire (t. I, p. 167).

On pourrait également expliquer les résultats observés, en admettant la variation des chaleurs spécifiques; en particulier, si l'on double la chaleur spécifique moyenne de la vapeur d'eau ou de l'acide carbonique [1].

Entre ces diverses manières de concevoir le phénomène, l'expérience n'a pas encore prononcé d'une manière définitive. Elle tend cependant à montrer que le rôle de la dissociation avait été exagéré à l'origine.

6. Citons maintenant les chiffres observés réellement pour les pressions, sous les réserves qui viennent d'être signalées :

D'après les expériences de M. Bunsen [2], faites par le soulèvement d'une soupape chargée de poids, un mélange d'oxyde de carbone et d'oxygène, brûlé à volume constant, développe seulement : $10^{atm},3$; au lieu de 24 calculés. Le nombre observé répondrait à la combinaison d'un tiers du mélange seulement dans l'hypothèse de la dissociation. Mais un tel calcul repose sur l'emploi d'une chaleur spécifique de l'acide carbonique beaucoup trop faible [3].

Un mélange d'hydrogène et d'oxygène, brûlé à volume constant, développe de même, d'après M. Bunsen, $9^{atm},6$; au lieu de 30^{atm} calculés. Le nombre observé répondrait encore à la combinaison d'un tiers du mélange, dans l'hypothèse de la dissociation. Mais il est sujet à la même objection pour les chaleurs spécifiques.

MM. Mallard et Le Châtelier sont arrivés à des valeurs expérimentales voisines par leurs mesures, fondées sur l'emploi d'un manomètre métallique : soit $8^{atm},6$ pour le mélange d'oxyde de car-

---

[1] Voir *Essai de Mécanique chimique*, t. I, p. 344 à 346.

[2] *Annales de Chimie et de Physique*, 4e série, t. XIV, p. 446; 1868.

[3] *Voir* mes observations à ce sujet (*Annales de Chimie et de Physique*, 5e série, t. XII, p. 305).

bone et d'oxygène; 9^atm^,2 pour le mélange d'hydrogène et d'oxygène; 14^atm^,0 pour le formène et l'oxygène; 8^atm^,1 pour le chlore et l'hydrogène, etc.

Voici les nombres que nous avons observés, M. Vieille et moi, avec les principaux mélanges détonants, par une autre méthode, fondée sur l'enregistrement des pressions à l'aide d'un piston mobile.

	atm
Hydrogène et oxygène : $H^2 + O^2$	7,7 à 9,6 [1]
Hydrogène et protoxyde d'azote : $H^2 + Az^2O^2$	11,1
Hydrogène, azote et oxygène : $H^2 + Az^2 + O^2$	8,2
» » $H^2 + 2Az^2 + O^2$	7,1
Oxyde de carbone et oxygène : $C^2O^2 + O^2$	9,4
Oxyde de carbone et protoxyde d'azote : $C^2O^2 + Az^2O^2$	9,7
Oxyde de carbone, azote et oxygène : $C^2O^2 + Az^2 + O^2$	7,4
» » » $C^2O^2 + Az + O^2$	7,8
Oxyde de carbone, hydr. et oxygène : $C^2O^2 + H^2 + O^4$	7,5
» » » $C^2O^2 + H^3 + O^5$	8,0
Formène et oxygène : $C^2H^4 + O^8$	13,6
Acétylène et oxygène : $C^4H^2O^{10}$	13,7
Éthylène et oxygène : $C^4H^4 + O^{12}$	13,8
Hydrure d'éthylène et oxygène : $C^4H^6 + O^{14}$	11,9
Éthylène, hydrogène et oxygène : $C^4H^4 + H^2 + O^{14}$	12,3
Cyanogène et oxygène : $C^4Az^2 + O^8$	19,5
Cyanogène, azote et oxygène : $C^4Az^2 + Az^2 + O^8$	15,1

Le cyanogène fournit la pression maximum, conformément à la théorie.

Mais les valeurs observées sont seulement les $\frac{2}{3}$ des valeurs théoriques pour l'hydrogène, l'oxyde de carbone et le formène; elles se réduisent au tiers environ pour les autres carbures d'hydrogène et pour le cyanogène.

Il résulte encore de ces indications que les rapports véritables des pressions observées ne s'écartent pas beaucoup des rapports théoriques : ces derniers peuvent donc servir à la rigueur dans les comparaisons, au moins pour une première approximation.

7. En remplaçant l'oxygène pur par son mélange avec l'azote, c'est-à-dire par l'air atmosphérique, pour effectuer la combustion des gaz et des vapeurs, on obtient des systèmes d'un grand intérêt

(1) Suivant que l'on opère avec une chambre de 300^cc^, ou une chambre de 4^lit^.

dans les applications. En effet, c'est un semblable mélange d'air et de formène qui constitue le *grisou*, si redoutable dans les mines.

Un mélange analogue, composé avec l'air et le gaz d'éclairage, a donné lieu fréquemment à des accidents graves dans les maisons et les égouts.

La vapeur d'éther, celle du sulfure de carbone, celle des essences de pétrole associés à l'air, ont produit plus d'une fois des incendies et des explosions dans les fabriques et les laboratoires.

Examinons de plus près les effets de cette substitution de l'air à l'oxygène.

8. Elle ne change pas la chaleur dégagée, ni par conséquent le travail maximum développable par un poids donné du corps combustible.

9. Au contraire elle modifie les pressions, et cela de deux manières. En effet, à première vue, on conçoit que les pressions théoriques doivent tomber à moitié et même plus bas, à cause de la nécessité d'échauffer l'azote, et même l'oxygène excédant : ce qui abaisse la température. Par exemple, l'hydrogène, mêlé avec cinq fois son volume d'air, ne développerait plus, d'après la théorie, que $8^{atm},5$; au lieu de 20^{atm}; avec dix fois son volume d'air : $5^{atm},1$ seulement.

10. Ces chiffres sont encore supérieurs aux valeurs réelles, pour les mêmes causes qui abaissent les pressions avec l'oxygène pur; c'est-à-dire en raison de la dissociation, ou bien de l'accroissement des chaleurs spécifiques (p. 157).

Mais l'influence de ces causes est restreinte par l'abaissement de la température. Ainsi, d'après M. Bunsen, la moitié du mélange d'oxyde de carbone et d'oxygène brûlerait, au lieu du tiers, dès que la température diminue au-dessous de 2560°. Au-dessous de 1146°, la quantité brûlée augmenterait encore et ainsi de suite, jusqu'à devenir totale. Cependant les derniers chiffres doivent être regardés comme douteux. En effet, ils ont été conclus des pressions observées, en supposant les chaleurs spécifiques constantes, ce qui n'est pas admissible [1]; or les effets observés peuvent être expliqués également par la variation des chaleurs spécifiques, variation incontestable pour les gaz composés.

Par exemple, la chaleur spécifique de l'acide carbonique croissant

---

[1] Voir *Ann. de Chim. et de Phys.*, 5e série, t. XII, p. 305.

avec la température, le mélange gazeux qui le renferme se trouve porté à une moindre température, par une quantité de chaleur donnée, et la pression développée est diminuée d'autant.

Mais l'écart est diminué par l'introduction d'une certaine dose de gaz inerte, lequel tend à abaisser pour son propre compte la température. La pression sera même réduite proportionnellement davantage pour de tels mélanges, que pour les mélanges explosif qui ne renferment pas de gaz inertes.

11. C'est ce que l'expérience confirme.

Dès 1861, M. Hirn avait mesuré la pression développée par la combustion de l'air mêlé avec 1 dixième de son volume d'hydrogène et il avait trouvé $3^{atm},25$, au lieu de $5^{atm},14$; la réduction serait d'un tiers environ, au lieu d'être supérieure à la moitié, comme avec l'oxygène pur.

M. Mallard a fait des déterminations analogues (*Annales des Mines*, t. VII, 1871), sur divers mélanges d'air et de gaz combustibles. Enfin je citerai les expériences récentes de MM. Mallard et Le Châtelier sur les pressions développées par les mélanges d'air et de formène, ainsi que sur les mélanges d'air et de gaz d'éclairage (*Journal de Physique*, 2e série, t. I, p. 182).

Les mesures des auteurs ont été exécutées au moyen d'un ressort creux, jouant le rôle de manomètre enregistreur et communiquant avec une chambre de combustion de 4^{lit}.

				atm
0,94	(CO + O)	mêlé avec	0,06 de gaz inerte (az. et vap. d'eau.	8,6
0,31	(CO + O)	»	0,66 de CO^2, 0,020 O; 0,01 vap. d'eau.	6
0,955	(H + O)	»	0,03 Az et 0,015 vapeur d'eau.....	9,2
0,67	(H + O)	»	0,32 O + 0,01 »	8,3
0,65	(H + O)	»	0,34 H + 0,01 »	8,1
0,49	(H + O)	»	0,49 O + 0,02 »	7,2
0,32	(H + O)	»	0,67 H + 0,01 »	6,3
0,33	(H + O)	»	0,65 Az + 0,02 »	6,3
0,19	(H + O)	»	0,54 H + 0,25 Az + 0,02 vap. d'eau.	5,15
0,17	(H + O)	»	0,14 H + 0,69 Az + 0,02 »	5,0
0,95	(H + Cl)	»	0,03 H + 0,02 vapeur d'eau.....	8,1
0,74	(H + Cl)	»	0,25 Cl + 0,01 »	7,1
0,51	(H + Cl)	»	0,47 H + 0,02 »	7,0
0,41	(H + Cl)	»	0,59 H + 0,01 »	6,0

Le mélange tonnant à base de formène ($C^2H^4 + O^8$), mêlé avec trois fois son volume d'air, a donné des pressions voisines de 7^{atm}.

Avec le même mélange pur, le chiffre montait vers 14^{atm}.

Voici maintenant le Tableau de quelques déterminations que nous avons faites, M. Vieille et moi, par la méthode du piston mobile.

I. — *Mélanges de deux gaz combustibles.*

	atm
$CO + H + O^2$	7,8
$2CO + 3H + 5O$	8,3
$C^4H^4 + H^2 + O^{14}$	13,3

II. — *Mélange de gaz tonnants avec un gaz inerte.*

	atm
$H + O + Az$	8,2
$H + O + 2Az$	7,4
$H + Az + AzO$	9,5
$CO + O + Az$	7,7
$2CO + O^2 + Az$	8,0
$C^2Az + O^4 + Az$	15,6

On peut tirer de ces mesures diverses conséquences fort importantes pour l'étude théorique des températures de combustion, des chaleurs spécifiques et de la dissociation; mais cette discussion nous conduirait trop loin et il suffira d'avoir cité les chiffres ci-dessus comme termes de comparaison.

12. La température peut être ainsi abaissée jusqu'à la limite où l'inflammation cesse de se propager, limite intéressante parce qu'elle est la même que celle qui commence à produire en sens inverse l'inflammation du mélange.

Nous avons ici deux notions distinctes à préciser : la composition limite [1] et la température limite.

13. *Composition limite d'inflammabilité.* — Un mélange gazeux explosif cesse de brûler lorsque la proportion relative de l'un de ses composants tombe au-dessous d'une certaine proportion. Par exemple, 3^{vol} du gaz tonnant formé par 1^{vol} d'oxygène et 2^{vol} d'hydrogène cessent de s'enflammer, lorsqu'ils sont mélangés avec 27^{vol} d'oxygène, ou bien avec 24^{vol} d'hydrogène. Un volume analogue de

[1] Voir *Essai de Mécanique chimique*, t. II, p. 73 et 343.

vapeur d'eau, au-dessus de 100°, empêche aussi l'inflammation. De même, à la température ordinaire : 18^{vol} d'azote, 12^{vol} d'oxyde de carbone, 9^{vol} d'acide carbonique, 6^{vol} de gaz ammoniac, ou d'acide chlorhydrique, ou d'acide sulfureux, etc.

3^{vol} du gaz tonnant formé par 1^{vol} d'oxygène et 2^{vol} d'oxyde de carbone cessent de s'enflammer lorsqu'ils sont mélangés avec 10^{vol} d'oxyde de carbone, ou avec 29^{vol} d'oxygène.

Le mélange du formène avec l'air ne donne lieu à une combustion exacte que s'il est formé par 9^{vol},5 d'air pour 1^{vol} de formène. Il cesse de brûler lorsque la proportion de l'air surpasse 17^{vol} à 20^{vol}; données fort importantes, en raison de la présence du grisou dans les mines.

Au voisinage des limites d'inflammabilité, la combustion est incomplète.

Ces limites varient d'ailleurs notablement avec le procédé d'inflammation et surtout avec la température et la masse du corps en ignition, qui sert à produire la combustion. Elles varient pareillement suivant la nature de l'étincelle électrique, lorsque celle-ci est employée à produire l'inflammation : l'étincelle produite avec le concours d'un condensateur étant bien plus efficace que les étincelles ordinaires. Tout ceci se conçoit, l'agent d'inflammation propageant autour de lui la combustion dans une sphère plus ou moins étendue, suivant la quantité de chaleur qu'il apporte lui-même [1].

De là résultent dans un mélange limite des variations et des apparences singulières, le mélange se remplissant de petites flammes disséminées, qui se propagent çà et là, et dont la production précède l'état de combustion générale : ces curieux effets ont été l'objet d'une étude spéciale par MM. Schlœsing et Demondésir.

On pourrait citer encore les phénomènes singuliers que présente la solfatare de Pouzzole. Vers certains points, et surtout dans un enfoncement, il s'y dégage des fumerolles, jets irréguliers de vapeur d'eau, mélangée avec une trace d'hydrogène sulfuré : or il suffit d'en approcher un corps enflammé, tel qu'un morceau d'amadou, pour que l'hydrogène sulfuré brûle au contact de l'air dans lequel il est disséminé, avec production d'un nuage qui s'étend peu à peu et se propage tout autour, jusqu'à des distances assez considérables [2]. La facile inflammabilité du soufre et de ses composés

---

[1] *Essai de Mécanique chimique*, t. II, p. 338, 342, 343, 346.

[2] Melloni et Piria, *Annales de Chimie et de Physique*, 2ᵉ série, t. LXXIV, p. 331.

joue un rôle dans cette circonstance : mais il ne saurait s'agir ici de phénomènes explosifs.

Au point de vue des effets mécaniques produits par un mélange tonnant, la vitesse de propagation de l'inflammation est très essentielle : celle-ci ayant lieu tantôt par combustion ordinaire; tantôt en vertu d'une véritable onde explosive, qui chemine incomparablement plus vite (t. I, p. 86 et 93; 133 et 166). Or les limites de composition auxquelles l'onde explosive cesse de se produire sont beaucoup plus élevées que celles qui répondent à l'inflammation simple. C'est là un résultat très important au point de vue des applications; je me bornerai à renvoyer à cet égard aux développements présentés dans le t. I, p. 163.

La limite d'inflammabilité et surtout la propagation plus ou moins facile de l'inflammation sont influencées par la pression, qui augmente la masse de la matière échauffée, dans un temps et dans une étendue donnés, et restreint par suite l'influence du refroidissement.

La limite est également modifiée par la température initiale du mélange : je veux dire que l'excès de température du corps qui produit l'inflammation sur celle du mélange inflammable devra être d'autant moindre que ce dernier mélange sera lui-même porté à l'avance à une plus haute température (*voir* t. I, p. 104).

En général, pour que la propagation de la combustion ait lieu, il est nécessaire que la chaleur dégagée par l'inflammation des premières parties soit suffisante pour reproduire dans les portions voisines la température initiale à laquelle la combustion a commencé.

C'est encore là une question dans laquelle interviennent à la fois les quantités de chaleur dégagées, les chaleurs spécifiques des produits de la combustion et celles des gaz excédants, avec lesquels ces produits sont mélangés. La variation des chaleurs spécifiques des gaz composés avec la température joue donc ici un rôle; s'il n'en était pas ainsi, il serait toujours facile de calculer *a priori* la température limite. Citons divers faits observés, relativement à cette dernière température.

14. *Température d'inflammation.* — Cette température, qui répond au travail minimum nécessaire pour déterminer la réaction, présente un certain intérêt dans les applications. Elle a été souvent étudiée depuis H. Davy.

Voici à cet égard les données les plus récentes, qui sont dues à MM. Mallard et Le Châtelier (*Comptes rendus*, t. XCI, p. 825).

Mélange	Température
$2^{vol}H + 1^{vol}O$	550° à 570°
$1^{vol}O + 2^{vol}H$	530°
1^{vol} air $+ 2^{vol}H$	580° à 570°
2^{vol} air $+ 1^{vol}H$	550°
$1^{vol}O + 2^{vol}H + 3^{vol}CO^2$	560° à 590°
$1^{vol}O + 5^{vol}CO$	630° à 650°
$1^{vol}O + 2^{vol}CO$	650°
$2^{vol}O + 1^{vol}CO$	650° à 660°
2^{vol} air $+ 1^{vol}CO$	650° à 660°
$1^{vol}O^4 + 2^{vol}CO + 3^{vol}CO^2$	700° à 715°
2^{vol} air $+ 1^{vol}CO + 3^{vol}CO^2$	715° à 725°
$2^{vol}O + 1^{vol}C^2H^4$	650° explosion 600 combustion lente
$1^{vol}O + 2^{vol}C^2H^4$	650° à 660°
$1^{vol}C^2H^4 + 9^{vol}$ air	inférieur à 750°

On remarquera combien la température d'inflammation des mélanges tonnants, formés par l'association de l'oxygène, soit avec l'hydrogène, soit avec l'oxyde de carbone, soit avec le formène, est peu modifiée par l'introduction d'un volume même notable de gaz étrangers. Il en est ainsi du moins tant que l'on n'approche pas des limites auxquelles le mélange cesse de brûler.

Cependant l'addition d'un même volume d'acide carbonique influe davantage sur l'oxyde de carbone que sur l'hydrogène; comme si les produits mêmes de la combustion du mélange exerçaient une influence spéciale sur sa température d'inflammation.

Les auteurs ont encore observé qu'il existe des différences très sensibles entre les temps nécessaires pour enflammer un mélange gazeux, porté à une température donnée. Ainsi les mélanges renfermant de l'hydrogène ou de l'oxygène de carbone s'enflamment immédiatement; tandis qu'il faut un certain temps pour les mélanges du formène avec l'air ou l'oxygène. Il en résulte qu'une barre de fer chauffée, même au rouge blanc, n'enflamme pas ces derniers mélanges; les gaz s'échappant avant d'avoir subi l'action de cette température pendant un temps suffisant. Ces observations sont fort importantes pour l'étude du grisou.

15. J'ajouterai que l'oxydation des gaz et matières organiques, portés vers 300° ou 400°, peut s'effectuer lentement, avec une lueur phosphorescente, visible seulement dans l'obscurité; ainsi qu'on l'observe en versant de l'éther, ou de l'alcool absolu, sur une brique rouge de feu. Les produits mêmes de l'oxydation changent par là, l'aldéhyde se formant par exemple au moyen de l'éther. Mais si l'on prolonge ces réactions, surtout en présence d'un corps poreux et de petite masse, l'oxydation est activée par la chaleur même qu'elle dégage et elle peut élever la température du système jusqu'au degré d'inflammation subite et explosive. C'est ce qui arrive parfois avec du coton imbibé d'huile, avec de l'amadou en combustion lente, avec du charbon roux, etc. On a observé dans les usines et dans les poudreries de graves accidents produits par cette cause d'inflammation, c'est-à-dire dus à l'élévation de température qui résulte d'une oxydation lente et s'accélérant d'elle-même.

16. Les gaz qui renferment du soufre s'enflamment à des températures bien plus basses que les gaz hydrocarbonés, dès 250° par exemple. Je citerai à cet égard l'expérience suivante, que j'ai coutume de montrer dans mes Cours. On verse dans deux soucoupes, d'un côté de l'éther, de l'autre du sulfure de carbone; puis on saisit avec une pince de fer un charbon rouge de feu, n'émettant aucune flamme : ce charbon introduit dans l'éther s'y éteint. Mais si l'on se borne à l'y rouler, de façon à faire disparaître l'incandescence superficielle, et qu'on l'introduise aussitôt dans le sulfure de carbone, celui-ci s'enflamme et il peut alors communiquer le feu à l'éther placé auprès de lui.

Je citerai encore certains composés, tels que l'acétylène chloré et l'acétylène bromé, qui s'enflamment spontanément au contact de l'air, en vertu de phénomènes analogues. De même plusieurs composés phosphorés.

17. Revenons maintenant à la question des pressions. Au lieu de brûler un gaz combustible par l'oxygène pur, on serait porté à espérer quelque avantage du protoxyde d'azote ou du bioxyde d'azote, attendu que ces gaz fournissent, par leur propre décomposition, un volume d'azote additionnel et une quantité de chaleur supplémentaire. Mais ces avantages sont à peu près compensés par la nécessité d'échauffer l'azote (Tableau de la p. 154).

18. Il en serait tout autrement si l'on envisageait seulement le travail total. Celui-ci étant proportionnel à la chaleur dégagée, il est accru avec le protoxyde d'azote et avec le bioxyde d'azote.

Il existe aussi certains agens oxydants solides, tels que le chlorate de potasse, qui fournissent plus de chaleur que l'oxygène libre.

Au contraire, l'oxygène pur en produit plus que l'azotate de potasse et que la plupart de ses composés liquides ou solides.

L'échauffement des éléments, autres que l'oxygène, consomme

d'ailleurs une partie de ce travail : ce qui limite l'élévation de température et la pression, ainsi qu'il vient d'être dit.

Observons en outre que l'emmagasinage de l'oxygène dans ses composés est toujours très dispendieux.

C'est là ce qui ne permet guère d'espérer que l'on puisse établir en général des machines économiques empruntant leur force motrice à des matières explosives solides, telles que la poudre à canon; ainsi que Papin l'avait rêvé tout d'abord. Peut-être cependant de telles machines, si l'on réussissait à les régler, s'appliqueraient-elles à des conditions spéciales, où l'intérêt qu'il y aurait à réduire le volume des appareils l'emporterait sur toute autre considération.

19. Il résulte de ces faits et considérations que l'emploi des mélanges gazeux paraît plus économique dans les machines que celui des autres mélanges explosifs, solides ou liquides. En fait, l'industrie utilise les machines à gaz, fondées sur la combustion du gaz d'éclairage par l'air. Mais ici le combustible et le comburant sont amenés du dehors et les produits évacués à mesure, ce qui restreint le volume des appareils. Il en serait autrement, si l'on devait les emmagasiner tous.

20. Les mélanges gazeux que nous étudions ont été supposés faits sous la pression atmosphérique : les *pressions théoriques* qu'ils développent alors, étant comprises entre 18^{atm} et 51^{atm}, demeurent fort éloignées des pressions développées par la plupart des matières explosives solides ou liquides. Les *pressions effectives* sont bien moindres encore, puisqu'elles ne surpassent pas 20^{atm} (p. 158); résultat contraire aux opinions que beaucoup de personnes s'étaient faites à cet égard pendant le siège de Paris.

21. Si l'on comprimait d'avance les mélanges gazeux explosifs, on y trouverait avantage. Mais les pressions développées ne deviendraient comparables à celles des mélanges solides ou liquides que par l'emploi de compressions énormes, capables, par exemple, de réduire au centième, ou à une fraction moindre, le volume initial du mélange; c'est-à-dire de l'amener à une densité pareille à celle des solides et des liquides. Outre les difficultés pratiques d'une telle compression, elle aurait pour effet de liquéfier la plupart des gaz hydrocarbonés, sans liquéfier en même temps l'oxygène : ce qui détruirait l'homogénéité du mélange explosif et la possibilité de l'enflammer d'un seul coup.

§ 4. — Mélanges de gaz liquéfiés et liquides analogues.

C'est ici que l'on pourrait tirer certains avantages de l'emploi du protoxyde d'azote liquide, ou de l'acide hypoazotique liquide, composé assimilable à un gaz liquéfié, en raison de sa grande volatilité.

Je ne parlerai pas des oxydes du chlore, dont les propriétés comburantes seraient extrêmement précieuses, si le maniement n'en était trop dangereux, à cause de leur aptitude à détoner spontanément. Au contraire, les oxydes d'azote sont stables à froid.

Or les oxydes d'azote liquide peuvent être associés avec les carbures liquéfiés dans des récipients hermétiques.

On obtient ainsi des mélanges dont la force explosive théorique est comparable à celle des composés les plus énergiques, tels que la nitroglycérine, ou les mélanges du chlorate de potasse, soit avec la poudre-coton, soit avec le picrate de potasse.

De tels mélanges de gaz liquéfiés, formés par les oxydes de l'azote, ne détonent pas directement; mais ils peuvent le faire sous l'influence d'amorces au fulminate de mercure, ce qui complète le rapprochement entre ces mélanges et la dynamite.

J'avais réalisé quelques essais de ce genre avec le protoxyde d'azote *liquide*, pendant le siège de Paris.

M. Turpin a eu récemment l'idée de recourir à l'acide hypoazotique, qui est plus maniable, attendu qu'il demeure liquide jusque vers 26° et peut dès lors être mélangé aisément avec divers composés combustibles, tels que le sulfure de carbone, l'éther, les essences de pétrole, etc. Voilà la base des *panclastites*, brevetées par cet ingénieux inventeur.

On ne sait pas encore jusqu'à quel point un corps aussi volatil que l'acide hypoazotique, et dont la vapeur est si dangereuse à respirer et si corrosive, peut se prêter aux applications. Mais on peut remarquer que ce corps représente à peu près de l'oxygène liquide, la perte d'énergie étant presque nulle dans sa formation (t. I, p. 195). Sa décomposition explosive offre l'inconvénient d'échauffer l'azote, qui n'intervient pas dans la combustion.

L'étude des mélanges de ce genre offre une très grande variété; mais les réactions qu'ils développent sont imparfaitement connues à l'exception de celles des systèmes qui répondent à une combustion totale. Je me bornerai donc à ceux-là.

Voici quelques chiffres qui mettent en évidence l'énergie théorique des mélanges, formés par le protoxyde d'azote liquide et par l'acide hypoazotique.

MATIÈRE EXPLOSIVE [1].	CHALEUR dégagée par 1gr (eau gazeuse).	VOLUME réduit des gaz formés [2].	PRESSION permanente à 0° sous la densité de chargement $\frac{1}{n}$ [5]	PRESSION théorique au moment de l'explosion.
Protoxyde d'azote liquide et hydrure d'éthylène liquéfié $C^4H^6 + 7Az^2O^2$.	cal 1356	mc 0,79	atm $\frac{590}{n - 0,16}$	$\frac{21700}{n}$
Éthylène [1] ou carbures liquides analogues $C^4H^4 + 6Az^2O^2$.	1418	0,76	$\frac{610}{n - 0,12}$	$\frac{22200}{n}$
Acétylène liquéfié [1] $C^4H^2 + 5Az^2O^2$.	1564	0,73	$\frac{640}{n - 0,07}$	$\frac{24300}{n}$
Benzine liquide $C^{12}H^6 + 15Az^2O^2$.	1339	0,73	$\frac{640}{n - 0,07}$	$\frac{19600}{n}$
Cyanogène liquéfié [1] $C^4Az^2 + 4Az^2O^2$.	1416	0,69	$\frac{690}{n}$	$\frac{26900}{n}$
Sulfure de carbone liquide $C^2S^4 + 6Az^2O^2$.	1012	0,59	$\frac{590}{n}$	$\frac{15350}{n}$
Nitrobenzine liquide $C^{12}H^5AzO^4 + 12\frac{1}{2}Az^2O^2$.	1346	0,71	$\frac{630}{n - 0,04}$	$\frac{22100}{n}$
Acide hypoazotique liquide et hydrure d'éthylène liquide [3] $C^4H^6 + \frac{7}{2}AzO^4$.	1794	0,79	$\frac{644}{n - 0,28}$	$\frac{23800}{n}$
Cyanogène liquéfié $C^4Az^2 + 2AzO^4$.	1800	0,62	$\frac{620}{n}$	$\frac{25400}{n}$
Nitrobenzine liquide $C^{12}H^5AzO^4 + 6\frac{1}{4}AzO^4$.	1568	0,60	$\frac{480}{n - 0,12}$	$\frac{20000}{n}$
Sulfure de carbone liquide $C^2S^4 + 3AzO^4$ [4].	1129	0,47	$\frac{470}{n}$	$\frac{15040}{n}$
Nitroglycérine.	1460	0,72	$\frac{480}{n - 0,20}$	$\frac{19000}{n}$

(1) La chaleur de liquéfaction du protoxyde d'azote, $Az^2O^2 = 44^{gr}$ a été trouvée égale à $4^{Cal},4$ par Favre. J'admettrai le même chiffre pour les autres gaz liquéfiés envisagés ici.

(2) Ce volume doit être, en réalité, multiplié par $(1 + \alpha t)$, pour rendre l'eau réellement gazeuse à t. On s'est borné à deux décimales observation qui s'applique aussi aux colonnes suivantes.

(3) L'acide hypoazotique n'est compatible à la longue ni avec l'éthylène, ni avec la benzine.

(4) M. Turpin n'emploie guère que la moitié de la proportion d'acide hypoazotique signalée ici ; ce qui donne lieu à une combustion incomplète, avec dépôt de soufre, etc.

(5) 1 gramme dans n centimètres cubes ; eau liquide. Ces chiffres ne sont applicables que si la valeur de n est assez grande pour que l'acide carbonique ne soit pas liquéfié. De même pour l'acide sulfureux, dans le cas du sulfure de carbone.

§ 5. — Gaz et poussières combustibles.

1. Un gaz peut constituer des mélanges explosifs, non seulement par son association avec un autre gaz, mais aussi avec une poussière solide ou liquide. De là résultent des systèmes tout particuliers. Leur caractère explosif est facile à concevoir: attendu que ces systèmes, une fois enflammés, donnent lieu à une expansion subite, avec accroissement de pression. Mais l'explosion d'un semblable système est nécessairement plus lente que celle d'un mélange purement gazeux : la propagation de la réaction ayant lieu seulement à mesure que chaque particule solide est atteinte par les gaz incandescents, provenant de la combustion des particules voisines. On conçoit par là l'influence exercée par la moindre trace de vapeur ou gaz combustible, déjà mêlée à l'air, pour faciliter l'inflammation.

2. On a remarqué des explosions de cet ordre dans les mines de charbon de terre, dans les moulins et magasins à farine, et dans les locaux renfermant du soufre en poudre impalpable.

Les nuages formés par les vapeurs de pétrole et autres carbures volatils ont aussi donné lieu à des explosions analogues, soit dans les caves et magasins, soit même en plein air, mais les effets sont ici d'un caractère mixte; à cause de la tension propre de vapeur de ces carbures, dont une portion doit être envisagée comme gazeuse dans les mélanges.

3. Je m'occuperai seulement des mélanges formés par l'air associé avec une poussière combustible. Définissons d'abord les limites qui répondent au maximum d'effet avec les mélanges d'air et de poussière combustible, supposés réalisés dans les proportions convenables au moment de l'explosion.

1° *Mélanges d'air et de charbon.* — 1 mètre cube d'air peut donner naissance par son oxygène à 208^{lit} d'acide carbonique, réduit à 0° et $0^{m},76$. Ce même volume d'air brûlerait 112^{gr} de carbone pur.

Or un pareil système, c'est-à-dire un mélange intime et aussi uniforme que possible d'air et de charbon en poudre, s'il était brûlé à volume constant, développerait une pression théorique de $15^{atm},5$.

Si la dose du carbone était doublée (224^{gr}) et que tout pût se changer en oxyde de carbone, on obtiendrait 416^{lit} de ce dernier gaz et la pression développée serait de $6^{atm},7$.

Les poussières charbonneuses peuvent à la rigueur être assimilées au carbone pour de semblables effets.

En tous cas, on voit que la limite maxima des pressions théoriques, développables par la combustion d'une poussière charbonneuse, est de l'ordre de grandeur des pressions développées par le grisou lui-même.

2° *Mélanges d'air et d'amidon.* — Soit la poussière d'amidon, que nous substituerons à la farine, pour la commodité du calcul : 1 mètre cube d'air brûlerait 255gr d'amidon ($C^{12}H^{10}O^{10}$), en développant une pression théorique un peu supérieure à celle que produirait le charbon (à cause de la vapeur d'eau).

3° *Mélanges d'air et de soufre.* — Enfin 1 mètre cube d'air brûlerait environ 300gr de soufre en poudre, en développant une pression de 11atm.

4. Les limites que nous venons de définir supposent une répartition uniforme de la poussière au sein de l'air, répartition qui ne peut être réalisée que dans des conditions toutes spéciales de mouvement et de division de la poussière. Aussi est-il difficile de les reproduire par expérience.

De tels systèmes d'ailleurs, en les supposant produits momentanément, ne peuvent subsister dans le même état, à moins d'une agitation très violente, parce que l'action de la pesanteur tend à en séparer les composants; contrairement à ce qui arrive pour les systèmes formés par les mélanges de deux gaz.

Par suite, dans un système de gaz et de poussières, les proportions relatives se modifient continuellement avec le temps, ainsi que les propriétés combustibles du système, lesquelles ne peuvent conserver leur maximum que pendant un court instant.

5. Mais, par contre, les poussières combustibles mêlées à l'air demeurent inflammables bien au delà des limites de combustibilité des mélanges purement gazeux et il suffit d'un seul grain enflammé pour propager la flamme, soit dans les couches voisines, soit à la surface des corps solides environnants.

Telles paraissent être les conditions les plus communes dans les accidents produits par les poussières inflammables au fond des mines : ils sont dus à une inflammation propagée, plutôt qu'à une explosion véritable. Cependant l'expansion des gaz est assez brusque pour produire de violents effets mécaniques, qui sont fort dangereux.

6. La propagation du feu dans un mélange d'air et de poussières combustibles est activée par les mouvements d'expansion et de projection des masses gazeuses, enflammées tout d'abord.

C'est ainsi que dans les mines de houille l'observation a conduit à attribuer un rôle particulièrement dangereux aux poussières charbonneuses, soulevées en tourbillon par un coup de mine et qui propagent l'inflammation et l'asphyxie dans les galeries, jusqu'à de très grandes distances. On a vu ainsi un coup de mine, dont le jet de flamme n'allait pas au delà de 4^m, propager la combustion dans les poussières soulevées jusqu'à une distance de plus de 14^m et atteindre des ouvriers qui se croyaient à l'abri.

Les coups de mine qui débourrent sont surtout dangereux sous ce rapport.

A l'origine, il se produit une véritable amplification de la flamme; au delà, c'est une simple propagation de l'inflammation de la poussière.

Plus les poussières sont fines, plus le volume de la flamme initiale qui provoque le phénomène peut être restreint.

7. La proportion des matières volatiles que la poussière de houille peut fournir joue un rôle essentiel : car ces matières, réduites en vapeur par la combustion, concourent à leur tour à la propagation de l'inflammation.

Ces poussières ne brûlent d'ailleurs que d'une façon incomplète et en vertu d'une sorte de distillation, qui les dépouille de leur hydrogène et laisse comme résidu des parcelles de coke, adhérentes aux parois et aux boiseries. En raison de ce fait, ce n'est pas le mélange d'air et de poussière fait dans les proportions théoriques qui est le plus combustible, mais un mélange plus riche en carbone; attendu que les couches superficielles des grains prennent seules part à la combustion.

8. Enfin la propagation de l'inflammation se fait d'autant mieux que l'air de la mine renferme déjà quelque peu d'un gaz combustible, tel que le formène, souvent en proportion trop faible pour constituer à lui seul un mélange détonant avec l'air de la mine.

Dans des mélanges de ce genre, une poussière même inerte, telle que la magnésie, abaisse les limites de combustibilité : un mélange contenant seulement 2,75 centièmes de grisou peut ainsi brûler. Mais, dans ce cas, la combustion ne se propage point. Cette circonstance paraît due à l'emmagasinement de la chaleur par la magnésie, qui échauffe ensuite les parties gazeuses voisines et abaisse par là même leur limite de combustibilité (p. 163).

Les poussières combustibles sont évidemment plus efficaces. Elles accroissent d'ailleurs la violence de l'explosion produite par le grisou, en raison du volume des gaz et de la chaleur supplémentaire qu'elles fournissent. En outre, elles tendent à accroître la dose de l'oxyde de carbone, si dangereux pour les mineurs.

Toutes ces circonstances, observées par les ingénieurs et directeurs des mines, ont été l'objet d'expériences méthodiques de la part de M. Galloway et de M. Abel en Angleterre, ainsi que de MM. Mallard et Le Châtelier, en France [1], dans l'enquête instituée récemment par la Commission du grisou. Je renverrai pour plus de détails aux publications faites par cette Commission.

---

[1] *Annales des Mines*, janvier et février 1882.

CHAPITRE IV.

COMPOSÉS EXPLOSIFS DÉFINIS NON CARBONÉS.

§ 1.

La liste générale de ces composés a été donnée à la p. 130; les seuls qui aient été l'objet d'expériences suffisamment précises pour en parler ici sont : le sulfure d'azote, le chlorure d'azote, le chlorate de potasse, et certains sels ammoniacaux des acides suroxygénés, tels que l'azotate, le perchlorate, le bichromate d'ammoniaque.

§ 2. — Sulfure d'azote : AzS^2.

1. Le sulfure d'azote renferme, pour $1^{éq} = 46^{gr}$: 32^{gr} de soufre et 14^{gr} d'azote;

Soit pour 1^{kg} : soufre 696^{gr}, azote 304^{gr}.

Sa densité est égale à 2,22.

Il est solide et cristallisé.

Chauffé à 207°, il se décompose, brusquement et avec explosion, en soufre et azote.

2. D'après l'étude thermique que nous avons faite de ce corps (t. I, p. 388), sa décomposition explosive sous pression constante,

$$AzS^2 = Az + S^2,$$

dégage $+ 32^{Cal},2$ pour 46^{gr}; sous volume constant, $+ 31^{Cal},9$.

3. Elle développe : $11^{lit},16$ d'azote.

Cela fait pour 1^{kg} : 694^{Cal} et $242^{lit},6$ d'azote réduit à 0° et $0^m,760$.

A la température de l'explosion, le soufre doit être envisagé comme gazeux et même comme possédant sa densité théorique, densité qu'il acquiert à partir de 800°, d'après MM. Troost et Deville. Le volume total des gaz pour 1^{kg} serait alors, à la température t : $485^{lit},2\ (1 + \alpha t)$.

Pour calculer la pression théorique à volume constant, il faut connaître les chaleurs spécifiques du soufre sous ses divers états et les chaleurs de transformation de ce corps passant de l'état solide à l'état liquide, de l'état liquide à l'état gazeux, enfin depuis l'état gazeux développé vers 448°, où le soufre possède une densité triple de sa densité théorique, jusqu'à l'état où il a repris sa densité normale. Ce calcul ne peut être effectué en se fondant uniquement sur les données expérimentales, qui font en partie défaut. Nous avons dit comment on peut y suppléer jusqu'à un certain point (t. I, p. 58). On y trouvera les données du calcul, dont je me bornerai à reproduire ici les résultats.

4. La température théorique développée par l'explosion du sulfure d'azote, à volume constant, peut être évaluée à 4375°.

5. Évaluons maintenant les pressions.

Soit d'abord la *pression permanente*, c'est-à-dire la pression après refroidissement, l'explosion ayant eu lieu dans une capacité constante. Pour une densité de chargement égale à l'unité, la pression, à 0°, serait : $242^{\text{atm}},6$, si le volume occupé par le soufre était nul. Mais 1^{lit} renferme en réalité 340^{cc} de soufre solide : la pression permanente deviendra dès lors : $367^{\text{atm}},6$; soit 390^{kg} par centimètre carré, en admettant la loi de Mariotte.

Si le sulfure d'azote avait détoné dans une capacité entièrement remplie, c'est-à-dire dans son propre volume, 1^{kg} occuperait seulement 450^{cc}. Après explosion, le volume du soufre solide étant déduit, il resterait 110^{cc} pour l'azote : ce qui porterait la pression théorique à $2205^{\text{atm}},6$; ou 2340^{kg} par centimètre carré.

En général, 1^{kg} de cette matière étant enfermé dans une capacité de n^{lit}, c'est-à-dire étant admise la densité de chargement $\frac{1}{n}$, la pression permanente par centimètre carré sera

$$\frac{250^{\text{kg}},4}{n - 0,340};$$

valeur théorique dont la réalité se rapprochera d'autant plus que n sera plus grand.

6. Le calcul des pressions développées au moment même de l'explosion est plus hypothétique : nous le rappellerons cependant comme terme de comparaison (*voir* t. I, p. 59). Ce calcul doit s'établir en supposant le soufre gazeux, à la température de l'explosion.

La pression développée sera dès lors, pour une densité de chargement égale à l'unité

$$485^{atm},2\left(1+\frac{t}{273}\right).$$

En supposant $t = 4375°$, comme il a été dit plus haut,

$$1+\frac{t}{273}=17,0;$$

et le produit ci-dessus devient 8246^{atm}; soit 8555^{kg} par centimètre carré.

Si le sulfure d'azote détonait dans son propre volume, on aurait $18\,702^{kg}$.

Plus généralement pour la densité de chargement $\frac{1}{n}$, on aura

$$\frac{8555^{kg}}{n}.$$

Tels sont les chiffres théoriques.

7. Voici les chiffres réels que nous avons obtenus, avec l'appareil décrit t. I, p. 48.

Densité de chargement.	Pressions.
	kg
0,1	815
0,2	1703
0,3	2441

Ce qui donne, pour une densité égale à l'unité :

815,0; 851,5; et 813,7 : en moyenne 8270; valeur à peine inférieure au chiffre 8555, déduit de la théorie.

Ces pressions sont voisines de celles du fulminate de mercure. Cependant le sulfure d'azote est beaucoup moins vif dans ses effets; sans doute en raison d'une certaine détente, produite par les transformations successives que le soufre éprouve en se refroidissant, changement de densité gazeuse, liquéfaction et solidification. Il en résulte que les effets produits par les deux substances, envisagées comme *détonateurs* et jouant le rôle d'amorces, doivent être très dissemblables.

§ 3. — Chlorure d'azote : $AzCl^3$.

1. Le chlorure d'azote est réputé l'un des corps les plus dangereux à manier, à cause de la facilité avec laquelle il détone par le choc, le frottement, ou le contact de divers corps.

2. Son équivalent $= 120^{gr},5$.

3. Composition :

Azote	116
Chlore	884
	1000

4. Son état est liquide. Cependant il peut être évaporé dans un courant d'air à la température ordinaire.

5. Sa densité égale 1,65.

6. Le chlorure d'azote se décompose dès qu'on le chauffe, même au-dessous de 100°, et il se détruit lentement à la température ordinaire. Il détone au contact d'une multitude de corps.

7. Le chlorure d'azote détone en se résolvant en éléments :

$$AzCl^3 = Az + Cl^3.$$

Il développe ainsi $44^{lit},64$ de gaz permanents; soit : $370^{lit},4$ par kilogramme.

La quantité de chaleur dégagée dans cette réaction est considérable, mais mal connue. En effet, les expériences de MM. H. Sainte-Claire Deville et Hautefeuille sur ce point [1] ont fourni deux nombres qui, calculés avec les valeurs actuellement adoptées pour les chaleurs de formation de l'ammoniaque et de son chlorhydrate, (t. I, p. 356 et 363) discordent presque du simple au double.

8. On peut cependant évaluer la *pression permanente*.

Pour une densité de chargement $\frac{1}{n}$, elle serait $\frac{370^{atm},4}{n}$, soit

---

[1] *Comptes rendus*, t. LXIX, p. 152. Les auteurs ont employé deux réactions : celle du chlore sur le chlorhydrate d'ammoniaque, en présence de l'eau, et celle de l'acide hypochloreux sur le même sel, et ils ont cru que les résultats qui se déduisent de leurs mesures étaient concordants. Mais les valeurs déduites des données mêmes qu'ils ont adoptées, en écartant certaines fautes de calcul, seraient : — 51,7 et — 39,3.

Si l'on fait le compte, toujours à l'aide de leurs mesures, mais au moyen des chaleurs de formation actuellement reçues pour l'ammoniaque et l'acide chlorhydrique et le chlorhydrate d'ammoniaque, on trouve : — 57,8 et — 37,8.

La discordance de ces résultats tient probablement à ce que les réactions ne se passent pas complètement d'après les formules indiquées. Il conviendrait de reprendre ces mesures, en opérant sur du chlorure d'azote pur, et par voie de décomposition, la synthèse étant ici fort incertaine.

$\frac{382^{kg},7}{n}$ par centimètre carré, en admettant n assez grand pour que le chlore ne prenne pas l'état liquide.

Au contraire, si le chlore est liquéfié, la densité du chlore liquide étant 1,33, 1065^{gr} de ce corps occuperont 807^{cc}, et dès lors la pression développée par l'azote, qui formait le quart seulement du volume gazeux, sous la pression normale, sera $\frac{95^{kg},7}{n-0,80}$; chiffre fort inférieur à celui que fournit le sulfure d'azote.

9. Le travail maximum que le chlorure d'azote puisse développer est considérable; mais les données actuelles tendent à montrer que ce travail est fort inférieur à celui de la poudre noire, lorsque ces deux substances font explosion sous le même poids, dans une capacité égale quelle qu'elle soit.

Ce sont là des résultats qui semblent contredire, à première vue, ce que l'on sait des phénomènes terribles produits par l'explosion du chlorure d'azote. Le chlorure d'azote, en effet, est regardé comme le type de ces substances brisantes, qui ne peuvent être employées dans les armes, pour effectuer les mêmes travaux de projection que la poudre réalise par sa détente progressive.

10. Tâchons de nous rendre compte de ces différences. La principale, sans doute, doit être attribuée à la nature des produits de l'explosion et à l'absence complète de tout composé susceptible de dissociation. En effet, la pression et le travail résultent de la chaleur dégagée de la décomposition du chlorure d'azote. Or, celle-ci donne naissance à des corps élémentaires, qui n'ont aucune tendance à se recombiner, quelles que soient la température et la pression. La pression initiale atteindra donc tout d'abord son maximum, et le chlorure d'azote fournira de suite tout le travail dont il est susceptible : soit en disloquant les matériaux sur lesquels il agit; soit en les écrasant, s'ils ne sont pas suffisamment compacts; soit enfin en leur communiquant sa force vive, sous forme de mouvements de projection et de rotation.

Il y a plus : la pression décroîtra très brusquement, tant par le fait de ces transformations que par celui du refroidissement et de la détente des gaz; et elle décroîtra sans qu'aucune nouvelle quantité de chaleur, reproduite à mesure, intervienne pour modérer la chute rapide des pressions. Pression initiale énorme et s'abaissant presque subitement, ce sont là des conditions éminemment favorables à la rupture des vases qui contiennent le chlorure d'azote.

Ces conditions contrastent avec celles qui président à la combustion de la poudre, puisque dans cette dernière l'état final de combinaison des éléments ne se produit pas tout d'abord d'une manière complète et qu'il devient plus avancé, à mesure que la température s'abaisse. La pression initiale pourrait donc être moindre avec la poudre qu'avec le chlorure d'azote. Mais, en revanche, elle décroît moins vite, à cause de l'intervention des nouvelles quantités de chaleur reproduites pendant la période du refroidissement. J'ai déjà insisté sur ces considérations (t. I, p. 28).

Pour achever d'expliquer les différences observées entre les propriétés du chlorure d'azote et celles de la poudre ordinaire, il convient de tenir compte en outre de la durée des réactions moléculaires. En effet, la transformation presque instantanée du chlorure d'azote développe des pressions dont le brusque accroissement ne donne pas aux corps environnants le temps de se mettre en mouvement pour y obéir graduellement. On sait qu'il suffit d'une pellicule d'eau à la surface du chlorure d'azote pour produire de tels effets.

11. Il conviendrait de parler maintenant de l'*iodure d'azote*, composé si sensible au choc et à la friction que l'on ne peut pour ainsi dire pas l'isoler. Chacun a vu les expériences dont ce corps est le sujet dans les cours publics. Mais il est si instable, que l'on n'a pas réussi jusqu'à présent à en déterminer avec certitude la composition. Aucun essai n'a été fait pour en mesurer la chaleur de formation.

§ 4. — Chlorate de potasse : ClO^6K.

1. Le chlorate de potasse n'est pas explosif par simple choc ou friction, à la température ordinaire. Cependant le sel en poudre, enveloppé dans une mince feuille de platine et frappé fortement avec un marteau sur une enclume, développe quelque dose de chlorure ; c'est-à-dire qu'il éprouve une décomposition partielle.

Lorsqu'il est fondu et échauffé trop brusquement, il se décompose avec incandescence et donne lieu parfois à des explosions dangereuses. En raison de cette circonstance, on croît utile de présenter les chiffres suivants.

2. Le chlorate de potasse a pour équivalent : 122,6.

3. Composition :

Oxygène..............	392	
Potassium...........	319	608
Chlore................	289	
	1000	

4. Densité; 2,33.

5. Chaleur de formation

$Cl + O^6 + K = ClO^6K$, dégage..................... $+ 94^{Cal}$

6. Le sel fond à 334°, sans éprouver de décomposition ; du moins si l'on opère à température fixe.

Il se décompose lentement à 352°; mais plus rapidement, si l'on en élève brusquement la température.

Cette décomposition s'opère suivant deux procédés distincts.

En effet, le sel chauffé avec précaution fournit une grande quantité de perchlorate de potasse :

$$4ClO^6K = KCl + 3ClO^8K,$$

réaction qui dégage $+ 51^{Cal},5$, mais qui ne donnerait lieu à aucun gaz, si elle se développait seule.

En fait, elle est toujours accompagnée par une autre transformation, effectuée sur une portion notable de matière : c'est la décomposition directe du chlorate de potasse en chlorure de potassium et oxygène,

$$ClO^6K = KCl + O^6.$$

La dernière réaction devient de plus en plus prédominante, à mesure que l'on opère à une température plus haute ou que l'on surchauffe les substances. Elle paraît même s'opérer seule, en présence de l'oxyde de cuivre ou du bioxyde de manganèse.

7. Cette décomposition, rapportée à la température ordinaire, dégage $+ 11^{Cal}$, sous une pression constante ; soit $+ 11,8$ à volume constant.

Cela fait par kilogramme : $81^{Cal},6$ à pression constante ; et $87^{Cal},4$ à volume constant ;

A 350° et au-dessus, cette réaction dégage davantage de chaleur, le chlorate de potasse étant fondu; mais on ne peut donner le chiffre exact, la chaleur de fusion du sel n'ayant pas été mesurée.

8. On obtient ainsi $33^{lit},48$ de gaz (volume réduit);
Soit par kilogramme : $273^{lit},1$, sous la pression normale et à 0°.

9. La chaleur spécifique moléculaire du chlorure de potassium étant 12,9 et la chaleur spéciale moléculaire de l'oxygène, O^6, à volume constant, 7,4, cela fait en tout 20,3. On en conclut que, si ces données demeuraient constantes, la température théorique des produits serait 581°, à volume constant.

Le corps initial étant pris à t, la température théorique serait $581° + t$. Soit, par exemple, $t = 400°$; la température développée par la décomposition atteindrait 982°. Elle serait même alors accrue de quelques centaines de degrés, en raison de la chaleur de fusion du chlorate de potasse.

Ces données théoriques n'ont rien qui s'écarte trop des résultats observables, si l'on tient compte de l'incandescence développée au moment de la décomposition explosive du chlorate de potasse.

10. La pression permanente, après refroidissement, s'évalue en retranchant le volume du chlorure de potassium; soit 304^{cc} par kilogramme de la capacité fixe, où s'est opérée la décomposition.

Pour une densité de chargement $\frac{1}{n}$, on a

$$\frac{273^{atm},1}{n - 0,304};$$

ou, ce qui est la même chose,

$$\frac{282^{kg},2}{n - 0,304},$$

ce qui fait pour $n = 1$: 405^{kg} par centimètre carré.

Si l'on suppose le chlorate détonant dans son propre volume; $n = \frac{1}{2,33} = 0,429$; c'est-à-dire la pression permanente serait : $2,306^{kg}$.

11. A la température même de la décomposition, celle-ci étant supposée produite sans le concours d'un échauffement extérieur, la pression théorique est à peu près triplée. Elle devient, en effet, en

négligeant la dilatation du chlorure de potassium,

$$\frac{273,1\left(1+\frac{t}{273}\right)}{n-0,304}=\frac{855^{\text{atm}}}{n-0,304}=\frac{869^{\text{kg}}}{n-0,304},$$

par centimètre carré.

Ce qui fait, pour $n=1$: 1248^{kg}.

§ 5. — Azotite d'ammoniaque : AzO^4H, AzH^3.

1. L'équivalent est égal à 64^{gr}.

2. Voici la composition :

Azote	437,5		
Hydrogène	62,5	Eau	562,5
Oxygène	500,0		
	1000,0		

La densité n'est pas connue.

3. Le sel sec peut détoner lorsqu'on le chauffe brusquement, même au-dessous de 80°.

4. Il se décompose principalement en eau et azote :

$$AzO^4H, AzH^3 = Az^2 + 2H^2O^2;$$

ce qui fournit $22^{\text{lit}},32$ de gaz permanents; soit pour 1^{kg} : 349^{lit}.

5. La réaction même dégage $+73^{\text{Cal}},2$ à pression constante, et $+73^{\text{Cal}},4$ à volume constant; soit pour 1^{kg} : 1144^{Cal} à pression constante; 1153^{Cal} à volume constant.

6. A la température de l'explosion, l'eau est gazeuse; ce qui triple le volume des gaz. Ceux-ci occupent donc

$$66^{\text{lit}},96\left(1+\frac{t}{273}\right).$$

Par contre, la chaleur développée doit être rapportée à la formation de l'eau gazeuse; ce qui la réduit à $+53^{\text{Cal}},8$.

7. La température théorique des produits s'obtiendra en divisant 53,800 par 19,2, ce qui donne 2800°.

8. La pression permanente s'obtient en retranchant de la capacité fixe le volume de l'eau, soit $562^{\text{cc}},5$ pour 1^{kg}.

Pour la densité de chargement $\frac{1}{n}$, elle sera donc

$$\frac{349^{\text{atm}}}{n - 0,5625};$$

soit

$$\frac{361^{\text{kg}}}{n - 0,56}.$$

Pour $n = 1$: 820^{kg} par centimètre carré.

9. A la température théorique de la décomposition, la pression devient, l'eau étant gazeuse,

$$\frac{1147\left(1 + \frac{t}{273}\right)}{n} = \frac{12961^{\text{atm}}}{n}, \quad \text{ou} \quad \frac{13393^{\text{kg}}}{n};$$

ce qui fait, pour $n = 1$: 13393^{kg} par centimètre carré.

§ 6. — Azotate d'ammoniaque : AzO^6H, AzH^3.

1. Équivalent $= 80^{\text{gr}}$.

2. Composition :

Azote..........	350		
Hydrogène.....	50	Eau..................	450
		Oxygène excédant....	200
Oxygène.......	600		
	1,000		

3. Densité, 1,707.

4. Chaleur de formation depuis les éléments :

$$Az + H^4 + O^6 = AzO^6H, AzH^3 \ldots\ldots \quad + 87^{\text{Cal}},9.$$

5. Ce sel commence à se décomposer un peu au-dessus de 100°, non sans se sublimer en partie (t. I, p. 364). Vers 200°, il se sépare assez nettement en protoxyde d'azote et eau, sans que cette destruction ait lieu cependant à une température fixe.

Si l'on surchauffe, et surtout à partir de 230°, la décomposition s'accélère de plus en plus (*nitrum flammans*), et elle finit par devenir explosive, en même temps que le sel entre en incandescence (t. I, p. 20).

6. Une décomposition brusque fournit, en même temps que le protoxyde d'azote, divers produits répondant à des décompositions simultanées; de telle sorte que l'azotate d'ammoniaque peut éprouver huit transformations distinctes, dont plusieurs simultanées dans certaines décompositions explosives. Nous allons les énumérer, en évaluant pour chacune d'elles la chaleur mise en jeu, la pression permanente, la température théorique et la pression théorique.

7. 1° La volatilisation intégrale absorbe une quantité de chaleur inconnue ; elle ne donne lieu dès lors à aucun calcul.

8. 2° La dissociation intégrale en acide et base

AzO^6H, AzH^3 solide $= AzO^6H$ gaz $+ AzH^3$ gaz,
absorberait.............................. $-41,3$
Le sel fondu.............................. $-37,3$

Cela fait, pour 1^{kg} de sel solide : -516^{Cal}. Dès lors cette réaction n'est pas explosive et ne saurait être produite sans énergie étrangère.

9. 3° La formation de l'azote et de l'oxygène libre

$$AzO^6H, AzH^3 \text{ solide} = Az^2 + O^2 + 2H^2O^2$$

dégagerait au contraire de la chaleur ; soit, sous pression constante,
L'eau liquide : $+50^{Cal},1$; l'eau gazeuse : $+30,7$;
A volume constant, ces chiffres deviennent $+50,9$ et $+33,7$.
Il se produit ainsi, à la température t, un volume gazeux égal à

$$33^{lit},5\left(1+\frac{t}{273}\right), \quad \text{l'eau liquide;}$$

ou bien

$$78^{lit},1\left(1+\frac{t}{273}\right), \quad \text{l'eau gazeuse.}$$

Soit pour 1^{kg} :

$$418^{lit},7\left(1+\frac{t}{273}\right), \quad \text{l'eau liquide;}$$

ou bien

$$976^{lit}\left(1+\frac{t}{273}\right), \quad \text{l'eau gazeuse.}$$

La température théorique, développée à volume constant, serait

$$\frac{32,700}{21,6} = 1501°.$$

La pression permanente à 0°, en tenant compte du volume de l'eau liquide (450^{cc} pour 1^{kg}), sera, pour une densité de chargement $\frac{1}{n}$:

$$\frac{418^{atm},7}{n - 0,450};$$

soit

$$\frac{432^{kg}}{n - 0,450}.$$

Pour $n = 1$, on aurait en théorie 787^{kg} par centimètre carré.

Le sel décomposé dans son propre volume, c'est-à-dire 1^{gr} occupant $0^{cc},585$, la pression permanente devient 3200^{kg}.

A la température développée par la décomposition, l'eau étant gazeuse, la pression théorique serait

$$\frac{976\left(1 + \frac{1501}{273}\right)}{n} = \frac{6344^{atm}}{n}; \quad \text{ou bien} \quad \frac{6555^{kg}}{n}.$$

Le sel étant décomposé dans le volume même qu'il occupe à l'état solide : 11200^{kg}.

Ces valeurs représentent le maximum des effets que puisse produire la décomposition de l'azotate d'ammoniaque, les réactions suivantes produisant toutes moins de chaleur et un moindre volume de gaz.

10. 4° La formation du protoxyde d'azote et de l'eau est la réaction prépondérante, lorsqu'on procède par échauffement progressif. Cette réaction,

$$AzO^6H, AzH^3 \text{ solide} = Az^2O^2 + 2H^2O^2,$$

dégagerait :

Eau liquide : $+ 29^{Cal},5$ à pression constante ; $+ 30,1$ à vol. constant.
Eau gazeuse $+ 10^{Cal},2$ » $+ 12,0$ »

Le volume des gaz produits à la température t sera :

$$+ 22^{lit},3\left(1 + \frac{t}{273}\right), \quad \text{l'eau liquide;}$$

$$+ 66^{lit},9\left(1 + \frac{t}{273}\right), \quad \text{l'eau gazeuse;}$$

soit, pour 1^{kg} :

$$278^{lit},7\left(1+\frac{t}{273}\right), \quad \text{l'eau liquide;}$$

$$836^{lit},2\left(1+\frac{t}{273}\right), \quad \text{l'eau gazeuse.}$$

La température théorique est, à volume constant : $\frac{12000}{21,6} = 555^{\circ}$.

La pression permanente, à 0° :

$$\frac{278^{atm},7}{n-0,45}, \quad \text{soit} \quad \frac{288^{kg}}{n-0,450};$$

mais cette valeur n'est applicable que si n est assez grand pour que le protoxyde d'azote ne se liquéfie point. Pour les fortes densités de chargement, elle devient fictive.

A la température théorique, l'eau étant gazeuse, la pression serait

$$\frac{836,2\left(1+\frac{555}{273}\right)}{n} = \frac{2559^{atm}}{n}; \quad \text{soit} \quad \frac{2642^{kg}}{n}.$$

Le sel se décomposant dans le volume qu'il occupe à l'état solide : 4500^{kg}. Toutes ces valeurs n'atteignent guère plus du tiers des chiffres répondant à la formation de l'azote libre.

11. 5° La formation du bioxyde d'azote,

$$AzO^6H,\ AzH^3 \text{ solide} = Az + AzO^2 + 2H^2O^2,$$

dégagerait :

Eau liquide : + $28^{Cal},5$ à pression constante ; + 29,3 à vol. constant;
Eau gazeuse : + $9^{Cal},2$ » + 11,2 »

Le volume des gaz produits à la température t :

$$33^{lit},5\left(1+\frac{t}{273}\right), \quad \text{l'eau liquide;}$$

$$78^{lit},1\left(1+\frac{t}{273}\right), \quad \text{l'eau gazeuse.}$$

Ce volume est le même que dans le cas de la formation de l'azote libre.

La température théorique, à volume constant: $\frac{11200}{21,6} = 518°$.

La pression permanente, à 0°, est la même que pour la formation de l'azote libre, soit: $\frac{432^{kg}}{n - 0,450}$; elle est d'ailleurs fictive pour les fortes densités de chargement, le bioxyde d'azote se liquéfiant.

A la température théorique, l'eau gazeuse, la pression serait

$$\frac{976\left(1 + \frac{518}{273}\right)}{n} = \frac{2753^{atm}}{n}; \quad \text{soit} \quad \frac{2840^{kg}}{n}.$$

Le sel décomposé dans le volume qu'il occupe à l'état solide: 4860^{kg}; valeurs voisines de celles qui répondent au protoxyde d'azote.

12. 6° La formation du gaz azoteux,

$$AzO^6H, AzH^3 \text{ solide} = \frac{4}{3} Az + \frac{2}{3} AzO^3 + 2H^2O^2,$$

dégagerait:

Eau liquide: $+42^{Cal},5$, à press. constante; $+43,1$, à vol. constant;
Eau gazeuse: $+23^{Cal},3$ » $+25,1$ »

Le volume des gaz à la température t est le même que pour le protoxyde d'azote, soit:

$$+22^{lit},3\left(1 + \frac{t}{273}\right), \quad \text{l'eau supposée liquide;}$$

$$+66^{lit},9\left(1 + \frac{t}{273}\right), \quad \text{l'eau supposée gazeuse.}$$

En tous cas, cette réaction ne peut se développer que sur une fraction de matière; l'acide azoteux existant seulement à l'état dissocié, en présence du bioxyde et du gaz hypoazotique excédants. Il paraît dès lors inutile de donner les calculs relatifs aux pressions et aux températures, remarque qui s'applique également aux réactions suivantes.

7° La formation du gaz hypoazotique,

$$AzO^6H, AzH^3 \text{ solide} = \frac{3}{2} Az + \frac{1}{2} AzO^4 + 2H^2O^2,$$

dégagerait:

Eau liquide: $+48^{Cal},8$ à pression constante; $+49,5$ à vol. constant
Eau gazeuse: $+29^{Cal},5$ » $+31,4$ »

Le volume des gaz, à la température t, est le même que pour le protoxyde d'azote et pour le gaz azoteux.

8° La formation de l'acide azotique gazeux

$$AzO^6H, AzH^3 \text{ solide} = \frac{2}{5} AzO^6H + \frac{8}{5} Az + \frac{18}{5} HO$$

dégagerait, l'acide et l'eau gazeuse et non combinés entre eux : $+33^{Cal},4$ à pression constante ; $+35^{Cal},1$ à volume constant.

Le volume des gaz à la température t, l'eau et l'acide affectant l'état gazeux, serait $67^{lit}\left(1+\frac{t}{273}\right)$.

Celui des gaz permanents : $17^{lit},8\left(1+\frac{t}{273}\right)$; c'est le moindre de tous. La pression permanente serait aussi la plus faible de toutes. Au contraire, la chaleur dégagée est la plus forte. Mais ce mode de décomposition est accessoire.

13. Nous avons cru utile de développer l'étude des modes de décompositions multiples et simultanées de l'azotate d'ammoniaque, comme typiques dans l'étude des matières explosives; cette multiplicité de réactions simples n'étant pas connue en général avec précision pour les autres corps. On remarquera à cet égard que, dans les décompositions explosives de ce sel, la chaleur à volume constant peut varier de $+35^{Cal},1$ à $11^{Cal},2$; le volume des gaz, de $62^{lit},5\left(1+\frac{t}{273}\right)$ à $78^{lit},1\left(1+\frac{t}{273}\right)$.

§ 5. — Perchlorate d'ammoniaque : ClO^8H, AzH^3.

1. Équivalent : 117,5.

2. Composition :

Cl	302
Az	119
H	34
O	545
	1000

3. Chaleur de formation depuis les éléments :

$$Cl + Az + H^4 + O^8 = ClO^8H, AzH^3 \ldots\ldots \quad +79^{Cal},7$$

4. La décomposition de ce sel par la chaleur a été étudiée précédemment (p. 114). Elle se résume dans une réaction principale :

ClO^8H, AzH^3 solide $= Cl + O^4 + Az + 4HO$ gazeuse... $+ 38^{Cal},3$

l'eau liquide : $+ 58,3$. Soit pour 1^{kg} : 4963^{Cal}.

A volume constant, on aurait : $+ 59^{Cal},5$, eau liquide ; et $+ 40^{Cal},7$, eau gazeuse.

5. Cette réaction produit, à la température t, l'eau supposée liquide : $44^{lit},6\left(1+\frac{t}{273}\right)$.

L'eau gazeuse : $89^{lit},3\left(1+\frac{t}{273}\right)$.

Soit pour 1^{kg} : $379^{lit},6\left(1+\frac{t}{273}\right)$, l'eau liquide ; et $759^{lit},2\left(1+\frac{t}{273}\right)$, l'eau gazeuse.

6. Température théorique, à volume constant :

$$\frac{40700}{24,9} = 1563^{\circ}.$$

7. La pression permanente à 0°, pour une densité de chargement $\frac{1}{n}$, en tenant compte du volume de l'eau liquide (307^{cc} pour 1^{kg}), serait

$$\frac{379^{atm},6}{n - 0,307}; \quad \text{soit} \quad \frac{392^{kg}}{n - 0,307}.$$

Mais ce chiffre ne s'applique qu'aux faibles densités de chargement. En effet, pour de fortes densités, le chlore est liquéfié et occupe 227^{cc}. Le volume des gaz permanents est par là diminué d'un quart.

La pression permanente devient dès lors $\frac{294^{kg}}{n - \ ,534}$; ce qui fait pour $n = 1$: 631^{kg} par centimètre carré.

A la température théorique de la décomposition, l'eau et le chlore étant gazeux, la pression devient

$$\frac{893^{atm}\left(1+\frac{1563}{273}\right)}{n} = \frac{6004^{atm}}{n}, \quad \text{ou} \quad \frac{6204^{kg}}{n};$$

chiffres qui ne sont pas fort éloignés des effets maximum dont l'azotate d'ammoniaque est susceptible.

La décomposition qui a servi de base aux calculs précédents n'est pas exclusive, quelque peu de perchlorate se décomposant en même temps avec formation d'acide chlorhydrique; or,

$ClO^8H, AzH^3 = HCl + 3HO + Az + O^5$, dégage... $+30^{Cal},8$

en produisant $100^{lit},4\left(1+\frac{t}{273}\right)$ de gaz. Mais cette réaction est accessoire.

§ 8. — Bichromate d'ammoniaque : Cr^2O^6, AzH^3, HO.

1. Nous prendrons ce sel comme type des sels ammoniacaux formés par les oxacides métalliques.

Son équivalent est représenté par 126,4.

2. Composition :

Az	111
Cr	415
H	32
O	442
	1000

3. La chaleur de formation depuis les éléments ne peut être calculée, la chaleur d'oxydation du chrome étant inconnue. Mais la décomposition du sel ne produisant pas d'oxyde inférieur au sesquioxyde de chrome, il suffit d'en évaluer la formation depuis cet oxyde et depuis l'eau préexistante que renferment les sels d'ammoniaque.

J'ai trouvé ainsi (¹) :

	Cal
Cr^2O^3 précip. $+ O^4 + H^4 + Az = Cr^2O^6, AzH^3 +$ HO solide.	$+79,0$
Cr^2O^3 précip. $+$ HO liquide $+ O^3 + H^3 + Az$ $= Cr^2O^6, AzH^3$, HO solide, dégage	$+44,5$
Cr^2O^3 précip. $+ O^3 + AzH^3$ dissoute $+$ HO liquide $= Cr^2O^7AzH^4$, HO, solide	$+23,5$
» dissous	$+17,3$

Quelques remarques sont ici nécessaires.

Les chiffres ci-dessus sont relatifs à un état spécial de l'oxyde de chrome, celui de l'oxyde de chrome précipité à froid, de l'alun de chrome étendu, par la potasse étendue, employée à dose strictement équivalente. Mais ils varient suivant les états multiples de cet

(¹) *Comptes rendus*, t. XCVI, p. 399 et 536.

oxyde (*Comptes rendus*, t. XCVI, p. 87); la variation par l'oxyde précipité peut s'élever jusqu'à $+6^{Cal},9$ d'après mes observations. Avec l'oxyde anhydre et surtout avec cet état qui se produit avec incandescence (Berzélius), l'écart serait plus grand encore : circonstance qui explique la résistance plus grande aux acides de l'oxyde de chrome calciné. Dans le cas de la formation des chromates, la chaleur dégagée devrait être diminuée de la chaleur de transformation de l'oxyde de chrome ordinaire en oxyde calciné, par exemple soit $-q$. Cette quantité s'ajoute au contraire à la chaleur dégagée par les décompositions explosives dans lesquelles les chromates interviennent.

4. Le bichromate d'ammoniaque, chauffé vivement, entre en incandescence et se décompose tumultueusement, avec formation d'eau et d'oxyde de chrome, en vertu d'une véritable combustion interne,

$$Cr^2O^6, AzH^3, HO = Cr^2O^3 + 4HO + Az.$$

Cette réaction dégage:

Eau liquide : $+59^{Cal}$, à press. constante; $+60^{Cal},4$, à vol. constant;
Eau gazeuse : $+39^{Cal},0+q$, à press. const.; $+40^{Cal},4$, »

La réaction directe de l'acide chromique sur le gaz ammoniac, en l'absence de l'eau, dégagerait près du double :

Cr^2O^6 solide $+ AzH^3$ gaz $= Cr^2O^3 + 3HO$ gaz. . . . . $+73^{Cal},3+q$

à pression constante.

5. La décomposition explosive du bichromate d'ammoniaque produit les volumes gazeux suivants :

L'eau liquide, $11^{lit},2\left(1+\frac{t}{273}\right)$;

L'eau gazeuse, $55^{lit},7\left(1+\frac{t}{273}\right)$.

Soit pour 1^{kg} :

$$88^{lit},6\left(1+\frac{t}{273}\right), \text{ l'eau liquide;}$$

$$44^{lit},3\left(1+\frac{t}{273}\right), \text{ l'eau gazeuse.}$$

6. Température théorique, à volume constant (l'oxyde de chrome solide) : $+\frac{40400}{31,1}=1300^\circ$; ou plus exactement : $1300^\circ+\frac{q}{31,1}$.

7. Pression permanente à 0°, en tenant compte du volume de l'eau liquide et de l'oxyde de chrome (densité = 5,2),

$$\frac{88^{\text{atm}},6}{n-0,401}; \quad \text{soit} \quad \frac{91^{\text{kg}},6}{n-0,401}.$$

Pour $n=1$, on a 153^{kg} par centimètre carré, pression bien plus faible que celle des corps précédents.

A une haute température, la vaporisation de l'eau tend à quintupler la pression qui serait attribuable à l'azote seul.

Ainsi, à la température théorique, de la décomposition on aurait la pression (¹)

$$\frac{443^{\text{atm}}\left(1+\frac{1300}{273}\right)}{n-0,116}=\frac{2570^{\text{atm}}}{n-0,116}; \quad \text{soit} \quad \frac{2656^{\text{kg}}}{n-0,116}.$$

Pour $n=1$, ce chiffre s'élève à 2990^{kg} environ.

Toutes ces valeurs sont bien plus faibles que celles relatives aux corps précédents, c'est-à-dire à l'azotate et au perchlorate d'ammoniaque.

(¹) En négligeant la quantité q.

CHAPITRE V.

ÉTHERS AZOTIQUES PROPREMENT DITS.

§ 1.

Nous signalerons les éthers suivants, envisagés comme types des dérivés azotiques d'alcools monoatomiques et polyatomiques :

L'éther azotique de l'alcool ordinaire, dont j'ai mesuré la chaleur de formation;

L'éther méthylazotique, employé naguère dans l'industrie des matières colorantes;

L'éther diazotique du glycol, remarquable parce que sa décomposition répond à une combustion totale sans excès d'aucun élément.

L'éther triazotique de la glycérine, ou nitroglycérine;

Enfin l'éther hexazotique de la mannite, ou nitromannite.

Il conviendrait d'y joindre, pour mémoire, les mélanges explosifs formés par l'association d'un composé organique avec l'acide azotique fumant, ou bien avec l'acide hypoazotique; mais ces mélanges sont étudiés ailleurs.

§ 2. — Éther éthylazotique : $C^4H^4(AzO^6H)$.

1. Équivalent : 91.

2. Composition :

$$\begin{aligned} C &= 264 \\ H &= 55 \\ Az &= 154 \\ O &= 527 \\ \hline & 1000 \end{aligned}$$

3. Le corps est liquide; il bout à 86°.

4. Densité : 1,132 à 0°.

5. Cet éther peut être enflammé, lorsqu'on opère sur une petite quantité de matière liquide. Il se forme ainsi de la vapeur nitreuse en abondance; mais, pour peu que l'on surchauffe à l'avance la vapeur de l'éther au-dessus de 140°, il détone avec violence.

6. La chaleur de formation depuis les éléments a été trouvée (p. 21) :

C^4 (diamant) $+ H^5 + Az + O^6 = C^4H^4(AzO^6H)$ liquide. $+49^{Cal},3$.

Dans l'état gazeux, elle doit être voisine de $+42^{Cal}$.

La chaleur de combustion totale du corps liquide par un excès d'oxygène : $+311^{Cal},2$.

7. La décomposition suivante :

$$C^4H^4(AzO^6H) = 4CO + 2HO + 3H + Az$$

dégagerait, l'éther et l'eau liquide : $+71^{Cal},3$ à pression constante; $+73^{Cal},5$ à volume constant. Tous les corps supposés gazeux, la chaleur dégagée doit être voisine de la même valeur.

Enfin l'éther liquide, l'eau gazeuse, on aurait : $+61^{Cal},3$, à pression constante; $+64^{Cal},6$, à volume constant.

Pour 1^{kg}, on aurait, à pression constante, l'éther et l'eau liquide : $783^{Cal},5$; à volume constant, $791^{Cal},6$.

On n'examinera pas ici les autres modes de décomposition possibles.

8. Le volume des gaz permanents, à la température t, sera, pour $1^{éq} = 91^{gr}$:

$$89^{lit},3\left(1+\frac{t}{273}\right);\ \text{l'eau gazeuse}\ 111^{lit},6\left(1+\frac{t}{273}\right).$$

Soit pour 1^{kg} : $981^{lit},3\left(1+\frac{t}{273}\right)$, pour les gaz permanents; $1226^{lit}\left(1+\frac{t}{273}\right)$, si l'on y ajoute l'eau gazeuse.

9. La température théorique, à volume constant :

$$\frac{64000}{26,4} = 2424°.$$

10. La pression permanente, à 0° (l'eau liquide occupant 198^{cc}) :

$$\frac{981^{atm}}{n-0,198} \quad \text{ou} \quad \frac{1016^{kg}}{n-0,198}.$$

Mais cette formule n'est applicable qu'aux faibles densités de chargement, à cause de la liquéfaction de l'acide carbonique produite sous de fortes densités.

8. La pression développée à la température théorique et calculée d'après les lois des gaz :

$$\frac{1226^{atm}\left(1+\frac{2425}{273}\right)}{n}=\frac{12137^{atm}}{n}; \quad \text{soit} \quad \frac{12541^{kg}}{n}.$$

§ 3. — Éther méthylazotique : $C^2H^2(AzO^6H)$.

1. Équivalent : 77.

2. Composition :

C	156
H	39
Az	182
O	623
	1000

3. Ce corps est liquide; il bout à 66°.

4. Densité à 20° : 1,182.

5. Cet éther peut être enflammé en petite quantité, à la température ordinaire; mais sa vapeur surchauffée vers 150° détone violemment. Elle peut même détoner à froid, au contact d'une flamme (explosion de Saint-Denis, 19 novembre 1874), et communiquer la détonation à l'éther liquide.

6. Chaleur de formation depuis les éléments (p. 27) :

C^2 (diamant) + H^3 + Az + O^6 = $C^2H^2(AzO^6H)$ liquide.. + 39,6 Cal

7. L'éther gazeux, ce chiffre doit être voisin de....... + 32

La chaleur de combustion totale du corps liquide..... + 157,9

8. En admettant la décomposition suivante :

$$C^2H^2(AzO^6H) = CO^2 + CO + 3HO + Az,$$

la chaleur dégagée à pression constante serait

L'éther liquide, l'eau gazeuse.......................... + 113,8 Cal à pression constante; $+114^{Cal}$, à volume constant.

	Cal
L'éther et l'eau liquide	+ 123,8
Soit pour 1kg	1605

Tous les corps gazeux, la chaleur dégagée demeure voisine.

9. Le volume des gaz permanents, pour 1éq : $33^{lit},5\left(1+\frac{t}{273}\right)$;

pour l'eau gazeuse : $66^{lit},9\left(1+\frac{t}{273}\right)$;

Soit pour 1kg, pour les gaz permanents : $435^{lit}\left(1+\frac{t}{273}\right)$;

Pour l'eau gazeuse : $869^{lit}\left(1+\frac{t}{273}\right)$.

10. Température théorique, à volume constant:

$$\frac{114900}{19,2}=5984^{\circ}.$$

11. Pression permanente, à 0° (l'eau liquide occupe 351cc) :

$$\frac{435^{atm}}{n-0,351}, \quad \text{ou} \quad \frac{448^{kg}}{n-0,351}.$$

Cette valeur est applicable seulement aux faibles densités de chargement, c'est-à-dire dans les limites où l'acide carbonique conserve l'état gazeux.

12. Pression à la température théorique, calculée d'après les lois des gaz :

$$\frac{669^{atm}\left(1+\frac{5984}{273}\right)}{n}=\frac{15052^{atm}}{n};$$

soit : 15534kg par centimètre carré.

Les pressions permanentes sont bien plus faibles que pour l'éther éthylazotique; mais la chaleur dégagée est plus que double, ce qui donne un avantage à la pression théorique.

§ 4. — Éther glycoldiazotique : $C^4H^2(AzO^6H)^2$.

1. Équivalent : 152.

2. Composition :

C	158
H	26
Az	184
O	632
	1000

Cette composition est très voisine de celle de l'éther méthylazotique.

3. Le corps est liquide.

4. La chaleur de formation depuis les éléments, calculée d'après la formule de la p. 27,

$$C^4\,(\text{diamant}) + H^4 + Az^2 + O^{12} = C^4H^2(AzO^6H)^2 \text{ liquide} : \quad +66^{Cal},9$$

5. La chaleur de combustion totale et la chaleur de décomposition explosive se confondent :

$$C^4H^2(AzO^6H)^2 = 2\,C^2O^4 + 2\,H^2O^2 + Az^2 \ldots\ldots\ldots\ldots \quad +259^{Cal},1$$

à pression constante, l'eau liquide; $+260^{Cal},7$, à volume constant.

Pour 1^{kg}, on aura : 1705^{Cal}, à pression constante; 1715^{Cal}, à volume constant.

L'eau supposée gazeuse, pour $1^{éq}$ d'éther : $+239^{Cal},1$, à pression constante; on aurait : $+241^{Cal},9$, à volume constant.

6. Volume des gaz permanents, pour $1^{éq}$: $66^{lit},9\left(1+\frac{t}{273}\right)$; l'eau gazeuse, $111^{lit},6\left(1+\frac{t}{273}\right)$.

Soit pour 1^{kg} : $440^{lit}\left(1+\frac{t}{273}\right)$, pour les gaz permanents; $734^{lit}\left(1+\frac{t}{273}\right)$, pour l'eau gazeuse.

7. Température théorique :

$$\frac{241,900}{33,6} = 7982^{\circ}.$$

8. Pression permanente, à 0° (l'eau liquide occupe 237^{cc}),

$$\frac{440^{atm}}{n - 0,237}, \quad \text{ou} \quad \frac{455^{kg}}{n - 0,237},$$

valeur applicable seulement aux faibles densités de chargement

9. Pression à la température théorique, calculée d'après les lois des gaz :

$$\frac{734\left(1 + \frac{7982}{273}\right)}{n} = \frac{22170^{atm}}{n};$$

soit : 22910^{kg} par centimètre carré.

§ 5. — Nitroglycérine : $C^6H^2(AzO^6H)^3$.

1. La nitroglycérine est réputée la plus énergique des substances explosives. Elle disloque les montagnes, elle déchire et brise le fer, elle projette des masses gigantesques. Malgré de redoutables accidents, l'industrie a su tirer parti de ces propriétés extraordinaires. Dans ces derniers temps, il s'est établi en France des fabriques de nitroglycérine. Cette fabrication a commencé sur une grande échelle pendant le siège de Paris, sous l'impulsion et sous la direction du Comité scientifique de défense. Elle a pris depuis lors une importance qui augmente tous les jours; la dynamite tendant à remplacer la poudre de mine, dans la plupart de ses emplois. Nous n'avons pas l'intention de faire ici une étude complète de la nitroglycérine et des dynamites, non plus que de leurs applications industrielles ou militaires; mais il rentre dans le plan de cet Ouvrage de présenter les chiffres qui expriment la chaleur et la pression développées par la décomposition explosive de la nitroglycérine.

Nous allons donc consacrer un paragraphe à la nitroglycérine pure, nous réservant d'étudier les dynamites dans le Chapitre suivant.

2. Formule : $C^6H^2(AzO^6H)^3$.
Équivalent : 227.

3. Composition :

C	159
H	22
Az	185
O	634
	1000

4. La nitroglycérine est liquide; mais elle se solidifie à 12°. Ces cir-

constances jouent un rôle important dans les propriétés de la dynamite.

La densité de la nitroglycérine liquide est : 1,60.

Ce corps est très soluble dans l'alcool ou l'éther, mais très peu soluble dans l'eau. Cependant, en présence d'une quantité d'eau suffisante, elle se dissout entièrement : circonstance qui ne permet pas de laisser séjourner longtemps dans un cours d'eau la nitroglycérine libre, ou associée à une matière pulvérulente.

Elle est vénéneuse[1].

5. La nitroglycérine est fort sensible au choc, et détone aisément par le choc de fer sur fer, ou sur pierre siliceuse. La chute d'un flacon ou d'une tourie a suffi parfois pour en déterminer l'explosion. Le choc de cuivre sur cuivre et surtout de bois sur bois est réputé moins dangereux : cependant il y a des exemples d'explosion provoquée par un choc de cette nature.

6. La nitroglycérine pure se conserve indéfiniment : j'en ai conservé un flacon dans mes collections pendant une dizaine d'années, sans qu'elle donnât aucun indice d'altération. Mais il suffit d'un peu d'humidité, ou d'une trace d'acide libre, pour provoquer une décomposition qui, une fois commencée, s'accélère parfois jusqu'à l'inflammation et même jusqu'à l'explosion de la matière.

L'action de la lumière solaire détermine aussi la décomposition de la nitroglycérine, de même que celle des composés nitriques en général.

Les étincelles électriques l'enflamment, quoique difficilement. Elles peuvent même la faire détoner dans certaines conditions : par exemple, sous l'influence d'une série de fortes étincelles, la nitroglycérine s'altère, brunit, puis détone.

Soumise à l'action de la chaleur, elle se volatilise sensiblement, surtout vers 100°; elle peut même distiller entièrement, si l'on maintient longtemps cette température. Mais, si l'on porte la température brusquement vers 200°, la nitroglycérine s'enflamme et, un peu au-dessus, elle détone avec une violence terrible.

Son inflammation, provoquée par le contact d'un corps en ignition, donne lieu à de la vapeur nitreuse et à une réaction complexe, avec production d'une flamme jaune, sans explosion proprement dite; du moins tant qu'on opère sur de petites quantités de matière. Mais si la masse est trop grande, elle finit par détoner.

---

[1] Sur la préparation à l'aide de deux mélanges binaires, faits à l'avance. *Voir* Boutmy et Faucher (*Comptes rendus*, t. LXXXIII, p. 786).

La détonation de la nitroglycérine répond à une décomposition très simple

$$C^6H^2(AzO^6H)^3 = 3C^2O^4 + 5HO + 3Az + O.$$

On voit que la nitroglycérine jouit de la propriété exceptionnelle de renfermer plus d'oxygène qu'il n'est nécessaire pour en brûler complètement les éléments.

7. Chaleur de formation depuis les éléments (p. 24) :

C^6 (diamant) $+ H^5 + Az^3 + O^{18} = C^6H^2(AzO^6H)^3$, dégage. $+ 98^{Cal}$.

8. La chaleur de combustion totale et la chaleur de décomposition sont identiques, d'après ce qui vient d'être dit. La réaction devra donc être représentée par la formule suivante :

$$C^6H^2(AzO^6H)^3 = 3C^2O^4 + 5HO + Az^3 + O,$$

La chaleur mise en jeu sera

L'eau liquide, à press. const.	$+ 356^{Cal},5$;	à vol. const.	$+ 358,5$
L'eau gazeuse	»	$+ 331^{Cal},1$;	»	$+ 335,6$

Pour 1^{kg}, à pression constante, eau liquide : 1570^{Cal};
A volume constant : 1579^{Cal}.

MM. Sarrau et Vieille ont trouvé 1600, chiffre dont l'écart ne surpasse pas celui des erreurs d'expérience possibles de part et d'autre.

Dans les ratés de détonation, signalés à la page 25, la chaleur dégagée est nécessairement moindre, la combustion étant incomplète.

9. Volume des gaz permanents pour $1^{éq}$: $106^{lit}\left(1 + \frac{t}{273}\right)$, l'eau liquide;

$$161^{lit},8\left(1 + \frac{t}{273}\right), \text{ l'eau gazeuse;}$$

soit, pour 1^{kg} : $467^{lit}\left(1 + \frac{t}{273}\right)$, l'eau liquide;

MM. Sarrau et Vieille ont trouvé en effet : 465^{lit}, à 0°, par expérience.

On aurait : $713^{lit}\left(1 + \frac{t}{273}\right)$, l'eau gazeuse.

Pour un litre de nitroglycérine liquide, on aurait enfin :

$$747^{lit}\left(1 + \frac{t}{273}\right), \text{ l'eau liquide;}$$

$$1141^{lit}\left(1 + \frac{t}{273}\right), \text{ l'eau gazeuse.}$$

10. Température théorique, à volume constant:

$$\frac{335,600}{48} = 6980^{\circ}.$$

11. Pression permanente, à 0° (l'eau liquide occupe 198^cc):

$$\frac{467^{atm}}{n - 0,198}; \quad \text{ou} \quad \frac{482^{kg}}{n - 0,198};$$

Ce chiffre ne s'applique qu'aux faibles densités de chargement et sous la réserve ordinaire de la liquéfaction de l'acide carbonique.

12. Pression à la température théorique :

$$\frac{713\left(1 + \frac{6980}{273}\right)}{n} = \frac{18966^{atm}}{n}; \quad \text{soit } 19580^{kg} \text{ pour un centimètre carré.}$$

3. Comparons ce résultat avec les pressions observées par MM. Sarrau et Vieille, au moyen du crusher et sur la dynamite à 75 pour 100. Ils ont trouvé, sous la densité de chargement :

$\frac{1}{n} = 0,2\ldots$	1420^{kg}
$0,3\ldots$	2890
$0,4\ldots$	4265 (3984 et 4546)
$0,5\ldots$	6724 (6902 et 6546)
$0,6\ldots$	9004

Le volume occupé par la silice, après qu'elle a subi la température de l'explosion, peut être évalué à $0^{cc},1$ pour 1^{gr} de dynamite. Par suite, le volume occupé par le gaz fourni par 1^{gr} de nitroglycérine pure serait égal à $\frac{4}{3}(n - 0,1)$, en négligeant la dilatation de la silice par la chaleur.

On trouve ainsi, en rapportant les densités de chargement rectifiées à la nitroglycérine et en calculant les pressions d'après l'écrasement des crushers :

$$n' = 6^{cc},5, \quad \frac{P'}{n'} = 9230^{kg}$$

$4^{cc},3$	12430^{kg}
$3^{cc},2$	13640
$2^{cc},5$	16800
$2^{cc},1$	18900

On remarquera que les valeurs de $\frac{P'}{n'}$ ne sont pas constantes.

Mais ici intervient la nouvelle théorie des manomètres à écrasement par MM. Sarrau et Vieille (t. I, p. 50), laquelle explique ces variations par la durée de décomposition de la dynamite et tend à réduire à moitié le chiffre obtenu sous les très fortes densités de chargement.

D'après leurs nouveaux essais, faits avec un piston très pesant pour la densité $\frac{1}{n} = 0,3$, on trouve une pression de 2413^{kg}; ce qui répond à $n' = 4^{cc},3$.

$$\frac{P'}{n'} = 10376^{kg}.$$

Si nous voulons comparer en toute rigueur ces chiffres aux pressions théoriques, il faut calculer celles-ci en tenant compte de la chaleur cédée à la silice. Soit la chaleur spécifique de celle-ci égale 0,19 et supposée constante, ce qui fait pour $75^{gr},7$ de silice 14,4 : la température théorique devient

$$\frac{335600}{62,4} = 5378^{\circ}.$$

La pression correspondante sera

$$\frac{713\left(1 + \frac{8378}{272}\right)}{n} = \frac{14759^{atm}}{n}, \quad \text{soit} \quad \frac{15281^{kg}}{n};$$

valeur supérieure d'un tiers au chiffre réel trouvé pour les fortes densités.

14. En résumé : sous le même poids la nitroglycérine produit $3\frac{1}{2}$ fois autant de gaz permanents, réduits à 0°, que la poudre au nitrate, 2 fois autant que la poudre au chlorate.

Sous le même volume elle produit près de six fois autant de gaz permanents que la poudre ordinaire. Comme elle produit d'ailleurs sous le même poids plus du double de chaleur, la différence entre les effets des deux substances prises sous le même poids est facile à prévoir.

Sous le même volume, cette différence est plus grande encore. En effet, 1^{lit} de nitroglycérine pèse $1^{kg},60$; tandis que 1^{lit} de poudre ordinaire pèse $0^{kg},906$ environ. Sous le même volume que la poudre, la nitroglycérine devra développer une pression dix à douze fois aussi grande; ce qui pourra être réalisé en fait dans une capacité complètement remplie, comme il arrive dans un trou de mine, ou bien quand on opère sous l'eau. Dans ces conditions, le travail maximum développé par 1^{lit} de nitroglycérine pourra s'élever à une valeur triple de celle du travail maximum de la poudre ordinaire sous le même volume.

Ces chiffres colossaux ne sont sans doute jamais atteints dans la pratique, surtout à cause des phénomènes de dissociation; mais il suffit qu'on en approche pour expliquer pourquoi les travaux, et surtout les pressions développées par la nitroglycérine, surpassent les effets produits par toutes les autres matières explosives usitées dans l'industrie. Les rapports que ces chiffres signalent entre la nitroglycérine et la poudre ordinaire, par exemple, s'accordent assez bien avec les résultats empiriques observés dans l'exploitation des mines (¹).

La rupture en éclats et l'explosion du fer forgé (²), effets que la poudre ordinaire ne saurait produire, sont de nouvelles preuves de l'énormité des pressions initiales développées par la nitroglycérine. La question de la vitesse de la décomposition intervient d'ailleurs ici (t. I, p. 68 et suiv.).

15. Si la nitroglycérine est brisante, cependant elle fracture les roches sans les écraser en menus fragments. Les faits observés pendant l'étude des pressions exercées par les crushers, sous diverses densités de chargement, pouvaient faire prévoir cette propriété. Elle s'explique encore par les phénomènes de dissociation : les éléments de l'eau et de l'acide carbonique doivent être en partie séparés dans les premiers moments, ce qui diminue les pressions initiales; mais les formations de l'eau et de l'acide carbonique, se complétant pendant la détente, reproduisent successivement de nouvelles quantités de chaleur, qui régularisent la chute des pressions. La nitroglycérine agira donc pendant la détente à la façon

---

(¹) *Voir* les expériences citées dans l'opuscule *la Dynamite*, par Trauzl, extrait par P. Barbe, p. 91 et 92 (1870).

L'effet utile de la nitroglycérine dans les carrières a été trouvé cinq à six fois aussi grand que celui de la poudre de mine, à poids égal. A volume égal, « dans les trous de mine, on obtient avec la dynamite environ huit fois l'effet produit par la poudre »; c'est-à-dire onze fois le même effet pour un poids donné de nitroglycérine pure employé sous cette forme. Il s'agit ici des effets de dislocation, qui dépendent surtout des pressions initiales.

(²) Même Ouvrage, p. 98 et 99.

de la poudre ordinaire. Cependant, la dissociation doit être moindre avec la nitroglycérine, parce que les composés formés sont plus simples et les pressions initiales plus fortes.

Bref, la nitroglycérine réunit les propriétés en apparence contradictoires des diverses matières explosives : elle est brisante, comme le chlorure d'azote; elle disloque et fracture les roches sans les écraser, comme la poudre ordinaire, quoique avec plus d'intensité; enfin, elle produit des effets excessifs de projection : toutes ces propriétés, reconnues par les observateurs, peuvent être prévues et expliquées par la théorie.

16. Je pourrais montrer encore que l'inflammation provoquée sur un point de la masse est moins dangereuse avec la nitroglycérine qu'avec la poudre au chlorate, et même avec la poudre au nitrate; attendu que la combustion d'un même poids de matière élève moins la température des parties voisines, soit à cause du refroidissement produit par le contact des parties liquides ambiantes, soit et surtout à cause de la chaleur spécifique de la nitroglycérine, qui paraît notablement plus grande que celles des poudres au chlorate et au nitrate de potasse.

Quant à la théorie des effets du choc sur la nitroglycérine, je renverrai au Chap. V. du Livre Ier (t. I, p. 89).

17. Comparons enfin la nitroglycérine avec la poudre ordinaire, au point de vue du meilleur emploi d'un poids donné d'azotate de potasse. D'après les équivalents : 303 parties de nitre produisent, soit 404 parties de poudre ordinaire, soit 227 parties de nitroglycérine, c'est-à-dire un poids moitié moindre. Mais, en revanche, cette dernière peut développer, dans les circonstances les plus favorables, une pression huit à dix fois aussi grande que le même volume de poudre.

Il résulte de ces nombres qu'un poids donné d'azotate de potasse, s'il pouvait être changé atomiquement et sans perte en nitroglycérine, développerait dans un trou de mine une pression triple de celle que fournirait la poudre ordinaire, fabriquée avec le même poids d'azotate.

§ 6. — Nitromannite : $C^{12}H^{2}(AzO^{6}H)^{6}$.

1. Équivalent : 452

2. Composition.

C	159
H	18
Az	186
O	637
	1000

Le corps est cristallisé en fines aiguilles blanches. Il doit être purifié avec soin, en le faisant recristalliser dans l'alcool, pour le débarrasser des produits d'une nitrification incomplète.

3. Sa densité apparente est 1,60; mais en le fondant sous pression on peut observer jusqu'à 1,80, à 20°.

4. Elle fond entre 112° et 113° et se solidifie à 93°.

La température de fusion indiquée par les divers auteurs s'abaisse jusqu'à 70°; mais elle se rapporte alors à un produit impur.

5. La nitromannite commence à émettre des vapeurs acides dès la température de fusion. Mais cette émission est très lente; elle s'accélère avec l'élévation de température. Chauffée brusquement vers 190°, elle s'enflamme; vers 225°, elle déflagre; vers 310°, elle détone.

Lorsque l'échauffement a été progressif et accompagné par un commencement de décomposition, qui altère la composition du résidu, l'inflammation et la détonation peuvent ne plus avoir lieu.

6. La nitromannite, purifiée par cristallisation dans l'alcool et conservée à l'abri de la lumière solaire, peut être conservée pendant plusieurs années sans altération.

Mais, si l'on néglige de la faire recristalliser, elle renferme des produits beaucoup plus altérables, qui en déterminent la décomposition progressive. Ces produits abaissent également son point de fusion jusque vers 70°.

7. La nitromannite détone par le choc fer sur fer avec plus de facilité que la nitroglycérine, mais un peu plus difficilement que le fulminate de mercure. Elle est intermédiaire par ses propriétés bri-

santes. Elle détone par le choc de cuivre sur fer ou cuivre et même de porcelaine sur porcelaine, pourvu que ce dernier choc soit violent.

8. La chaleur de formation de la nitromannite depuis les éléments a été trouvée (p. 25) : $+156^{Cal},1$; d'après un calcul fondé sur les chaleurs de formation de la mannite, de l'acide azotique et de la nitromannite; ou bien $+161,4$, d'après la chaleur de combustion de MM. Sarrau et Vieille.

9. La chaleur de combustion totale se confond avec la chaleur de décomposition (*voir* p. 28). Elle est égale à $+683^{Cal},9$ à pression constante, l'eau liquide; ou 689,6 à volume constant. Soit pour 1^{kg} à pression constante : 1513^{Cal}; à volume constant : 1526^{Cal}.

$$C^{12}H^{2}(AzO^{6}H)^{6} = 6C^{2}O^{4} + 4H^{2}O^{2} + 3Az^{2} + O^{4}.$$

MM. Sarrau et Vieille ont trouvé 1512 à volume constant; ils ont vérifié d'ailleurs que la décomposition a lieu réellement suivant l'équation ci-dessus.

Cette chaleur de combustion est inférieure à celles de la nitroglycérine et du nitroglycol, infériorité due à la formation d'une plus forte dose d'oxygène libre.

10. Volume des gaz permanents pour $1^{éq}$: $223^{lit}\left(1+\frac{t}{273}\right)$; l'eau gazeuse : $312^{lit}\left(1+\frac{t}{273}\right)$.

L'eau gazeuse, on aurait, pour $1^{éq}$, à pression constante : $+603^{Cal},9$; à volume constant : $+612^{Cal}$.

Soit pour 1^{kg} : $494^{lit}\left(1+\frac{t}{273}\right)$, pour les gaz permanents; $692^{lit}\left(1+\frac{t}{273}\right)$, l'eau gazeuse.

11. Température théorique : $\frac{612000}{91,2} = 6710°$.

12. Pression permanente, à 0° (l'eau liquide occupe 159^{cc}) :

$$\frac{494^{atm}}{n-0,159}, \quad \text{ou} \quad \frac{510^{kg}}{n-0,159},$$

sous la réserve ordinaire de la faiblesse des limites de chargement et de la limite de liquéfaction de l'acide carbonique.

13. Pression à la température théorique, calculée d'après les lois des gaz :

$$\frac{692\left(1+\frac{6710}{273}\right)}{n}=\frac{17220^{\text{atm}}}{n},\quad \text{soit}\quad \frac{17760^{\text{kg}}}{n},$$

soit 23 510kg par centimètre carré, valeur fort voisine de celles qui concernent le nitroglycol (22 910) et la nitroglycérine (19 580), comme on devait s'y attendre.

14. Les pressions réellement exercées lors de l'explosion de la nitromannite ont été mesurées par MM. Sarrau et Vieille. Ces savants ont trouvé :

Sous la densité de chargement 0,1 : 2273kg.

Sous la densité 0,2 : 4634kg;

Soit en moyenne : $\frac{22950^{\text{kg}}}{n}$, valeur fort voisine du chiffre théorique.

Mais la nouvelle théorie des auteurs tendrait à la réduire à la moitié (t. I, p. 50, 52).

Cette pression se développe si vite, que le piston du crusher est souvent rompu : ce qui atteste le caractère brisant de la nitromannite.

La même propriété intervient dans les épreuves fondées sur la capacité des chambres creusées au sein des blocs de plomb par les divers explosifs (p. 38). En effet, la capacité creusée par la nitromannite, sous un poids donné, est d'un quart (43cc pour 1gr) plus grande que celle creusée par la nitroglycérine (35cc pour 1gr). La nitromannite manifeste d'ailleurs une tendance bien plus marquée à déchirer les blocs de plomb, suivant des directions diagonales. Ces faits contrastent avec le calcul théorique des pressions ou du travail maximum, qui donnent à peu près la même valeur pour la nitromannite et la nitroglycérine. Ils montrent que le procédé empirique des chambres creusées par un explosif ne mesure réellement ni la pression ni le travail, mais certains effets plus compliqués.

CHAPITRE VI.

DYNAMITES [1].

§ 1. — Dynamites en général.

1. En 1866, à la suite d'accidents effroyables causés par des explosions de nitroglycérine (Stockholm, Hambourg, Aspinwal, San Francisco, Quenast en Belgique), l'emploi de cette substance allait être partout interdit, lorsqu'un Suédois, M. Nobel, imagina de la rendre moins sensible aux chocs en la mélangeant avec une substance inerte, artifice bien connu pour atténuer les effets de la poudre ordinaire, mais qui conduit dans le cas actuel à des résultats inattendus. M. Nobel y ajouta d'abord un peu d'alcool méthylique; puis, cet expédient étant insuffisant, il le mêla avec la silice amorphe. Il désigna ce mélange sous le nom de *dynamite*. Il reconnut bientôt, et ce fut une découverte essentielle, que la détonation exige l'emploi d'amorces spéciales au fulminate de mercure et qu'elle acquiert ainsi une violence exceptionnelle; elle peut alors se produire même sous l'eau. En recourant à l'emploi de ces amorces, on peut à la rigueur se passer de bourrage dans les mines faites avec la dynamite.

Ce nom a été étendu depuis à des mélanges très divers, à base de nitroglycérine, et l'on distingue aujourd'hui une vingtaine de dynamites différentes. On a même désigné par le même mot des mélanges renfermant des explosifs liquides, autres que la nitroglycérine. Les dynamites ont pour caractères communs de ne détoner ni par simple inflammation, ni par choc faible, ni par friction modérée. Mais elles détonent au contraire par l'emploi de fortes amorces, dites détonateurs, généralement constituées par le fulminate de mercure.

On partage les dynamites en plusieurs classes.

---

[1] Voir : *La Nitroglycérine et les Dynamites*, par M. Fritsch, 1872 (*Mémorial de l'officier du Génie*). — *Manuel de pyrotechnie à l'usage de l'Artillerie de Marine*, t. II. — *Traité de la poudre*, etc., revu par Desortiaux, p. 798; 1878.

2. Dans les unes, dites à *base inerte*, la nitroglycérine est associée avec la silice, l'alumine, le carbonate de magnésie, l'alun calciné, la brique pilée, le tripoli, le sable, la cendre de boghead, etc., toutes matières qui n'interviennent que peu ou point par leur composition chimique, mais seulement par leur constitution physique et leur proportion relative. Elles entravent la propagation des chocs moléculaires, dont la succession concordante donne lieu à l'onde explosive (p. 120). Après la déflagration, elles se trouvent plus ou moins modifiées.

3. Les autres dynamites, dites à *base active*, pourraient elles-mêmes être séparées en trois nouveaux groupes.

4. Quelques-unes (dynamites à base d'azotate d'ammoniaque; dynamites à base de chlorate de potasse) résultent de l'association de la nitroglycérine avec une substance explosive, qui détone simultanément, sans que les éléments de l'une interviennent chimiquement dans la décomposition de l'autre. On pourrait les appeler *dynamites à base active simultanée*.

5. D'autres *dynamites à base combustible simple* sont fabriquées, en partant de ce fait que la détonation de la nitroglycérine met en liberté une certaine dose d'oxygène (3,5 pour 100), excédant sur celle qui est nécessaire pour changer tout le carbone en acide carbonique et tout l'hydrogène en eau.

On ajoute alors à la nitroglycérine, soit pure, soit déjà mélangée avec une matière inerte, une certaine dose d'un corps combustible (charbon, sciure, sciure de bois, amidon, paille, son, soufre, blanc de baleine, etc.) destiné à utiliser ces excès d'oxygène.

6. Mais la dose d'oxygène est trop faible en général pour que la proportion correspondante de matière combustible, telle que 1 centième de charbon ou de blanc de baleine, ou bien 2 centièmes de sciure de bois, ou bien encore 3,5 centièmes de soufre en poudre suffisent pour absorber la totalité de la nitroglycérine correspondante. Dès lors on est obligé d'employer dans la pratique la substance complémentaire en grand excès : ce qui constitue les *dynamites à base mixte;* citons seulement la dynamite noire, mélange de charbon et de sable, susceptible d'absorber 45 centièmes de nitroglycérine.

Un semblable excès de matière combustible change le caractère de la réaction chimique, qui peut cesser d'être une combustion totale.

7. On peut encore préparer les *dynamites à base combustible explosive,* en employant, comme complément combustible, un composé explosif par lui-même, mais qui ne renferme pas assez d'oxygène pour éprouver une combustion totale. Tels sont le coton-poudre, les diverses variétés de cellulose nitrique et d'amidon nitrique, l'acide picrique, etc.

Elles se rattachent à deux groupes principaux :

8. 1° Les *dynamites à base d'azotates;* telles que : la *dynamite à base de poudre noire* (100 parties de poudre noire, associée avec une proportion de nitroglycérine variant de 10 à 50 parties);

La dynamite à base de poudre de mine;

La dynamite à base de salpêtre et de charbon;

La dynamite à base d'azotate de baryte et de résine, ou de *charbon,* avec ou sans addition de *soufre;*

Les *dynamites à base d'azotate de soude, de charbon et de soufre,* etc.

Les *dynamites* formées de nitroglycérine, *de salpêtre et de sciure de bois,* ou *d'amidon,* ou *de cellulose.*

9. 2° *Les dynamites à base de pyroxyle,* telles que la dynamite de Trauzl, formée de nitroglycérine et de coton-poudre en pâte;

La *glyoxyline* d'Abel, formée des mêmes substances, avec addition de salpêtre;

Les *dynamites à base de ligneux nitrifié* (pâte de papier ou pâte de bois), et analogues.

La *dynamite gomme ou gélatine explosive,* formée par l'association de 93 à 95 parties de nitroglycérine et de 5 à 7 parties de collodion, etc.

10. Observons ici que les proportions relatives de nitroglycérine et de base combustible ou de base explosive, qui sont les plus utiles dans la pratique, ne sont pas toujours celles qui répondent à une combustion totale, à cause des exigences multiples de l'industrie : soit qu'une combustion incomplète donne lieu à un volume de gaz plus considérable; soit que la vitesse de la décomposition et la loi de la détente varient suivant les proportions relatives et les conditions d'emploi.

11. On conçoit encore que l'on puisse associer les matières inertes, les matières combustibles simples et les matières combustibles explosives dans des proportions diverses : ce qui constitue de nouvelles *dynamites à base mixte,* extrêmement variées. Les exigences de la pratique et la fantaisie des inventeurs multiplient chaque jour ces variétés, désignées sous les noms les plus divers et parfois les plus pompeux : *poudre d'Hercule, poudre géante, pétralites,* etc.; mais elles se rattachent toutes aux cinq types précédents.

12. Parmi ces exigences pratiques, signalons quelques-unes de celles qui jouent un rôle le plus essentiel, indépendamment de la question du prix de revient.

Le point le plus essentiel réside dans la puissance du mélange. En effet, les additions ont d'ordinaire pour effet de diminuer la puissance, en abaissant la dose de nitroglycérine. On cherche ainsi à ralentir la décomposition, de façon à changer l'agent brisant en agent propulsif. Mais si le ralentissement est trop grand, on rentre dans les poudres lentes (t. I, p. 12) et l'on perd les avantages dus à la présence de la nitroglycérine. Il y a donc une limite pratique à ces additions, si l'on veut avoir le plus grand effet utile. L'emploi du mica, au contraire, accroît la vitesse de détonation.

L'homogénéité et la stabilité du mélange sont une chose capitale : il convient en effet que la nitroglycérine soit entièrement absorbée par la matière qui sert de base, et que ce mélange se conserve uniforme, sans altération chimique et sans exsudations dues aux secousses du transport, ou aux variations de la température : autrement, on retomberait dans les inconvénients et les dangers de la nitroglycérine pure. Il faut donc que la matière absorbante ait une structure spéciale, qui s'oppose à la séparation spontanée de la nitroglycérine. Les dynamites à base de sable ordinaire, de brique pilée, de coke en poudre, ont été écartées ainsi à cause de leur instabilité.

La présence d'un excès de nitroglycérine, au delà du terme de saturation, peut même diminuer la puissance d'une dynamite, au lieu de l'accroître; à cause de la différence du mode de propagation de l'onde explosive, dans le liquide et dans le mélange poreux.

C'est ainsi que les effets d'écrasement d'un bloc de plomb sont plus marqués avec la dynamite à 75 centièmes qu'avec une dynamite plus riche et même avec la nitroglycérine pure.

13. Cette tendance à la séparation est accrue par une propriété spéciale de la nitroglycérine, qui joue un rôle important dans l'emploi de toutes les dynamites formées par cet agent : je veux parler de la solidification de la nitroglycérine vers 12°. En effet, en se solidifiant, l'explosif se sépare plus ou moins complètement

de son absorbant et constitue dès lors un système nouveau, doué de propriétés spéciales.

D'une part, la nitroglycérine solide semble moins sensible aux chocs et surtout à leur transmission de proche en proche. Elle exige des amorces plus fortes pour détoner : ce qui oblige d'ordinaire à réchauffer les cartouches pour la liquéfier et reconstituer la dynamite primitive; opération qui a causé des accidents sans nombre dans les mines.

D'autre part, la nitroglycérine ainsi liquéfiée, après avoir été séparée en partie de son absorbant, par la cristallisation, peut ne pas s'y mélanger de nouveau d'une façon aussi intime que précédemment; surtout si l'absorbant n'est pas de bonne qualité et s'il est soumis à une pression.

14. Le degré de sensibilité des dynamites au choc est une circonstance fondamentale, particulièrement pour les applications militaires. En effet, il importe de mettre entre les mains des soldats une matière qui ne détone pas pendant le transport, ou sous le choc de la balle. La dynamite ordinaire à base de silice ne satisfait pas à cette condition; ce qui lui a fait souvent préférer la poudre-coton comprimée, laquelle n'est pourtant pas non plus exempte de danger sous ce rapport.

15. On a cherché à atteindre le but en ajoutant certaines substances étrangères aux dynamites : le camphre, par exemple, à la dose de quelques centièmes; mais l'efficacité de ce mélange est médiocre.

La condition cherchée est particulièrement réalisée par la dynamite gomme, formée de nitroglycérine et de collodion. Mais on rencontre alors un autre écueil : la matière exige pour détoner des capsules spéciales et une dose de fulminate trop considérable. On est obligé d'y suppléer par l'emploi d'une petite cartouche intermédiaire de coton-poudre comprimé, amorcée elle-même au fulminate, ce qui complique la question. Il paraît que, même ainsi, la détonation de la dynamite gomme est parfois difficile à réaliser.

16. Je n'ai pas à entrer ici davantage dans cette discussion technique, si ce n'est pour observer que l'absence de détonation par mise de feu simple et la nécessité d'amorces spéciales, dites détonateurs, comptent parmi les caractères essentiels qui distinguent les dynamites de la poudre de guerre et de ses analogues.

De là résultent d'ailleurs de nouvelles complications dans l'emploi. En effet, en raison de cette circonstance et du risque des explosions par influence, les amorces doivent être soigneusement éloignées des provisions de dynamite, dans les magasins et pendant les transports; beaucoup d'accidents sont dus à l'oubli de cette précaution.

17. Ces notions générales étant exposées, il faudrait un volume entier pour entrer dans l'étude et la discussion des propriétés de toutes les dynamites proposées, ou même seulement employées. C'est pourquoi nous nous bornerons à traiter avec plus de détail trois variétés de dynamites intéressantes, afin de montrer comment nos théories s'appliquent à leur étude; ce sont :

1° *La dynamite proprement dite*, à base de silice; l'examen de cette matière sera suivi d'une Note historique relative à la fabrication de la dynamite pendant le siège de Paris, fabrication dont j'ai eu l'occasion de m'occuper;

2° *La dynamite à base d'azotate d'ammoniaque;*

3° *La dynamite gomme, à base de collodion.*

§ 2. — Dynamite proprement dite.

1. Nous avons dit plus haut comment M. Nobel avait inventé cette matière pour obvier aux terribles effets qui résultent de la propagation des chocs dans la nitroglycérine liquide. Moins sensible en effet aux chocs que la nitroglycérine, la dynamite proprement dite peut être transportée et maniée presque sans danger, pourvu que l'on s'astreigne à certaines règles.

2. Depuis seize ans la dynamite a été employée dans les mines et dans le creusement des tunnels, pour disloquer et abattre les roches très dures ou fissurées, ainsi que pour suivre les travaux des ports et autres, dans les terrains aquifères. Elle a été mise en œuvre pour rompre les blocs de pierre, les masses de fonte ou de fer, les blocs de pyrite, les bancs de silex, les glaces accumulées, pour défoncer et ameublir les sols destinés à la culture de la vigne, etc., et ses applications se développent tous les jours; à tel point que la consommation de cet explosif dépasse 5 millions de kilogrammes par an.

La dynamite joue aussi un rôle capital dans l'art de la guerre (torpilles, guerre de mines, destruction de palissades, abatis d'arbres, de bâtiments, de ponts, destructions de rails et de voies ferrées, rupture de canons, etc.)

3. La dynamite proprement dite résulte, avons-nous dit, de l'association de la nitroglycérine avec la silice amorphe. A l'origine, M. Nobel avait employé à cet effet le *kieselguhr*, c'est-à-dire la silice d'Oberlohe (Hanovre); mais on a trouvé depuis, en divers lieux, des silices naturelles, telles que la randanite (Auvergne), qui remplissent le même rôle.

La structure spéciale et l'origine organique de ces variétés de silice, formées pour la plupart de carapaces d'Infusoires (Diatomées), avaient été regardées d'abord comme indispensables à la fabrication de la dynamite. Mais la silice amorphe, préparée par une voie chimique, par exemple celle qui résulte de l'action de l'eau sur le fluorure de silicium, n'est pas moins propre à cette préparation : elle emmagasine même des doses de nitroglycérine au moins aussi considérables (plus de neuf fois son poids) que la silice naturelle.

4. On distingue les dynamites d'après leur origine : dynamites Nobel; dynamites Iboz; dynamites de la poudrerie de Vonges; etc., et d'après leur dosage : dynamite nº 1, à 75 pour 100 de nitroglycérine; dynamite nº 2, à 50 pour 100; dynamite nº 3, à 30 pour 100.

5. *Préparation.* — On dessèche d'abord la silice dans des fours, sans la chauffer cependant à une température trop haute; on tamise pour éliminer les gros grains, puis on y incorpore la nitroglycérine. On ajoute à la matière quelques centièmes de carbonate de chaux, de magnésie ou de bicarbonate de soude, afin d'empêcher le mélange de devenir acide, transformation qui est le prélude de sa décomposition spontanée.

6. *Propriétés.* — La matière ainsi obtenue est une substance grise, brune ou rougeâtre (suivant les substances étrangères), un peu grasse au toucher, formant une masse pâteuse. Elle ne doit pas donner lieu à des exsudations notables de nitroglycérine.

La densité absolue de la dynamite est un peu supérieure à 1,60.

La densité relative, définie par la méthode gravimétrique, est 1,50 pour la dynamite à 75 centièmes.

Lorsqu'on prépare la dynamite, on observe une contraction apparente des matériaux; c'est-à-dire que la nitroglycérine occupe un volume moindre que l'air interposé dans la silice.

La nitroglycérine pouvant se congeler à 12°, la dynamite se transforme vers cette température, ou un peu au-dessous, en une masse dure, en se dilatant. Les propriétés de la dynamite se trouvent alors extrêmement modifiées, et elle exige des amorces beaucoup plus fortes pour détoner : soit 1gr,5 de fulminate, au lieu de 0,5. Cependant la force explosive demeure la même.

Cette circonstance constitue l'un des inconvénients les plus graves dans la conservation et l'emploi de la dynamite. En effet, la nécessité de la faire dégeler occasionne fréquemment dans les ateliers des accidents graves; surtout si cette opération est effectuée à feu nu et sans précautions. C'est ainsi qu'à Parme, en 1878, un lieutenant de cavalerie ayant posé sur un brasier un bidon contenant 1kg de dynamite, il se produisit aussitôt une explosion : 80 personnes furent tuées ou blessées.

En outre, le dégel peut donner lieu à des exsudations de nitroglycérine pure, la nitroglycérine se dilatant par le fait de la solidification. Elle est exposée à détoner ensuite par le choc ou la friction. Il suffit parfois de couper une cartouche gelée avec un outil de fer pour provoquer un accident. Le bourrage même en est dangereux. La dynamite gelée n'a pas perdu d'ailleurs la propriété de détoner par influence.

7. *Action de la chaleur.* — La dynamite, soumise à l'action d'une douce chaleur, n'éprouve aucun changement, même sous l'influence prolongée (une heure) d'une température de 100°.

Échauffée rapidement, elle s'enflamme aux environs de 220°, comme la nitroglycérine. Si on l'enflamme, elle brûle lentement et sans explosion; mais si elle est enfermée dans un vase hermétique et à parois résistantes, elle détone sous l'influence de l'échauffement. Le même accident se produit quelquefois dans l'inflammation d'une grande masse de dynamite, par suite de l'échauffement progressif des parties intérieures, lequel amène toute la masse à la température de la décomposition explosive.

La dynamite d'ailleurs devient plus sensible au choc, de même que les matières explosives en général, à mesure qu'on la porte à une température plus voisine de celle de sa décomposition.

La lumière solaire directe peut déterminer une décomposition lente, comme avec tous les composés nitrés et nitriques.

Les étincelles électriques enflamment la dynamite, en général, ans la faire détoner; du moins quand on opère à l'air libre.

8. *Décomposition spontanée.* — La dynamite préparée avec la nitroglycérine neutre, si l'on prend soin d'y ajouter une petite quantité de carbonate de chaux ou de bicarbonate alcalin, entièrement mélangé, paraît se conserver indéfiniment.

Le contact du fer et de l'humidité l'altère à la longue.

La dynamite qui a éprouvé un commencement d'altération devient acide et parfois susceptible d'explosions spontanées, surtout si elle est contenue dans des enveloppes résistantes.

Cependant la dynamite neutre et bien préparée a pu être conservée pendant dix ans en magasin, sans diminution de sa force explosive.

9. *Action de l'eau.* — L'eau, mise en contact avec la dynamite, s'empare peu à peu de la silice et déplace la nitroglycérine, qui se sépare sous forme liquide. Cette action est lente, mais inévitable. Elle tend à rendre dangereuse toute dynamite mouillée.

Cependant la dynamite ordinaire n'attire guère l'humidité atmosphérique.

On a observé qu'une dynamite à la sciure de bois pouvait être mouillée, puis desséchée sans altération notable; pourvu que l'action de l'eau n'eût pas été trop prolongée.

La dynamite à la cellulose peut être additionnée de 15 à 20 centièmes d'eau; ce qui la rend insensible au choc de la balle, sans lui ôter la propriété de détoner par une forte amorce. Mais la nitroglycérine s'en sépare alors sous une faible pression.

10. *Action du choc.* — La dynamite exige un choc beaucoup plus violent que la nitroglycérine pour détoner. Elle fait explosion par le choc de fer sur fer, ou fer sur pierre; mais non par le choc de bois sur bois.

La dynamite est d'autant plus sensible qu'elle renferme plus de nitroglycérine.

Lorsqu'on frappe la dynamite avec un marteau, la partie directement choquée détone seule, les portions environnantes étant simplement dispersées. En raison de cette circonstance, les effets peuvent varier du simple au double, à moins que la dynamite ne soit contenue dans une enveloppe résistante et complètement remplie, ou placée au fond d'une capacité. Elle détone sous le choc direct de la balle, à 50^m de distance, et même au delà : circonstance des plus graves dans les applications militaires.

11. La détonation de la dynamite se propage dans des tubes entièrement remplis de cette substance, avec une vitesse de 5000^m environ par seconde.

12. Son explosion franche ne produit pas de gaz nuisibles, comparables à ceux de la poudre. Mais, si elle brûle par inflammation simple (ratés de détonation), elle produit du bioxyde d'azote, de l'oxyde de carbone et de la vapeur nitreuse, qui sont délétères (p. 25).

13. La chaleur dégagée par la décomposition brusque de la dynamite est la même que sa chaleur de combustion totale, et elle est proportionnelle au poids de la nitroglycérine contenue dans la dynamite.

Elle se calcule dès lors aisément d'après les données de la p. 199.

14. On calcule de même le volume des gaz qu'une dynamite dégage, ainsi que la pression théorique qu'elle peut développer; en tenant compte du volume occupé par la silice (*voir* p. 200) et de la chaleur qu'elle absorbe par son échauffement.

Nous avons signalé plus haut les expériences de MM. Sarrau et Vieille sur cette question.

15. Montrons ici, d'une manière générale, que les théories thermiques sont favorables à l'emploi de la dynamite.

La dynamite est, en effet, moins brisante que la nitroglycérine, parce que la chaleur dégagée se partage entre les produits de l'explosion et la substance inerte. Par suite, la température s'élève moins, ce qui diminue d'autant les pressions initiales.

Par exemple, la silice et l'alumine anhydres qui peuvent être mélangées avec la nitroglycérine ont à peu près la même chaleur spécifique (0,19) que les produits gazeux de l'explosion de la nitroglycérine, à volume constant. A poids égaux et dans une capacité complètement remplie, elles abaisseront à moitié la température et, par suite, la pression initiale.

Pour un même poids de nitroglycérine, les propriétés brisantes seront donc atténuées proportionnellement au poids de la matière inerte mélangée ; tandis que le travail maximum conservera la même valeur, étant toujours proportionnel au poids de la nitroglycérine.

Les mêmes circonstances rendront plus difficile la propagation de l'inflammation simple d'une petite portion de la masse dans les parties voisines : attendu que celles-ci détonent seulement lorsqu'elles sont portées d'une manière brusque à une température approchant de 200°. Aussi la détonation produite par une amorce exige t-elle une commotion initiale plus forte pour avoir lieu.

Si la déflagration est produite par le choc d'un corps dur ou d'une fusée fulminante, les particules solides interposées dans le liquide répartissent la force vive du choc entre la matière inerte et la matière explosive, et cela dans une proportion qui dépend de la structure de la matière inerte. Celle-ci change ainsi la loi de l'explosion; elle s'oppose jusqu'à un certain degré à la propagation de l'onde explosive, à moins de chocs extrêmement violents, et elle introduit dans les phénomènes une extrême variété : ainsi qu'il résulte des expériences de M. Nobel et de celles de MM. Girard, Millot et Vogt sur la nitroglycérine mélangée avec la silice, ou l'alumine, ou l'éthal, ou le sucre.

Il est d'ailleurs évident que les effets utiles de la matière inerte ne se produiront complètement que si le mélange est homogène et sans aucune séparation de nitroglycérine liquide; car le liquide exsudé conserve toutes ses propriétés. De là la nécessité d'une structure spéciale dans la matière solide.

§ 3. — Sur la fabrication de la dynamite pendant le siège de Paris.

Je reproduirai ici, à titre de renseignement historique ([1]), le Rapport que j'ai adressé, au nom du Comité scientifique, au Gouvernement de la Défense nationale à Paris.

« Le Comité scientifique de défense s'est préoccupé des avantages que pourrait présenter dans la guerre la nitroglycérine, soit à l'état pur, soit à l'état de mélange avec une matière inerte, mélange connu sous le nom de *dynamite*. On sait, en effet, que la nitroglycérine est capable de produire des effets extraordinaires de dislocation dans les mines, en agissant sur des roches dures, calcaires, ou même argileuses. Elle peut également briser la fonte, l'acier et jusqu'au fer forgé; elle est éminemment propre à renverser les ponts, murs et palissades par simple application; enfin elle peut être employée dans les obus, pour produire des éclats plus nombreux que la poudre. A volume égal, les effets de dislocation sont dix fois aussi intenses qu'avec la poudre, et les travaux de projection ou autres, trois fois aussi considérables.

» La nitroglycérine est facile à préparer; mais elle est très sensible au choc, ce qui en rend la conservation sous forme liquide fort dangereuse. Au contraire, son mélange avec certaines silices naturelles, telles que celle d'Oberlohe (Hanovre), constitue la dynamite, poudre qui ne détone plus sous des chocs ordinaires et qui peut être transportée et maniée avec moins de danger que la nitroglycérine et même que la poudre de guerre proprement dite. L'activité de la dynamite est d'ailleurs proportionnelle au poids de la nitroglycérine qu'elle renferme.

» Le Comité s'est donc occupé de la fabrication de la nitroglycé-

---

([1]) *Voir* la Préface de la 2e édition, en tête du 1er Volume.

rine pure et de la recherche de matières douées de propriétés ana logues à celles de la silice d'Oberlohe.

» Dès le 3 septembre 1870, il a pris connaissance des brochures publiées sur la dynamite par MM. Brüll, ingénieur, et par M. P. Barbe, ancien officier d'artillerie, brochures qui lui avaient été adressées par M. Michel Chevalier. La Société chimique de Paris a, sur notre demande, mis à l'étude la fabrication de la nitroglycérine le 12 septembre. MM. Berthelot, Ch. Girard, Millot et Vogt ont poursuivi cette étude au point de vue scientifique et ils ont précisé, par des expériences, le caractère explosif plus ou moins prononcé des mélanges formés par la nitroglycérine, associée à diverses variétés de silice, alumine et autres matières. M. Brüll nous a fourni, le 16 septembre, des renseignements oraux sur la fabrication, que ses devoirs d'officier ne lui ont pas permis d'exécuter lui-même.

» Le 24 septembre, le Ministre de la Guerre nous a fait demander, par l'intermédiaire du général Susanne et de M. de Clermont-Tonnerre, de nous préoccuper de la fabrication des poudres spéciales, et le Génie volontaire a offert son concours pour quelques-unes d'entre elles.

» Cependant la Commission d'armement, instituée par le Ministre des Travaux publics, sous la présidence de M. Gévelot, se préoccupait, de son côté, de la fabrication de la dynamite; sur sa demande, nous lui avons communiqué de vive voix les renseignements, au fur et à mesure qu'ils nous parvenaient. La Section de Pyrotechnie de ladite Commission (composée de MM. Bianchi, Gaudin, Léon Thomas, Marçais, Ruggieri) a entrepris la fabrication en grand de la nitroglycérine, et réussi à surmonter toutes les difficultés.

» La préparation de la nitroglycérine a été ainsi organisée par nous dans des conditions excellentes, tant comme rendement que comme sécurité relative. On a également trouvé les matières les plus propres à la transformation de la nitroglycérine en dynamite, savoir : silice, alumine et surtout cendres de boghead.

» Deux fabriques ont été montées, l'une sous la direction de M. Dupré, à Grenelle, puis au bassin circulaire de la Villette; l'autre sous la direction de M. Majewski, aux carrières d'Amérique.

» La dynamite préparée dans ces fabriques offre les avantages et les propriétés de la dynamite décrite par Nobel, dynamite spéciale dont la matière première n'existait pas dans Paris assiégé.

» On ne saurait trop faire l'éloge du dévouement et de l'intelligence avec lesquels les personnes précitées ont organisé cette fabrication nouvelle et dangereuse. Le Comité scientifique a visité à plusieurs reprises les ateliers établis d'abord sur l'eau, au quai de Javel, puis au bassin circulaire de la Villette et aux buttes Chaumont, près des carrières d'Amérique. Ces ateliers étaient en mesure de produire, en décembre 1870, 300^{kg} de nitroglycérine par jour. D'après les renseignements qui nous ont été communiqués, MM. Champion et Pellet ont fabriqué de leur côté de la glycérine : ils ont droit aussi à des remercîments.

» La dynamite fabriquée sous la direction de la Commission d'armement a été l'objet d'expériences précises, faites devant le Comité scientifique et devant la Commission d'armement, aux carrières d'Amérique d'abord (24 novembre), puis au polygone de Vincennes (27 novembre, 13 décembre). Ces expériences ont montré que la dynamite fabriquée dans Paris possédait les propriétés remarquables attribuées à la dynamite de Nobel. Elle *brise les rails* et *disloque les masses maçonnées, par simple apposition*; elle fait *éclater les pièces de canon*, dans la gueule desquelles on l'introduit; elle *arrache les tourillons* et *déforme la pièce* elle-même par simple apposition; elle peut être *introduite dans les obus* et ceux-ci lancés sans danger par les canons, pourvu que la dynamite ne soit pas trop riche en nitroglycérine. Les obus éclatent en une multitude de fragments au point d'arrivée : tantôt sans fusée, quand la dynamite est saturée de nitroglycérine; tantôt avec le concours d'une fusée au fulminate, quand la dynamite est moins chargée de nitroglycérine.

» La dynamite ainsi fabriquée a été mise à la disposition du Ministre de la Guerre. »

Elle a reçu diverses applications, parmi lesquelles je signalerai surtout les travaux exécutés sous la direction des ingénieurs des Ponts et Chaussées pour dégager la flottille des canonnières, prise dans les glaces de la Seine, vers Charenton. Les moyens ordinaires avaient été reconnus d'un emploi trop long et trop coûteux pour déblayer la Seine, encombrée dans une longueur de plus de un kilomètre par des glaçons, empilés et soudés depuis la surface jusqu'au fond de la rivière, sur une hauteur de 3^{m} à 4^{m}. Mais le résultat fut atteint en quelques jours, et avec une dépense minime, par l'emploi de la dynamite, posée simplement à la surface des glaces. Son explosion disloquait la masse et disjoignait les piles de glaçons sur de grandes étendues; il était facile de les déblayer ensuite, en les faisant écrouler dans le courant, au moyen de la proue d'un petit bateau à vapeur. C'est une des applications les plus élégantes que j'aie vues des propriétés de la dynamite.

La destruction des glaces du Rhône à Lyon, en 1871, celle de l'embâcle de la Loire à Saumur en 1880, embâcle de 9 kilomètres de long, pressée en amont par 26 kilomètres de glace de nouvelle formation, ont été également effectuées au moyen de la dynamite.

§ 3. — Dynamite à base d'azotate d'ammoniaque.

1. Cette matière est très intéressante, à cause de sa grande énergie, laquelle provient à la fois de la nitroglycérine et de l'azotate d'ammoniaque, associés ou non avec une matière combustible complémentaire.

Elle a été proposée à diverses reprises par les inventeurs, avec certaines variantes, dues à l'introduction des corps complémentaires (charbon, cellulose, etc.) : ceux-ci étaient destinés à une double fin, savoir à utiliser l'excès d'oxygène fourni à la fois par la nitroglycérine et par l'azotate d'ammoniaque, et à compléter les propriétés absorbantes de la matière.

Mais cette dynamite offre un certain inconvénient; parce que l'azotate d'ammoniaque est hygroscopique, surtout dans une atmosphère saturée d'humidité. En outre, l'eau en sépare immédiatement la nitroglycérine.

2. Les proportions relatives de nitroglycérine, d'azotate d'ammoniaque et de matières combustibles peuvent varier extrêmement; même lorsqu'on s'assujettit à la condition d'une combustion totale. Nous envisagerons seulement les mélanges dans lesquels le charbon constitue la matière combustible ; et, pour simplifier, nous regarderons le charbon comme du carbone pur.

Tous les systèmes qui satisfont à la condition de combustion totale se ramènent à la formule suivante :

$$x[C^6H^2(AzO^6H)^3 + \tfrac{1}{2}C] + y(AzO^6AzH^4 + C).$$

Ils produisent

$$(3\tfrac{1}{4}x + \tfrac{1}{2}y)C^2O^4 + (2\tfrac{1}{2}x + 2y)H^2O^2 + (1\tfrac{1}{2}x + y)Az^2.$$

Le poids correspondant est

$$(230x + 86y)^{gr}.$$

La chaleur dégagée (eau gazeuse) est égale à

$$325,7x + 79,2y;$$

soit pour 1^{kg} :

$$\frac{1000}{230x + 86y}(235,7x + 79,2)y.$$

Le volume des gaz est

$$\left(7\frac{1}{4}x + 4\frac{1}{2}y\right) 22^{lit},32\,(1+\alpha t)\,\frac{0,760}{H}.$$

La pression permanente et la pression théorique, pour une densité de chargement $\frac{1}{n}$, se déduisent immédiatement des données précédentes.

3. Soit, par exemple :

$$x = 1; \quad y = 16,$$

le poids correspondant : $230 + 1376 = 1606^{gr}$.

La composition immédiate sera, en centièmes :

Nitroglycérine	14,1
Azotate d'ammoniaque	79,6
Charbon	6,3

4. La chaleur dégagée $= 1593^{Cal}$ (eau gazeuse).
Ou bien encore : 1938^{Cal} (eau liquide).
Soit pour 1^{kg} : 992^{Cal}, eau gazeuse ; ou 1207^{Cal}, eau liquide.

5. Le volume réduit des gaz (eau gazeuse) $= 1769^{lit}$.
Ou bien encore : 642^{lit} (eau liquide).
Soit pour 1^{kg} : 1101^{lit}, eau gazeuse ; ou 400^{lit}, eau liquide.

6. La pression permanente (eau liquide) $= \frac{400^{atm}}{n - 0,39}$;

Sous les réserves ordinaires de liquéfaction de l'acide carbonique, lorsque n tombe au-dessous d'une certaine limite.

7. La pression théorique $= \frac{17176^{atm}}{n}$, valeur supérieure au chiffre théorique relatif à la dynamite ordinaire à 75 centièmes (p. 201). Ceci est conforme aux essais pratiques, qui ont conduit à rapprocher la dynamite à 60 centièmes et le mélange formé de 75 parties d'azotate d'ammoniaque, 3 parties de charbon, 4 parties de paraffine et 18 parties de nitroglycérine.

§ 4. — Dynamites à base de cellulose azotique.

1. L'association de la nitroglycérine avec le coton-poudre a été proposée d'abord en 1868 par Trauzl en Autriche ; mais le produit ainsi obtenu était d'une fabrication dangereuse et difficile : il ne fut pas adopté dans les applications. Cependant on tend à revenir aujourd'hui à des dynamites à base active, d'une formule analogue (*dualines*). On les associe parfois à l'azotate de potasse (*lithofracteur*), etc. On fabrique en particulier des mélanges renfermant 40 parties de nitroglycérine et 60 parties de coton-poudre, ou de ligneux nitrifié, avec addition de 2 centièmes de carbonate d'ammoniaque. Ces mélanges ne répondent pas à une combustion exacte, mais ils doivent produire des effets fort voisins de la moyenne de leurs composants. La dynamite à base de nitrocellulose ligneuse est un peu moins sensible au choc et à la congélation que celle qui renferme du coton-poudre. L'azotate de potasse surajouté permet de compléter la combustion ; mais il accroît la sensibilité.

2. Il y a quelques années, Nobel imagina de former un composé d'un ordre tout différent, en dissolvant le collodion dans la nitroglycérine, suivant la proportion de 93 parties de la dernière pour 7 parties de collodion, et il obtint ainsi la substance appelée *gomme explosive, gélatine explosive* ou *dynamite gomme :* composé gélatineux, élastique, translucide, jaune clair, plus stable que la dynamite ordinaire, surtout au point de vue physique ; car il ne donne lieu à aucune exsudation, même par la pression. Il est inaltérable par l'eau (*voir* plus loin). Enfin il est beaucoup plus puissant que la dynamite siliceuse et comparable sous ce rapport à la nitroglycérine pure.

En ajoutant à la dynamite gomme une petite quantité de benzine, ou mieux de camphre (de 1 à 4 centièmes), on la rend insensible aux actions mécaniques, de l'ordre de celles qui déterminent l'explosion de la dynamite ordinaire; telles que frottements, choc de la balle à courte distance, etc. Sa puissance n'est pas diminuée sensiblement par ce mélange; mais elle n'entre plus en jeu que sous l'influence de très fortes doses de fulminate, ou bien encore sous l'influence d'une amorce spéciale, formée d'hydrocellulose azotique (4 parties), de nitrocellulose et de nitroglycérine (6 parties), amorce qui doit être sollicitée elle-même par une faible dose de fulminate.

On a évalué le travail du choc initial, nécessaire pour faire détoner la dynamite gomme, à six fois celui qui serait exigé pour la dynamite ordinaire, toutes choses égales d'ailleurs : différence attribuable sans doute à la cohésion de la matière; c'est-à-dire à la masse plus grande des parcelles, au sein desquelles la force vive du choc, transformée en chaleur, détermine la première explosion, origine de l'onde explosive (t. I, p. 90).

En raison de ces circonstances, la dynamite gomme est bien moins sensible aux explosions par influence.

Toutes ces conditions sont très favorables à son usage comme explosif de guerre. Cependant les espérances qu'elle a d'abord excitées sous ce rapport demeurent incertaines : la difficulté d'une fabrication régulière, et la nécessité d'amorces spéciales, qui ne réussissent même pas toujours à faire détoner à coup sûr la dynamite gomme, s'étant opposées jusqu'ici à la généralisation de son emploi.

3. Précisons davantage les propriétés de cette substance.

La dynamite gomme n'absorbe pas l'eau ; elle blanchit seulement à la surface sous cette influence, par suite de la dissolution de la nitroglycérine, contenue dans la couche superficielle. Mais l'action ne va pas plus loin. Le collodion, séparé par l'action de l'eau sur la première couche de matière, étant insoluble dans ce dissolvant, enveloppe tout le reste de la masse d'une pellicule protectrice. La dynamite gomme demeure ainsi inaltérée, même à la suite d'un séjour de quarante-huit heures sous une eau courante. La force explosive a été trouvée la même après cette épreuve.

La congélation n'en change pas non plus la force brisante ; mais elle lui fait perdre en partie son insensibilité au choc.

4. La densité de la dynamite gomme est égale à 1,6, ; c'est-à-dire sensiblement égale à celle de la nitroglycérine, ainsi qu'on pouvait s'y attendre, en raison de sa composition et de sa structure continue et sans pores. Cette densité est supérieure à la densité apparente du coton-poudre sec (1,0), ou humide (1,16) ; ce qui constitue un avantage réel.

5. La dynamite gomme brûle à l'air libre, sans faire explosion ; du moins quand on opère sur de petites quantités et en évitant un échauffement préalable. Elle a pu être maintenue huit jours à 70°, sans se décomposer.

Maintenue pendant deux mois entre 40° et 45°, elle avait perdu la moitié du camphre et un peu de nitroglycérine, sans autre altération.

Chauffée lentement, elle détone vers 204°.

Si elle renferme 10 centièmes de camphre, elle ne fait plus explosion, mais elle fuse.

6. Évaluons maintenant la force de la dynamite gomme, par nos calculs ordinaires.

Je prendrai comme exemple une dynamite gomme formée de 91,6 parties de nitroglycérine et de 8,4 parties de collodion : ce sont les proportions qui répondent à une combustion totale. On admet ici que le collodion répond à la formule

$$C^{48}H^{22}(AzO^6H)^9O^{22}.$$

Une telle dynamite est formée dans les rapports

$$51\,C^6H^2(AzO^6H)^3 + C^{48}H^{22}(AzO^6H)^9O^{22}:$$

son poids équivalent est 12630gr.

La détonation produit

$$177\,C^2O^4 + 143\,H^2O^2 + 81\,Az^2.$$

7. La chaleur dégagée par sa détonation (eau gazeuse) est égale à 19381^{Cal};

Ou bien encore à 22241^{Cal} (eau liquide).

Soit pour 1^{kg} : 1535^{Cal} (eau gazeuse); ou bien encore, 1761^{Cal} (eau liquide).

8. Le volume réduit des gaz = 8950^{lit} (eau gazeuse);

Ou bien : 5759^{lit} (eau liquide).

Soit pour 1^{kg} : 709^{lit} (eau gazeuse); ou 456^{lit} (eau liquide).

9. La pression permanente (eau liquide) = $\dfrac{456^{atm}}{n - 0,41}$, sous les réserves ordinaires.

10. La pression théorique = $\dfrac{19230^{atm}}{n}$, valeur presque identique à celle de la nitroglycérine (p. 200).

On aurait pu croire que la pression et la chaleur développées auraient dû être supérieures, en raison de l'utilisation plus complète de l'oxygène. Mais il y a compensation, par suite de la perte d'énergie plus grande, qui a eu lieu d'abord dans la réunion des éléments et, plus tard, dans la combinaison de l'acide azotique avec la cellulose, laquelle dégage $+\ 11^{Cal},4$ par équivalent d'acide fixe; au lieu de $+\ 4^{Cal},9$ dégagée dans le cas de la nitroglycérine (*voir* p. 24).

On voit par là que la dynamite gomme surpasse notablement

la dynamite ordinaire, dans le rapport de 19 : 14 d'après la théorie. Le rapport des effets réels des deux matières a été évalué par M. Hess à l'aide d'essais pratiques, fondés sur la rupture de fortes pièces de bois. Il a été trouvé voisin des nombres 78 : 56 : ce qui concorde sensiblement.

CHAPITRE VII.

POUDRE-COTON ET CELLULOSES AZOTIQUES.

§ 1. — Historique.

1. En 1846, Schönbein proposa de remplacer la poudre de guerre par une substance nouvelle, dont il tint d'abord la composition secrète : c'était la *poudre-coton* ou *fulmi-coton*, dont la découverte est le point de départ des travaux accomplis depuis sur les nouvelles matières explosives. Déjà Braconnot (1832) et Pelouze avaient fait connaître des composés azotiques analogues.

De nombreux essais, poursuivis jusqu'en 1854, amenèrent à reconnaître que le fulmicoton, plus puissant à poids égal que la poudre noire, possédait des propriétés brisantes qui n'en permettaient guère l'emploi continu dans les armes. Bientôt des accidents terribles et des explosions de poudrières (Bouchet et Vincennes, 1847) témoignèrent de décompositions spontanées, qui en firent suspendre presque partout la fabrication. On continua cependant les essais en Autriche, sous la direction de M. Linck, jusqu'à une nouvelle explosion de magasin, survenue à Simmering en 1862, une tresse s'étant enflammée pendant qu'on la tordait. Une autre explosion eut lieu en 1865, à Wiener-Neustadt.

2. Cependant M. Abel, en Angleterre, réussit à écarter presque tous les risques par une fabrication très soignée, par la mise du coton en pâte, ce qui permet un lavage plus complet, enfin par la compression du coton (1865) à l'aide de presses hydrauliques.

La *poudre-coton comprimée* est ainsi rentrée dans la consommation. Son aptitude à détoner sous l'influence du fulminate de mercure fut découverte en 1868 par M. Brown.

Une explosion, arrivée en 1871 à la fabrique de Stowmarket et dans laquelle périrent 24 personnes, fut attribuée, à tort ou à raison, à la malveillance, et la fabrication du coton-poudre comprimé s'est poursuivie jusqu'à ce jour en Angleterre. Elle est exécutée en France, depuis quelque temps, à la poudrerie du Moulin-Blanc.

3. Cette fabrication ne s'applique guère qu'aux usages militaires; attendu que le haut prix du fulmicoton l'empêche de rivaliser dans l'industrie avec la dynamite, plus facile d'ailleurs à doser, à diviser, à disposer selon les formes diverses que les mines peuvent réclamer. En Autriche, en Russie, en France, jusqu'à ces derniers temps, on lui a préféré la dynamite, comme explosif de guerre; tandis qu'en Angleterre et en Prusse le fulmicoton a l'avantage; l'Artillerie de marine l'emploie également en France [1], et les services de notre armée de terre tendent à y revenir, à cause de sa conservation plus assurée.

4. Cependant le fulmicoton étant sujet, comme la dynamite, à détoner sous le choc de la balle à de courtes distances, on a cherché à en diminuer la sensibilité: il suffit pour cela d'y incorporer 10 à 15 centièmes d'eau, ou de paraffine. Le fulmicoton humide, en particulier, résiste bien mieux aux agents mécaniques. Il ne peut plus s'enflammer au contact d'un corps en ignition, ou par décomposition spontanée.

Le coton-poudre paraffiné est également moins sensible aux chocs; mais il n'est pas à l'abri du risque d'inflammation.

Par contre, la détonation du coton-poudre mouillé, ou paraffiné, est plus difficile : elle exige l'emploi soit d'une forte dose de fulminate, soit d'une petite cartouche intermédiaire de coton-poudre sec, amorcée elle-même au fulminate.

La présence de l'eau, aussi bien que celle de la paraffine, diminue d'ailleurs la force de l'explosion.

Le dosage de l'eau est sujet à varier par suite de l'évaporation spontanée, ce qui est un inconvénient sérieux.

On emploie dans l'armée allemande la paraffine, dont le dosage est plus facile et n'est pas sujet à varier avec le temps. Cependant la sensibilité aux détonateurs paraît n'être pas la même pour le coton-poudre paraffiné de préparation récente et pour la même matière préparée depuis longtemps; probablement à cause d'un changement de structure, qui résulterait de la cristallisation lente de la paraffine.

5. Le fulmicoton ne renferme pas, comme la nitroglycérine, une

---

[1] Voir *Mémorial des Poudres et Salpêtres* (*Rapport sur l'emploi du coton-poudre aux opérations de guerre*), par H. Sébert (Commission des substances explosives), p. 109; 1882.

quantité d'oxygène suffisante pour la combustion de ses éléments : de là la proposition de l'associer avec l'azotate de potasse, l'azotate de baryte, l'azotate d'ammoniaque, ou avec le chlorate de potasse; tous corps qui lui fournissent l'oxygène complémentaire.

La glyoxyline de M. Abel renferme non seulement de l'azotate de potasse, mais de la nitroglycérine.

Les mélanges les plus variés à ce point de vue ont été proposés et continuent de l'être chaque jour. Nous signalerons spécialement les poudres Schultze, formées par de la pâte de bois nitrifiée et associée avec divers azotates, laquelle a pris quelque importance dans ces derniers temps.

6. Dans ce qui suit, nous traiterons seulement du fulmicoton ordinaire, du même fulmicoton mélangé d'eau, et du fulmicoton associé aux azotates; ces trois matières étant envisagées comme types. Nous nous placerons, comme toujours, principalement au point de vue de l'évaluation de la chaleur dégagée, du volume des gaz et des pressions développées.

§ 2. — Celluloses azotiques : leur composition.

1. La nitrification de la cellulose sous ses diverses formes (coton, papier, paille, pâte de bois, etc.) s'accomplit au moyen de l'acide azotique à divers degrés de concentration, avec ou sans addition d'acide sulfurique monohydraté, et en opérant à diverses températures. Les produits en sont multiples et ont été l'objet de nombreuses recherches. Nous nous bornerons à reproduire ici les résultats du travail le plus récent, celui de M. Vieille [1], qui a opéré à 11°, en présence d'un excès d'acide suffisant pour que l'eau formée dans la réaction n'en modifiât que très peu la composition.

Le maximum de nitrification s'obtient avec les mélanges nitrosulfuriques; il répond sensiblement à la formule d'une cellulose endécanitrique

$$C^{48}H^{18}(AzO^6H)^{11}O^{18}.$$

C'est le coton-poudre destiné aux usages militaires.

Avec l'acide azotique seul, répondant à la composition

$$(AzO^6H + \tfrac{1}{2}HO)$$

et en opérant à 11°, on obtient une cellulose décanitrique, c'est-à-dire moins riche en acide,

$$C^{48}H^{20}(AzO^6H)^{10}O^{20},$$

[1] *Comptes rendus de l'Academie des Sciences*, t. XCV, p. 132; 1882.

corps complètement soluble dans l'éther acétique, mais presque insoluble dans un mélange d'alcool ou d'éther. C'est encore du coton-poudre.

L'acide un peu plus étendu ($AzO^6H + O, 68HO$) fournit les collodions, dont la composition est voisine des celluloses ennéanitrique et octonitrique,

$$C^{48}H^{22}(AzO^6H)^9O^{22} \text{ et } C^{48}H^{24}(AzO^6H)^8O^{22},$$

corps solubles dans l'éther acétique et dans un mélange d'alcool et d'éther.

Avec l'acide $AzO^6H + HO$, on obtient une cellulose qui répondrait aux rapports d'un composé heptanitrique

$$C^{48}H^{26}(AzO^6H)^7O^{26},$$

conservant encore l'aspect du coton, mais qui devient gélatineuse, sans se dissoudre véritablement, dans un mélange d'alcool et d'éther et dans l'éther acétique.

Si l'acide est plus dilué, tel que ($AzO^6H + 1\frac{1}{2}HO$), le coton se dissout dans un tel acide, en donnant une liqueur visqueuse précipitable par l'eau. Le produit obtenu est voisin des rapports caractéristiques de la cellulose hexanitrique

$$C^{48}H^{28}(Az^6O^6H)^6O^{28};$$

il se gonfle dans l'éther acétique, sans s'y dissoudre. Le mélange d'alcool et d'éther n'agit point sur cette substance.

Avec l'acide AzO^6H mêlé de $+ 2\frac{3}{4}$ à $3HO$, on obtient des produits friables, sans action sur l'éther acétique et sur le mélange d'alcool et d'éther, et qui varient entre les rapports suivants :

$$C^{48}H^{30}(AzO^6H)^5O^{30}$$

et

$$C^{48}H^{32}(AzO^6H)^4O^{32} \text{ (1)}.$$

(1) Voici le tableau des volumes de bioxyde d'azote, obtenus par le procédé Schlœsing, au moyen des diverses celluloses nitriques, par M. Vieille.

1^gr fournit :

			cc
Cellulose	endécanitrique.	poudre-coton	214
Id.	décanitrique...	poudre-coton	203
Id.	ennéanitrique..	collodions...	190
Id.	octonitrique...	collodions...	178
Id.	heptanitrique..................		162
Id.	hexanitrique..................		146
Id.	pentanitrique.................		128
Id.	tétranitrique...		108

Avec un acide plus étendu, la nitrification demeure incomplète, les produits conservant la propriété de noircir par l'iode ; c'est-à-dire qu'il n'est plus possible de distinguer les composés nitriques proprement dits de leur mélange avec la cellulose inaltérée.

§ 8. — Fulmicoton proprement dit.

1. Le fulmicoton ([1]) proprement dit (coton-poudre, pyroxyle, *gun-cotton*) conserve l'aspect du coton, sauf qu'il est un peu plus rude au toucher. Il n'est pas hygrométrique; aussi possède-t-il la propriété de s'électriser par le frottement : on a même construit des plateaux de machine électrique avec le papier nitrifié.

Le fulmicoton est soluble dans l'éther acétique, mais insoluble dans la plupart des autres dissolvants (eau, alcool, éther, acide acétique, oxyde de cuivre ammoniacal).

Il peut être mouillé, puis desséché en reprenant ses propriétés.

Lorsqu'il est en flocons, sa densité apparente est seulement 0,1 : s'il est filé, elle monte à 0,25. En pâte comprimée à la presse hydraulique, elle devient 1,0. Mais ce sont là des densités apparentes : la densité absolue du fulmicoton est voisine de 1,5.

L'*hydrocellulose azotique*, préparée avec la cellulose désagrégée sous l'influence de l'acide chlorhydrique ou sulfurique (procédé A. Girard), se présente sous une forme pulvérulente, très commode pour les applications. La composition et la force en sont les mêmes que pour le fulmicoton.

2. Le fulmicoton est un composé extrêmement explosif, qui s'enflamme au contact d'un corps chaud, ou par le choc, ou bien encore lorsqu'il est porté à la température de 172°. Il brûle subitement, avec une grande flamme rouge jaunâtre, mais presque sans fumée et sans résidu, en dégageant un grand volume de gaz (acide carbonique, oxyde de carbone, azote, vapeur d'eau, etc.).

Le coton-poudre comprimé, chauffé au préalable à 100°, peut faire explosion lorsqu'on l'enflamme à l'aide d'un corps en ignition. C'est donc une matière plus sujette que la dynamite à détoner à la suite d'une simple inflammation.

Le coton-poudre maintenu vers 80° à 100° se décompose lentement et peut même finir par s'enflammer.

([1]) Sur sa préparation, voir *Traité sur la poudre*, par Upmann et Meyer, traduit et augmenté par M. Desortiaux, etc., p. 350.

Sous le choc de la balle, on a constaté qu'une rondelle mince de coton-poudre comprimé peut être traversée sans explosion : mais, si l'on augmente l'épaisseur de la rondelle, ou si l'on emploie des enveloppes résistantes, il y a explosion.

3. La lumière solaire lui fait éprouver une décomposition lente.

4. Le coton-poudre doit être neutre au papier de tournesol, lorsqu'il a été soigneusement débarrassé de tous produits acides par des lavages alcalins. Il ne doit pas non plus émettre de vapeurs acides, même au bout d'un certain temps. On y incorpore un peu de carbonate de soude ou d'ammoniaque pour en accroître la stabilité.

Dans la marine, on soumet le coton-poudre à une *épreuve de chaleur,* qui consiste à le chauffer dans une étuve à 65°, jusqu'à ce qu'il fournisse assez de vapeur nitreuse pour bleuir le papier ioduré et amidonné; ou, plus simplement, pour rougir le tournesol. Il doit résister à cette épreuve pendant onze minutes. L'épreuve de chaleur peut être exécutée, soit sur le produit brut, soit sur le produit lavé (ce qui le débarrasse des carbonates alcalins), comprimé entre du papier buvard, desséché à basse température, puis abandonné quelque temps au contact de l'air.

5. La stabilité indéfinie du coton-poudre a toujours été regardée comme douteuse, tant en raison de sa constitution chimique que de la présence des produits accessoires, provenant de la réaction originelle, ou bien formés par des causes accidentelles, qu'il n'est guère possible d'éviter indéfiniment.

Une décomposition lente ainsi produite s'accélère parfois de plus en plus, par suite de la chaleur qu'elle dégage et de la réaction des produits formés tout d'abord sur le reste. Elle peut devenir tumultueuse et se terminer par une détonation (*voir* t. I, p. 81).

Cependant on a conservé du coton-poudre pendant dix ans et plus sans altération. On a pu également le garder à l'état sec sur des navires, pendant de longues traversées; même aux températures élevées des régions tropicales.

6. Le coton-poudre est très sensible aux explosions par influence. D'après les expériences faites en Angleterre, une torpille d'attaque, même placée à une distance notable, peut faire détoner une ligne de torpilles chargées au coton-poudre.

7. La vitesse de propagation de l'explosion dans des tubes métalliques remplis de fulmicoton en poudre (*cordeaux détonants*) a

été trouvé de 5000 à 6000^m par seconde dans des tubes d'étain; de 4000^m, dans des tubes de plomb (Sebert).

A l'air libre, le coton-poudre en floches brûle 8 fois aussi vite que la poudre (Piobert).

8. On admet que l'effet du coton-poudre dans les mines est voisin de celui de la dynamite, à poids égal. Il exige des capsules plus fortes et il donne lieu à de grandes quantités d'oxyde de carbone, qui se dissipent parfois difficilement, parce que le gaz demeure imprégné dans les terres. L'oxyde de carbone étant fort délétère, l'emploi du coton-poudre est dangereux pour les ouvriers dans les galeries de mine. Les effets, comme rupture d'obstacles, ou de fer forgé, rupture de projectiles creux, explosions de mines et de torpilles, sont à peu près les mêmes. Mais la forme du coton-poudre comprimé est plus commode, puisqu'il n'exige pas d'enveloppes résistantes et qu'il garde la forme qu'on lui a communiquée. En outre, il est moins sensible au choc, en raison de sa structure spéciale. On y a renoncé pour le tir des armes (fusils et canons).

9. Ces notions générales étant acquises, examinons de plus près le coton-poudre, au point de vue théorique. Sa force dépend de sa composition et de la nature des produits de l'explosion, produits qui varient avec la densité du chargement, c'est-à-dire avec la pression développée.

10. Nous avons résumé, dans ce Volume, p. 31, les recherches très intéressantes de MM. Sarrau et Vieille sur cette question.

Rappelons seulement que la substance étudiée par ces auteurs renfermait :

C	24,4
H	2,4
Az	12,8
O	56,5
Eau	1,4
Cendres	2,5

C'est-à-dire, en faisant abstraction de l'eau et des cendres,

C	25,4
H	2,5
Az	13,3
O	58,8

L formule $C^{48}H^{18}(AzO^6H)^{11}O^{18}$ exige

C	25,2
H	2,6
Az	13,5
O	58,7

1. L'équivalent de cette substance est 1143.

12. La chaleur dégagée par la formation du coton-poudre, depuis les éléments, à pression constante :

$$C^{48}\text{ (diamant)} + H^{29} + Az^{11} + O^{84},$$

s'élève à 624^{Cal} pour 1143^{gr}.

Soit 546^{Cal} pour 1^{kg}.

Je donnerai encore ici, pour mémoire, la chaleur de formation du collodion :

$$C^{48} + H^{31} + Az^9 + O^{76} = C^{48}H^{22}(AzO^6H)O^{22},$$

dégage : $+696^{Cal}$ pour 1053^{gr};

Soit 661^{Cal} pour 1^{kg}.

Le coton-poudre soluble, fabriqué en Norwège, se rapproche de cette composition.

13. La chaleur dégagée dans la combustion totale du coton-poudre par l'oxygène libre,

$$C^{48}H^{18}(AzO^6H)^{11}O^{18} + O^{41} = 24C^2O^4 + 14\tfrac{1}{2}H^2O^2 + 5\tfrac{1}{2}Az^2,$$

sous pression constante, est 2633^{Cal} pour 1143^{gr} (eau liquide);

Ou bien 2488^{Cal} (eau gazeuse);

Soit, pour 1^{kg} de coton-poudre : 2302^{Cal} (eau liquide); ou 2177^{Cal} (eau gazeuse).

La chaleur de combustion totale du collodion :

$$C^{48}H^{22}(AzO^6H)^9O^{22} + O^{51} = 24C^2O^4 + 15\tfrac{1}{2}H^2O^2 + 4\tfrac{1}{2}Az^2,$$

sous pression constante, eau liquide	$+2629^{Cal},5$
Eau gazeuse	$+2474^{Cal},5$

On voit qu'elle est à peu près la même, à équivalents égaux, que pour le fulmicoton.

Pour 1^{kg} de collodion on aurait :

2498^{Cal} (eau liquide); 2351^{Cal} (eau gazeuse).

14. La chaleur de décomposition du coton-poudre en vase clos, trouvée par expérience sous une faible densité de chargement (0,023), s'élève à 1071^Cal pour 1^kg de matière sèche et exempte de cendres; soit 1225^Cal pour 1143^gr (eau liquide).

Nous allons comparer ce résultat avec la chaleur calculée d'après l'équation de décomposition.

15. *Équation de décomposition.* — Selon l'analyse des produits, la décomposition du coton-poudre qui a fourni cette dose de chaleur répondait sensiblement à l'équation suivante (faibles densités de chargement) :

$$(1)\ C^{48}H^{18}(AzO^6H)^{11}O^{18} = 15C^2O^2 + 9C^2O^4 + 5\tfrac{1}{2}H^2 + 9H^2O^2 + 5\tfrac{1}{2}Az^2.$$

Mais la quantité de chaleur change en même temps que l'équation de décomposition, celle-ci se rapprochant de

$$(2)\qquad 12C^2O^2 + 12C^2O^4 + 6H^2O^2 + 8\tfrac{1}{2}H^2 + 5\tfrac{1}{2}Az^2,$$

pour les fortes densités de chargement, d'après MM. Sarrau et Vieille (p. 32).

Il n'y a pas d'ailleurs de bioxyde d'azote dans ces conditions (Karolyi, Sarrau et Vieille). Au contraire, dans un raté de détonation (combustion progressive), l'oxyde de carbone augmente et l'on voit apparaître le bioxyde d'azote (p. 33).

Nous nous occuperons seulement ici de la combustion explosive.

16. Calculons maintenant la chaleur dégagée à pression constante [1]. — D'après l'équation (1), qui répond aux faibles densités de chargement, la réaction dégage 1230^Cal (eau liquide); ou bien 1140^Cal (eau gazeuse);

C'est-à-dire pour 1^kg [2]: 1076^Cal (eau liquide); ou 997^Cal,7 (eau gazeuse).

D'après l'équation (2), qui représente la limite de réaction pour les fortes densités de chargement, on doit avoir : 1228^Cal (eau liquide); ou bien 1168^Cal (eau gazeuse).

C'est-à-dire pour 1^kg : 1074^Cal (eau liquide) ou 1022^Cal (eau gazeuse).

On remarquera que la chaleur dégagée est sensiblement la même, d'après les équations (1) et (2). Elle varie donc peu avec la densité de chargement, observation qui paraît applicable aux ma-

---

(1) A volume constant, ces chiffres devraient être accrus d'un centième environ.

(2) Matière supposée sèche et exempte de cendres.

tières explosives en général. En effet, les nombres 1074^{Cal} et 1076^{Cal}, qui répondent aux deux équations, sont très voisins entre eux, et voisins également du chiffre 1071^{Cal}, trouvé par expérience.

17. Le volume des gaz réduits, calculé d'après l'équation (1), sera 781^{lit} (eau liquide) ou bien 982^{lit} (eau gazeuse); c'est-à-dire pour 1^{kg} [1] : 684^{lit} ou 859^{lit}.

MM. Sarrau et Vieille ont trouvé 671^{lit}, avec une matière laissant 2,4 centièmes de cendres; ce qui concorde.

D'après l'équation (2), le volume des gaz sera le même, l'eau supposée gazeuse; il s'élèverait à 743^{lit} par kilogramme, l'eau liquide. Ainsi le volume des gaz ne change pas beaucoup avec la densité de chargement.

18. La pression permanente d'après l'équation (1) (faibles densités) : $\frac{684^{atm}}{n - 0,14}$. Cette formule n'est applicable que par les densités $\frac{1}{n}$ assez faibles pour que l'acide carbonique ne soit pas liquéfié.

14. La pression théorique, d'après l'équation (1) : $\frac{16400^{atm}}{n}$.

D'après l'équation (2) : $\frac{16750^{atm}}{n}$.

MM. Sarrau et Vieille ont trouvé, en fait, par le procédé des crushers et pour les densités de chargement $\frac{1}{n}$, les pressions P' que voici, exprimées en kilogrammes :

$\frac{1}{n}$.	P.	P'.
0,10..........	1185	11850
0,15..........	2205	14700
0,20..........	3120	15600
0,30..........	5575	18600
0,35..........	7730	22100
0,45..........	9760	21700
0,55..........	11480	21580

Mais ces résultats doivent être interprétés d'après leurs nouvelles recherches sur le tarage des crushers (t. I, p. 50). Celles-ci

[1] Matière supposée sèche et exempte de cendres.

ont donné, pour $\frac{1}{n} = 0,20$, une pression maximum de 1985^{kg}; ce qui ferait $\frac{P'}{n} = 9825^{kg}$. La limite $\frac{P'}{n}$, c'est-à-dire la pression spécifique relative au coton-poudre, paraît donc devoir être réduite vers $10\,000^{kg}$, en nombres ronds, pour les fortes densités de chargement. La pression théorique, calculée d'après notre formule, serait au contraire applicable aux faibles densités.

Pour obtenir le maximum d'effet de la poudre-coton, la théorie, d'accord avec les expériences les plus récentes, indique qu'il faut comprimer cette poudre et la réduire au plus petit volume possible. En effet, on accroît ainsi les pressions initiales.

15. Comparons maintenant la poudre-coton avec les autres matières explosives. Elle se distingue surtout par la grandeur des pressions initiales. Ainsi, d'après la théorie, la pression initiale serait plus que triple de celle de la poudre ordinaire : ce qui est, en effet, le rapport empirique donné par Piobert [1].

Cette pression initiale théorique, calculée d'après les réactions de l'état final, doit être d'ailleurs diminuée dans la pratique, comme pour la poudre ordinaire, à cause de l'état incomplet de combinaison des éléments et de la complexité des composés qui tendent à se former. De là résulte une détente moins brusque et plus régulière, par suite d'une combinaison devenue plus complète pendant le refroidissement.

Au contraire, la nitroglycérine pure, à poids égaux, réalise un travail supérieur de moitié à la poudre-coton, la pression initiale étant à peu près la même. Il n'est donc pas surprenant que l'industrie ait trouvé la nitroglycérine préférable, au moins sous la forme de dynamite; d'autant plus que celle-ci n'exige aucune compression préalable, qu'elle est plus facile à fractionner et surtout plus économique. Mais il est plus facile de répartir la poudre-coton non comprimée d'une manière uniforme dans un espace considérable; ce qui peut offrir certains avantages dans les applications.

§ 4. — Fulmicoton hydraté.

1. Nous avons dit plus haut comment on a été conduit à employer le fulmicoton imbibé d'eau, afin d'en diminuer la sensibilité

---

(1) *Traité d'Artillerie*, 2e édition, p. 496.

au choc et d'en rendre l'inflammation directe impossible, ce qui restreint les risques dus à un incendie. 3 centièmes d'eau suffisent pour diminuer la sensibilité ; mais il faut plus de 11 centièmes d'eau pour écarter le danger d'inflammation directe. La dose réglementaire est 15 centièmes d'eau; mais elle est difficile à maintenir constante et uniforme dans toute la masse. En effet, l'imbibition régulière, suivie de compression, laisse environ 25 centièmes d'eau dans la masse : ce qui oblige à une dessiccation partielle. En outre, la matière humide, si elle n'est pas gardée dans des récipients hermétiques, tend à perdre de l'eau par évaporation spontanée.

2. Le fulmicoton humide conserve la propriété de détoner sous l'influence d'une forte amorce de fulminate, ou d'une petite cartouche intermédiaire de fulmicoton sec (ou nitraté), amorcée elle-même au fulminate. Ainsi une torpille renfermant 100^{kg} de poudre-coton exige un cylindre d'amorce renfermant $0^{kg},560$ de poudre-coton sèche.

Il paraît utile d'examiner l'influence de l'eau ainsi interposée sur les pressions développées.

3. En admettant que la réaction chimique soit la même que sous les fortes densités de chargement (ce qui n'a pas été vérifié d'ailleurs), la chaleur dégagée demeure la même. Le volume des gaz produit par le coton-poudre demeure aussi identiques ; soit qu'on le calcule d'après celui des gaz permanents seuls, soit qu'on suppose que l'eau dérivée du coton-poudre conserve l'état gazeux au premier instant de l'explosion : hypothèse que les expériences faites sur l'onde explosive (t. I, p. 148) autorisent à envisager comme possible. La condensation doit d'ailleurs avoir lieu presque aussitôt; c'est-à-dire que cette vapeur d'eau cesse d'entrer en compte, au delà du premier instant.

Cependant l'eau emprisonnée dans le coton-poudre absorbe également de la chaleur et elle peut être envisagée même comme prenant en tout ou en partie l'état gazeux, simultanément avec l'eau produite par la réaction.

Nous calculerons la pression développée au moment de l'explosion, d'après ces diverses hypothèses.

4. Soit, par exemple, la poudre-coton avec addition de 20 centièmes d'eau

$$C^{48}H^{18}(AzO^6H)^{11}O^{18} + 26H^2O^2,$$

et la poudre-coton additionnée de 10 centièmes d'eau :

$$C^{48}H^{18}(AzO^6H)^{11}O^{18} + 13H^2O^2.$$

La chaleur dégagée par la décomposition sous une forte densité de chargement sera 1168Cal (eau gazeuse) ; soit 1022Cal, pour 1kg de la matière supposée sèche.

Cette chaleur tombe pour le même poids de poudre-coton sec avec 20 centièmes d'eau additionnelle, à 908Cal. Elle est de 1038Cal avec 10 centièmes d'eau additionnelle seulement.

Cela fait, en d'autres termes, pour 1kg de matière humide renfermant 16,7 centièmes d'eau : 662Cal; et pour 1kg de matière renfermant 9,1 centièmes d'eau, 882Cal; la totalité de l'eau étant supposée gazeuse. Il y a donc réduction d'un cinquième de la chaleur dans le dernier cas, d'un tiers dans le premier, par suite de la vaporisation de l'eau additionnelle.

5. Le volume des gaz réduits sera, pour 1kg de matière sèche, additionnée de 20 centièmes d'eau : 1563lit;

Soit 1139lit pour 1kg humide.

On aura encore pour 1kg de matière sèche additionnée de 10 centièmes d'eau :

1272lit,

soit 1133lit, pour 1kg de matière humide.

Le volume gazeux est donc accru par l'addition de l'eau, comme on devait d'ailleurs s'y attendre en admettant la vaporisation.

6. La pression permanente $= \frac{391^{kg}}{n - 0,31}$, pour la matière additionnée de 20 centièmes d'eau; et $\frac{426^{kg}}{n - 0,23}$, pour la matière additionnée de 10 centièmes d'eau sous les réserves ordinaires des limites de liquéfaction de l'acide carbonique.

7. La *pression théorique* $= \frac{9112^{kg}}{n}$, pour la matière additionnée de 20 centièmes d'eau; $\frac{12560^{kg}}{n}$, pour la matière additionnée de 10 centièmes d'eau.

On voit qu'elle est diminuée d'un tiers, dans ce dernier cas, et qu'elle est réduite presque à moitié, dans le cas de la matière la plus hydratée.

8. *Coton-poudre paraffiné.* — Au lieu d'ajouter de l'eau au coton-

poudre, on a encore proposé de le paraffiner ; ce qui fournit des mélanges plus stables et même susceptibles d'être taillés et travaillés avec des outils animés de grandes vitesses. Mais il est difficile de les rendre uniformes, à moins d'ajouter une dose de paraffine telle que le mélange ne détone plus que très difficilement : 100 parties de coton-poudre absorbent jusqu'à 33 de paraffine.

Aussi se borne-t-on souvent à paraffiner les cartouches superficiellement. Pour faire détoner le coton-poudre paraffiné, on emploie une cartouche auxiliaire de coton-poudre ordinaire, enflammée elle-même par une amorce au fulminate.

9. L'emploi du camphre et des substances plastiques diminue encore davantage l'aptitude du coton-poudre à détoner. On peut encore citer ici le *celluloïde*, variété de cellulose nitrique, voisine de $C^{48}H^{24}(AzO^6H)^8O^{24}$, à laquelle on ajoute du camphre et diverses matières inertes, de façon à la rendre insensible au choc. On obtient à l'aide de certains tours de main un produit qui se laisse travailler avec des outils, à la façon de l'ivoire, et qui est très plastique lorsqu'on le chauffe vers 150°. Mais il ne faut pas oublier qu'il tend alors à devenir sensible au choc et que des amas de matières semblables pourraient devenir explosifs dans un incendie, par suite de l'échauffement général de la masse et de l'évaporation du camphre. Le celluloïde échauffé peut même détoner, lorqu'il est fortement comprimé, et l'on a observé des accidents de presse dans les fabriques.

Maintenu dans une étuve à 135°, le celluloïde ne tarde pas à se décomposer. Il y a plus, dans une expérience faite en vase clos à 135°, sous une densité de chargement 0,4, il a fini par détoner en développant une pression de 3000^{kg}.

C'est donc une matière dont le travail réclame certaines précautions, bien qu'elle ne soit pas explosive dans les circonstances ordinaires, même avec de très fortes amorces.

§ 5. — Fulmicotons nitratés. — Mélange formé par l'azotate d'ammoniaque.

1. Nous examinerons le fulmicoton mêlé d'azotate d'ammoniaque et le fulmicoton mêlé d'azotate de potasse, ces deux produits ayant été étudiés d'une manière spéciale par MM. Sarrau et Vieille.

Rappelons d'abord que le fulmicoton

$$C^{48}H^{18}(AzO^6H)^{11}O^{18} = 1143^{gr}$$

exige 41 équivalents d'oxygène (328gr) pour brûler complètement et qu'il développe alors à pression constante 2633Cal, l'eau étant liquide; ou 2488Cal, l'eau supposée gazeuse. Le volume de l'oxygène employé est égal à 229lit; l'acide carbonique produit occupant 536lit, l'azote 123lit, et la vapeur d'eau (volume réduit) 324lit.

2. Ceci posé, la combustion totale par l'*azotate d'ammoniaque* répond à la formule

$$C^{48}H^{18}(AzO^6H)^{11}O^{18} + 20\tfrac{1}{2}AzO^6AzH^4$$
$$= 24C^2O^4 + 55\tfrac{1}{2}H^2O^2 + 26Az^2.$$

Soit 1640gr d'azotate pour 1143gr de coton-poudre : en tout 2783gr. La matière renferme alors dans 1kg : 589gr d'azotate et 411gr de fulmicoton, tous les produits étant supposés secs et exempts de cendres fixes.

MM. Sarrau et Vieille ont employé 60 parties d'azotate pour 40 parties de fulmicoton. Les matières ont été triturées ensemble, avec addition préalable de 24 parties d'eau au fulmicoton, puis le tout desséché à 60°. On a vérifié que la combustion du mélange fournissait seulement de l'acide carbonique et de l'azote, ces deux gaz étant dans le rapport de 54 : 46vol; rapport dont la différence avec les chiffres théoriques, soit 52 : 48, répond au léger écart entre la composition employée et la composition en équivalents.

Dans un raté de détonation, au contraire, la combustion cesse d'être totale; les auteurs, par exemple, ont observé, sur 100vol de gaz :

AzO^2	29,5
CO	15,8
CO^2	24,8
H	2,9
Az	2,7

3. La *chaleur dégagée* par la réaction totale et régulière s'élève, d'après le calcul, à 3678Cal (eau liquide); 3117Cal,5 (eau gazeuse).

Soit, pour 1kg : 1321Cal (eau liquide); ou 1120Cal (eau gazeuse).

MM. Sarrau et Vieille ont trouvé en fait 1273Cal (eau liquide) pour une composition renfermant seulement 40 centièmes de fulmicoton, au lieu de 41. L'écart entre le chiffre observé (1273) et le chiffre calculé (1288 environ) ne s'élève pas au delà des limites d'erreur des expériences.

4. Le *volume des gaz réduit* = 1116lit (eau liquide); 2399lit (eau gazeuse).

Soit pour 1^{kg} : 401^{lit} (eau liquide) et 862^{lit} (eau gazeuse).
MM. Sarrau et Vieille ont trouvé 387^{lit}, avec la composition à 40 centièmes de fulmicoton; au lieu de 41 centièmes.

5. La pression permanente $= \dfrac{401^{atm}}{n - 0,36}$, sous les réserves ordinaires.

6. La pression théorique $= \dfrac{14900^{atm}}{n}$.

Elle serait un peu moindre que pour le fulmicoton.
En fait, MM. Sarrau et Vieille ont trouvé, avec la composition à 40 centièmes de fulmicoton et par la méthode des crushers :

Densité de chargement..........	0,2	$P = 3270^{kg}$
» »	0,3	$P = 5320^{kg}$

Ce qui ferait pour la densité 1 : 16358 et 17730; en moyenne : 17000^{kg} environ, chiffre un peu supérieur à 14900. Mais il est possible qu'il doive être réduit à moitié par une appréciation plus exacte de la force de tarage (t. I, p. 50).

§ 6. — Fulmicoton à l'azotate de potasse.

1. La combustion totale du fulmicoton par l'azotate de potasse répond à la formule

$$(1) \quad \left\{ \begin{aligned} & C^{48}H^{11}(AzO^6H)^{11}O^{18} + \tfrac{51}{3}AzO^6K \\ & = 23\tfrac{1}{2}C^2O^4 + CO^3K + 14\tfrac{1}{2}H^2O^2 + \tfrac{58}{5}Az^2. \end{aligned} \right.$$

Observons d'ailleurs que pendant le refroidissement le carbonate de potasse se change en bicarbonate; ce qui donne en définitive

$$23C^2O^4 + C^2O^4KOHO + 14H^2O^2 + 9\tfrac{3}{5}Az^2.$$

Soit 828^{gr} d'azotate pour 1143^{gr} de coton-poudre, en tout 1971^{gr}. La matière renferme alors, sur 1^{kg} : 420^{gr} d'azotate et 580^{gr} de fulmicoton.

2. MM. Sarrau et Vieille ont opéré avec poids égaux, afin d'assurer la combustion totale. Ces rapports répondent sensiblement à

$$(2) \quad \left\{ \begin{aligned} & C^{48}H^{18}(AzO^6H)^{11}O^{18} + 11\tfrac{1}{3}AzO^6K\,(2286^{gr}) \\ & = 18\tfrac{1}{3}C^2O^4 + 11\tfrac{1}{3}CO^3K + 14\tfrac{1}{2}H^2O^2 + 11\tfrac{1}{6}Az^2 + 15\tfrac{2}{3}O \end{aligned} \right.$$

ou bien, après refroidissement,

$$25\tfrac{1}{3}CO^2 + 11\tfrac{1}{3}C^2O^4KOHO + 17\tfrac{2}{3}HO + 11\tfrac{1}{6}Az^2 + 15\tfrac{2}{3}O.$$

Les auteurs ont trouvé que, sous les fortes densités de chargement, (0,3 et 0,5), on obtient en effet un mélange d'acide carbonique, d'azote et d'oxygène, dans les rapports de volumes suivants :

52,3; 37,1; 10,7.

Le calcul indique : 54,9; 33,4; 11,7.

La différence montre qu'il doit subsister une certaine dose d'azotite. Pour les faibles densités de chargement (0,023), la proportion relative en volume d'acide carbonique augmente (59,5), l'azote diminue (33,8), l'oxygène disparaît, et l'on obtient de l'oxyde de carbone (5,0) et de l'hydrogène (1,8) : il y a ici nécessairement de l'azotite, en dose considérable.

Enfin, dans une expérience de combustion sous la pression atmosphérique, condition comparable à celle d'un raté de détonation, les auteurs ont obtenu sur 100^{vol} :

AzO^2	36,2
CO	29,5
CO^2	29,0
H	1,6
Az	3,4

3. Nous établirons les calculs pour les proportions (1) et (2), qui répondent à une combustion totale.

L'équation (1) représente une combustion exacte, sans excès d'oxygène; elle donne lieu à un dégagement de 1606^{Cal} (formation initiale de carbonate neutre et d'eau gazeuse); ou de 1766^{Cal} (bicarbonate, eau liquide) [1].

Soit pour 1^{kg} de matière : 815^{Cal}, ou 891^{Cal}.

Observons que chaque molécule d'eau liquéfiée, H^2O^2, accroît la chaleur de $+10^{Cal}$. Chaque équivalent de carbonate changé en bicarbonate

$$CO^2, KO + CO^2 + HO \text{ liq.} = C^2O^4, KO, HO$$

accroît d'autre part la chaleur de $+12^{Cal},4$. Si l'eau était primitivement gazeuse, l'accroissement serait $+17^{Cal},4$.

L'équation (2) représente une combustion avec excès d'azotate et, par conséquent, d'oxygène. Elle répond à un dégagement de 2240^{Cal} (carbonate, eau gazeuse); ou 2560^{Cal} (bicarbonate; eau liquide). Soit pour 1^{kg} de matière : 980^{Cal}, ou 1120^{Cal}.

MM. Sarrau et Vieille ont trouvé 954^{Cal}, pour une matière de cet

---

[1] En négligeant l'action dissolvante de cette eau sur le sel.

ordre; mais, en fait, la combustion dans leur expérience n'avait donné lieu ni à la destruction totale de l'azotate, ni probablement au changement intégral et immédiat du carbonate en bicarbonate.

4. Le volume des gaz réduits sera :

D'après l'équation (1) : $1062^{lit},5$ (carbonate et eau gazeuse); ou 728^{lit} (bicarbonate et eau liquide).

Soit, pour 1^{kg} : 539^{lit} ou 369^{lit}.

D'après l'équation (2), on aura : 1086^{lit} (carbonate et eau gazeuse); ou 619^{lit} (bicarbonate et eau liquide).

Soit, pour 1^{kg}: 475^{lit} ou 271^{lit}.

MM. Sarrau et Vieille ont trouvé seulement 196^{lit}; chiffre trop faible pour les raisons signalées plus haut.

5. En raison de ces écarts considérables entre l'équation théorique et l'équation réelle, il paraît inutile de calculer la pression théorique de cette poudre. Disons seulement que MM. Sarrau et Vieille ont trouvé, par le procédé des crushers, en opérant sur le produit avec excès de nitre :

Densité de chargement.	Pression.
0,20	1315^{kg}
0,30	3100
0,40	4900
0,50	5520

valeurs qui sont à peu près la moitié de celles que fournit le coton-poudre pur, ou mêlé d'azotate d'ammoniaque.

6. C'est d'ailleurs ce que la théorie permettait de prévoir, d'une manière générale.

En effet, d'une part, 1^{kg} de coton-poudre, décomposé sous forte pression, développe 859^{lit} et produit 1022^{Cal} (eau gazeuse);

D'autre part, 1^{kg} de coton-poudre mêlé d'azotate d'ammoniaque développe 862^{lit} et produit 1120^{Cal} (eau gazeuse);

Tandis que 1^{kg} de coton poudre mêlé d'azotate de potasse ne peut développer que 475^{lit} et produire que 980^{Cal}.

Le volume des gaz avec ce dernier mélange est donc voisin de la moitié du volume produit par les deux autres substances; la chaleur étant un peu moins considérable. Par suite, les pressions doivent tomber à moitié environ, pour une même densité de chargement. La dissociation doit d'ailleurs intervenir pour abaisser la pression initiale et pour modérer la chute des pressions successives.

7. En somme, la théorie n'indique pas que l'addition de l'azotate de potasse au pyroxyle, addition assez incommode à réaliser en pratique, offre de très grands avantages; si ce n'est pour économiser le pyroxyle, rendre la détente moins brusque et supprimer l'oxyde de carbone. Les expériences qui ont été faites sur des mélanges analogues, formés de diverses celluloses nitriques imprégnées avec l'azotate de potasse, semblent conformes à cette conclusion.

8. Le coton-poudre nitraté de Faversham résulte du mélange à poids égaux de coton-poudre et d'*azotate de baryte.*

On peut aussi mêler le coton-poudre avec l'*azotate de soude*, dont les propriétés hygrométriques diminuent le risque d'inflammation. Mais il faut alors employer des amorces spéciales.

Les rapports pondéraux de combustion totale seraient : 51,6 de poudre-coton pour 48,4 d'azotate de baryte. La chaleur dégagée est sensiblement la même (t. I, p. 18 et 204) que pour un poids équivalent d'azotate de potasse; mais le mélange à base d'azotate de baryte pèse 2223^{gr}, au lieu de 1971^{gr} : soit $\frac{1}{8}$ en plus.

Le volume des gaz donne lieu aux mêmes relations : ce volume étant identique sous des poids équivalents (en admettant seulement le carbonate neutre), mais moindre sous des poids égaux.

9. Je citerai particulièrement *la poudre au bois pyroxylé* (poudre Schultze).

Elle se prépare avec du bois réduit en petits grains, que l'on débarrasse de matières résineuses, azotées et incrustantes par les traitements suivants. On fait bouillir pendant six à huit heures avec du carbonate de soude; on lave, on sèche, on traite successivement par la vapeur d'eau, par l'eau froide, par le chlorure de chaux, etc.; puis on fait réagir pendant deux à trois heures 16 parties d'un mélange d'acide azotique à 1,50 avec 2 fois son volume d'acide sulfurique concentré. On obtient ainsi une matière voisine par sa composition brute de la cellulose heptanitrique

$$C^{48}H^{26}(AzO^6H)^7O^{26}\ (^1).$$

En réalité, c'est un mélange de plusieurs produits inégalement nitrifiés. On lave à l'eau froide, puis avec une solution faible de carbonate de soude. Cela fait, on trempe la matière dans une solution concentrée d'azotate de potasse, ou de baryte, pur ou mélangé, et

(¹) 1^{gr} produit 166^{cc} de bioxyde d'azote, par le procédé Schlœsing, voir p. 2[illegible].

on la dessèche à 45°. On peut encore incorporer l'azotate et les grains ligneux, imprégnés à l'avance de 20 à 25 centièmes d'eau, sous des meules légères.

La composition de la substance finale varie suivant la dose des azotates. Voici le résultat de quelques-unes des analyses :

Cellulose azotique soluble dans l'éther alcoolisé.....	13,1	58,0
» » » insoluble....	44,9	
Matières étrangères solubles dans l'alcool..............		2,3
Azotate de potasse....................................		6,2
Azotate de baryte.....................................		30,0
Eau...		3,5
		100,0

Autre échantillon.

Cellulose azotique..............	66,5
Azotate de baryte...............	15,0
Azotate de potasse..............	15,0
Eau..............................	3,5

Le dernier avait pour densité gravimétrique..............	0,416
Densité prise au mercure....................................	0,944

La matière présentait 7300 grains au gramme.

Cette substance est aussi sensible au choc que la poudre noire; elle se conserve bien.

Elle se décompose vers 174°. Elle donne une fumée légère et qui se dissipe rapidement.

Cette poudre est fort employée pour la chasse depuis quelques années.

§ 7. — Fulmicoton chloraté.

1. Je donnerai encore quelques indications sur le fulmicoton chloraté, mélange proposé à l'origine, mais aujourd'hui abandonné, à cause du caractère dangereux des poudres au chlorate.

2. La combustion exacte répond à l'équation suivante :

$$C^{48}H^{18}(AzO^6H)^{11}O^{18} + \tfrac{41}{6}ClO^6K$$
$$= 24C^2O^4 + 14\tfrac{1}{2}H^2O^2 + 5\tfrac{1}{2}Az^2 + \tfrac{41}{6}KCl.$$

Elle répond aux rapports : 1143gr de poudre-coton et 838gr de chlorate; en tout 1981gr. Soit pour 1kg du mélange : 577gr de poudre-coton et 423gr de chlorate.

3. Elle dégage 2708^{Cal}, l'eau étant liquide [1] et 2563^{Cal}, l'eau gazeuse. Soit, pour 1^{kg} : 1367^{Cal} (eau liquide); ou 1294^{Cal} (eau gazeuse): chiffres un peu supérieurs à ceux du fulmicoton pur; mais le volume des gaz est bien moindre.

4. Le volume des gaz réduits est : $978^{\text{lit}},6$ (eau gazeuse); ou bien 653^{lit} (eau liquide);

Soit, pour 1^{kg} : $484^{\text{lit}},5$ (eau gazeuse); ou bien $323^{\text{lit}},5$ (eau liquide); chiffres inférieurs de moitié à ceux du fulmicoton pur. Ils sont moindres également que ceux du fulmicoton mêlé d'azotate d'ammoniaque.

5. La pression permanente est $\dfrac{323^{\text{atm}}.5}{n - 0,26}$, sous la réserve que n soit assez grand pour que l'acide carbonique ne se liquéfie point.

6. La pression théorique : $\dfrac{13175^{\text{atm}}}{n - 0,08}$.

Ce nombre est inférieur d'un tiers au chiffre relatif au fulmicoton pur, et d'un huitième à celui qui concerne le fulmicoton mêlé d'azotate d'ammoniaque. La faiblesse du volume gazeux permettait de prévoir cette infériorité. Le fulmicoton mêlé d'azotate de potasse fournirait seul des volumes voisins.

On voit par là que le fulmicoton chloraté ne présente pas, au point de vue de la force, sur les autres variétés de fulmicoton, les avantages qu'on a souvent attribués aux poudres chloratées. Si l'on ajoute qu'il est beaucoup plus sensible aux chocs et à la friction et dès lors beaucoup plus dangereux, on s'expliquera aisément les motifs qui ont conduit à renoncer à son emploi.

---

[1] En négligeant l'action de cette eau sur le chlorure de potassium.

CHAPITRE VIII.

ACIDE PICRIQUE ET PICRATES.

§ 1. — Historique.

Le phénol trinitré, autrement dit acide picrique, échauffé vers 300°, se décompose avec une brusque explosion, et il en est de même de ses sels. Mais la décomposition est complexe et elle a lieu seulement à une température plus haute que celle de la nitroglycérine, lorsqu'on ajoute des corps oxydants, tels que l'azotate ou le chlorate de potasse. Elle se produit à une température plus basse qu'avec l'acide ou les sels purs et elle fournit des produits plus simples.

On obtient ainsi des poudres de diverses natures : les unes à base d'acide picrique et d'azotate de soude (poudres Borlinetto), les autres à base de picrate de potasse associé soit à l'azotate de potasse (poudres Designolle), soit au chlorate de potasse (poudre Fontaine); d'autres poudres enfin à base de picrate d'ammoniaque, associé à l'azotate de potasse (poudre de Brugère et poudre d'Abel). La poudre au chlorate a été proposée seulement pour les torpilles; elle est fort dangereuse. Au contraire, les poudres formées par les azotates peuvent être employées dans les armes à feu, particulièrement la poudre au picrate d'ammoniaque, qui a été fort étudiée en France dans ces derniers temps.

Je vais examiner successivement les poudres à l'acide picrique, au picrate de potasse et au picrate d'ammoniaque.

§ 2. — Acide picrique.

1. L'acide picrique est un corps jaune, en cristaux lamelleux et friables, doué d'une saveur amère, fort stable par lui-même, peu soluble dans l'eau; soluble dans tous les dissolvants.

Soumis à l'action de la chaleur, il fond et il peut même être sublimé, lorsqu'on opère sur de très petites quantités. Mais, si la quantité est un peu notable, ou si l'acide est brusquement chauffé, il détone très violemment. Cette propriété a donné lieu à des accidents graves. Par exemple, il est arrivé que des expérimentateurs ont été blessés, en projetant dans un fourneau de l'acide picrique en poudre au moyen d'un flacon, pour en montrer l'explosion : celle-ci s'étant propagée en arrière, en suivant la traînée de poussière, jusqu'à la masse principale.

2. La formule de l'acide picrique est : $C^{12}H^3(AzO^4)^3O^2$; son équivalent : 229.

3. Sa chaleur de formation depuis les éléments (p. 19) :

$$C^{12}\,(\text{diamant}) + H^3 + Az^3 + O^{14} = C^{12}H^3Az^3O^{14} : +49,1.$$

Ce corps ne renferme guère que la moitié de l'oxygène nécessaire pour brûler complètement.

4. Sa chaleur de combustion totale par l'oxygène libre,

$$C^{12}H^3(AzO^4)^3O^2 + O^{13} = C^2O^4 + 1\tfrac{1}{2}H^2O^2 + Az^3,$$

est égale à $+618^{Cal},4$ (eau liquide), d'après les données des expériences de MM. Sarrau et Vieille.

5. L'équation qui représente sa décomposition explosive n'a pas été étudiée. En admettant la suivante, à titre provisoire,

$$C^{12}H^3(AzO^4)^3O^2 = 3CO^2 + 8CO + C + 3H + 3Az,$$

la chaleur dégagée serait : $+130^{Cal},6$; soit 570^{Cal} par kilogramme.

6. Le volume réduit des gaz serait 190^{lit} par équivalent; soit 829^{lit} par kilogramme.

7. Ce chiffre, divisé par n, soit $\dfrac{829^{atm}}{n}$, représente sensiblement la pression permanente, à cause du faible volume occupé par le carbone; sauf les réserves ordinaires de liquéfaction de l'acide carbonique.

8. Enfin la pression théorique $= \dfrac{10942^{atm}}{n}$.

Ces valeurs sont données seulement pour fixer les idées et sous toutes réserves.

9. Pour obtenir une combustion totale de l'acide picrique, il faut recourir à un agent oxydant complémentaire : azotate, chlorate, etc. On a proposé, par exemple, d'associer l'acide picrique (10 parties) à l'azotate de soude (10 parties) et au bichromate de potasse

(8,3 parties) : ces proportions fourniraient un tiers d'oxygène, en sus de la proportion nécessaire.

Mais il est douteux que cette poudre ait été jamais préparée en grand, ou conservée. En effet, le mélange mécanique de corps de cette nature ne peut être exécuté sans danger, qu'à la condition de mouiller les matières pulvérisées, avant de les incorporer sous la meule ou autrement. Or, dès que l'eau intervient, l'acide picrique déplace l'acide azotique des azotates, même à froid, et cet acide volatil disparaît, en tout ou en partie, pendant la dessiccation à l'étuve. Cette circonstance ne permet guère d'employer l'acide picrique libre dans la fabrication des poudres.

Une réaction analogue rendrait particulièrement dangereux son mélange avec le chlorate de potasse.

§ 3. — Picrate de potasse.

1. Le picrate de potasse

$$C^{12}H^{2}K(AzO^{4})^{3}O^{2}$$

cristallise en longues aiguilles, jaune orangé, très peu solubles dans l'eau.

2. Il détone sous l'influence d'une température supérieure à 300°, beaucoup plus violemment que l'acide picrique. Il détone encore par le simple contact d'un corps en ignition : ce qui le rend plus dangereux encore que la poudre noire. A l'état sec, sa poussière ténue et légère s'enflamme à distance et peut faire détoner toute la masse dont elle émane. Des opérateurs ont été blessés dans des cours publics, en projetant sur des charbons allumés du picrate de potasse contenu dans un flacon. Un tel accident est même plus à redouter avec le picrate de potasse qu'avec l'acide picrique. La catastrophe de la place de la Sorbonne (1869) paraît due à cette propriété.

Le picrate de potasse est sensible au choc, et il l'est même beaucoup plus que l'acide picrique. L'addition de 15 centièmes d'eau lui enlève cette sensibilité.

Le picrate de potasse ne contient pas assez d'oxygène pour donner lieu à une combustion complète. De là la nécessité de le mélanger avec l'azotate ou le chlorate de potasse.

3. Son équivalent est égal à 267.

4. Sa chaleur de formation depuis les éléments,

$$C^{12}\,(\text{diamant}) + H^2 + K + Az^3 + O^{14} = C^{12}H^2K(AzO^4)^3O^2,$$

est égale à $+117^{Cal},5$, d'après les données de MM. Sarrau et Vieille.

5. La chaleur de combustion totale par l'oxygène libre :

$$C^{12}H^2K(AzO^4)^3O^2 + O^{13} = C^2O^4, KO, HO + 10CO^2 + HO + 3Az,$$

s'élève à $+619^{Cal},7$ (bicarbonate de potasse et eau liquide).

6. La décomposition explosive du picrate de potasse fournit des produits qui varient suivant les conditions; comme il arrive en général avec les corps qui ne renferment pas une quantité d'oxygène suffisante pour produire une combustion complète (t. I, p. 20 à 22).

MM. Sarrau et Vieille ont fait une étude approfondie de cette décomposition. Voici les résultats qu'ils ont obtenus ([1]), sous diverses densités de chargement, sur 100^{vol} :

	Densité de chargement.		
	0,023	0,3	0,5
	III	III	III
CyH	1,98	0,32	0,31
CO^2	10,66	13,37	20,48
CO	62,10	59,42	50,88
C^2H^4	0,17	2,38	5,39
H	10,31	6,77	2,68
Az	16,88	17,74	18,26
Volume de gaz dégagés pour 1^{kg}	»	574,1	557,9

Le résidu solide est formé de carbonate et de cyanure de potassium, avec une trace de charbon.

La proportion du potassium changé en cyanure, sur 100 parties, s'élevait respectivement à

29,8; 34,7; 24,3.

Sous la densité 0,5, la réaction se rapproche de la formule suivante :

$$8C^{12}H^2K(AzO^4)^3O^2$$
$$= 2KC^2Az + 6CO^3K + 21CO^2 + 52CO + 22Az + 3C^2H^4 + 2H^2 + 7C.$$

([1]) *Comptes rendus*, t. XCIII, p. 6.

Elle tend vers $4C^2H^4 + 5C$, c'est-à-dire que le formène se forme en quantité croissante, à mesure que la densité augmente. Au contraire, le formène tend à disparaître pour les faibles densités.

7. Chaleur de décomposition. — La formule donnée plus haut répondrait à $+208^{Cal},4$ pour $1^{éq}$ de picrate décomposé; soit $781^{Cal},2$ pour 1^{kg}.

8. Volume des gaz. — Elle fournirait $146^{lit},5$ (volume réduit) de gaz, par équivalent : soit 549^{lit}, pour 1^{kg}.

9. La pression théorique : $\frac{5600^{atm}}{n - 0,14}$.

MM. Sarrau et Vieille ont trouvé 6700^{kg}, sous de faibles densités de chargement, telles que 0,023.

On a vu que, pour les fortes densités, le volume gazeux trouvé tend à se rapprocher du chiffre théorique. Or, sous ces fortes densités, le rapport $\frac{P}{n}$ a été trouvé, par les mêmes auteurs, voisin de 12000^{kg}; chiffre qui doit être rectifié d'après leurs nouvelles expériences (t. I, p. 50). Celles-ci conduisent à la moitié environ, soit 6600^{kg} : valeur voisine du chiffre théorique, qui répondrait pour $n = 1$, à 6700^{kg}.

On voit d'ailleurs qu'elle est fort inférieure aux pressions développées par la nitroglycérine, ou par la poudre-coton, pour une même densité de chargement (p. 201 et 236).

C'est, en effet, ce qui doit être d'après la théorie : la chaleur dégagée étant moindre à poids égal, aussi bien que le volume des gaz.

Le picrate de potasse ne présente donc pas les avantages que l'on en avait espérés d'abord, d'après la brusquerie de ses effets explosifs.

§ 4. — Picrate de potasse nitraté.

1. La combustion totale du picrate de potasse par l'azotate de potasse répond à la formule suivante :

$$C^{12}H^2K(AzO^4)^3O^2 + \tfrac{13}{5}AzO^6K$$
$$= 3\tfrac{4}{5}CO^3K + 8\tfrac{1}{5}CO^2 + 2HO + 5\tfrac{3}{5}Az\ (^1).$$

2. Le poids total de la matière, en équivalents, est 267^{gr} de picrate

(1) On néglige ici la formation lente de $2^{éq}$ de bicarbonate.

et 263^{gr} d'azotate, en tout 530^{gr}. Pour 1^{kg}, les deux corps sont à peu près à poids égaux : 504^{gr} de picrate pour 496^{gr} d'azotate. Cette composition est celle des poudres pour torpilles.

3. La chaleur dégagée s'élève à $+538^{Cal},0$ (eau liquide), ou $+528^{Cal},2$ (eau gazeuse);

Soit, pour 1^{kg} : 1015^{Cal} ou bien 997^{Cal}.

4. Le volume réduit des gaz $= 170^{lit}$ (eau gazeuse), ou bien 116^{lit} (eau liquide et bicarbonate);

Soit pour 1^{kg} : 326^{lit}, ou bien 246^{lit}.

5. La pression théorique : $\frac{6320^{atm}}{n - 0,21}$; elle ne diffère pas beaucoup de la valeur relative au picrate de potasse pur.

6. Les poudres au picrate de potasse, proposées pour le canon et le fusil, ont une composition différente. On a diminué le picrate, afin d'en atténuer les propriétés brisantes et on l'a remplacé par du charbon : soit, pour le canon, 9 parties en poids de picrate ; 80 de nitre ;

Pour le fusil : 23 parties de picrate ; 69 de nitre ; 8 de charbon, etc.

§ 5. — Picrate de potasse chloraté.

1. La combustion totale du picrate de potasse par le chlorate de potasse répond à la formule

$$C^{12}H^2K(AzO^4)^3O^2 + \tfrac{13}{6}ClO^6K$$
$$= CO^3K + 11CO^2 + 2HO + 3Az + \tfrac{13}{6}KCl,$$

ou plutôt

$$C^2O^4, KO, HO + 10CO^2 + HO + 3Az + \tfrac{13}{6}KCl.$$

2. Le poids équivalent est 267^{gr} de picrate pour 265,7 de chlorate, en tout : 532^{gr},7.

Pour 1^{kg} : 502^{gr} de picrate et 498^{gr} de chlorate ; c'est-à-dire à peu près poids égaux. La composition est d'ailleurs la même en poids, à très peu près, pour les poudres nitratées et pour les poudres chloratées, par suite d'une coïncidence numérique des équivalents.

3. La chaleur dégagée sera : 622^{Cal},2 (eau gazeuse et carbonate); ou bien 647,6 (eau liquide et bicarbonate);

Soit, pour 1^{kg} : 1168^{Cal}, ou bien 1214^{Cal}.

4. Le volume réduit des gaz : $178^{lit},6$ (eau gazeuse), ou 145^{lit} eau liquide, bicarbonate) ;

Soit, pour 1^{kg} : 335^{lit}, ou bien 272^{lit}.

5. La pression permanente : $\frac{272^{atm}}{n - 0,21}$; sous les réserves ordinaires.

6. La pression théorique : $\frac{8300^{atm}}{n - 0,21}$; l'emporte d'un tiers environ sur celle du picrate nitraté et sur celle du picrate pur. Mais elle n'atteint guère que la moitié de celle de la dynamite ou du fulmicoton.

On voit par là que le picrate chloraté ne justifie pas, par une puissance exceptionnelle, les espérances que la vivacité de son explosion avait fait naître à l'origine. Il ne compense donc pas par là les dangers considérables qui résultent de sa grande sensibilité au choc, à la friction et à l'inflammation, ainsi que de la facile propagation de celle-ci par les traînées de poussière. Aussi son emploi paraît-il à peu près abandonné.

§ 6. — Picrate d'ammoniaque.

1. C'est un sel en aiguilles jaune orangé, moins dures que le picrate de potasse. Il est bien moins sensible au choc. Enflammé à l'air libre, il brûle comme une résine, avec une flamme fuligineuse. Il a été utilisé en pyrotechnie, comme matière fusante. Cependant, lorsqu'il brûle sous une forte densité de chargement, ou bien dans un espace confiné, dont les gaz ne s'échappent que par un faible orifice, sa combustion peut se changer en détonation.

2. Sa formule est : $C^{12}H^2(AzH^4)(AzO^4)^3O^2$; son équivalent : 246.

3. Sa chaleur de formation depuis les éléments

$$C^{12} + H^6 + Az^4 + O^{14} = C^{12}H^6Az^4O^{14}$$

est égale à $+80^{Cal},1$;

Soit, pour 1^{kg} : 326^{Cal}.

4. Sa combustion totale exige un excès d'oxygène

$$C^{12}H^6Az^4O^{14} + O^{16} = 6C^2O^4 + 3H^2O^2 + 2Az^2,$$

elle dégage $+690^{Cal},4$ (eau liquide) ou $+660^{Cal},4$ (eau gazeuse).

5. L'équation de la décomposition explosive n'a pas été étudiée.

6. J'examinerai seulement la combustion par un agent comburant, tel que l'azotate de potasse

$$C^{12}H^6Az^4O^{14} + \tfrac{16}{5}AzO^6K$$
$$= 3\tfrac{1}{5}CO^3K + 8\tfrac{4}{5}CO^2 + 6HO + 7\tfrac{1}{5}Az$$

ou bien

$$3\tfrac{1}{5}(C^2O^4, KO, HO) + 5\tfrac{3}{5}CO^2 + 2\tfrac{4}{5}HO + 7\tfrac{1}{5}Az,$$

après refroidissement.

Le poids total est ici de $569^{gr},5$ pour 1^{kg}; soit 568^{gr} de salpêtre et 432^{gr} de picrate.

La chaleur dégagée par la combustion du picrate d'ammoniaque nitraté s'élève à $+701^{Cal}$ (eau liquide, bicarbonate), ou à $+631^{Cal},5$ (eau gazeuse);

Soit, pour 1^{kg} : 1231^{Cal}, ou bien 1109^{Cal}.

7. Le volume réduit des gaz $= 245^{lit},5$ (eau gazeuse); ou 174^{lit} (eau liquide, bicarbonate);

Ce qui fait pour 1^{kg} : 431^{lit}, ou bien 305^{lit}.

8. La pression permanente $= \dfrac{305^{atm}}{n - 0,17}$; sous les réserves ordinaires.

9. La pression théorique : $\dfrac{9050^{atm}}{n - 0,17}$.

Elle est supérieure à celle du picrate de potasse pur, ou associé au chlorate de potasse, ou bien encore à l'azotate de potasse.

10. La poudre Brugère est formée précisément de picrate d'ammoniaque et d'azotate de potasse. Elle renferme 54 parties de picrate et 46 de salpêtre. Ici la combustion n'est pas totale et la réaction véritable est dès lors mal connue.

Cette poudre est peu hygrométrique; elle est stable et donne peu de fumée. Sa force est double de celle de la poudre noire, sous le même poids.

11. En raison de ses propriétés fusantes, le picrate d'ammoniaque peut aussi être employé dans les feux d'artifice.

Par exemple, ce sel, associé à l'azotate de baryte, fournit des feux verts :

Poudre Designolle.	Picrate d'ammoniaque	48
	Azotate de baryte	52
Poudre Brugère...	Picrate d'ammoniaque	25
	Azotate de baryte	67
	Soufre	8

Associé à l'azotate de strontiane, il fournit des feux rouges :

Picrate d'ammoniaque	54
Nitrate de strontiane	46

Aucune de ces proportions ne répond à une combustion totale.

CHAPITRE IX.

COMPOSÉS DIAZOIQUES ET DIVERS.

§ 1. — Sommaire.

Nous donnerons dans ce Chapitre les observations et les calculs relatifs à divers composés explosifs, tels que le fulminate de mercure et l'azotate de diazobenzol, appartenant tous deux au groupe des corps diazoïques, les mélanges acides formés par l'acide azotique associé avec un composé organique, ordinairement déjà nitrifié; les éthers perchloriques et les oxalates d'argent et de mercure. Cette liste pourrait être étendue beaucoup en théorie (*voir* p. 130 et suivantes); mais les données expérimentales et les applications feraient défaut.

§ 2. — Fulminate de mercure.

1. On a donné (p. 42) l'analyse et le mode de décomposition du fulminate de mercure :

$$C^4Az^2Hg^2O^4 = 2C^2O^2 + Hg^2 + Az^2.$$

2. Cette réaction dégage $+114^{Cal}.5$ à pression constante pour 284^{gr}; le mercure supposé gazeux : $+99^{Cal},1$.

Soit, pour 1^{kg} : 463^{Cal}, ou bien 349^{Cal}.

3. La formation depuis les éléments absorbe : $-62^{Cal},9$ pour 284^{gr}, soit : $-221^{Cal},5$ pour 1^{kg}.

4. La combustion totale par l'oxygène libre :

$C^4Az^2Hg^2O^4 + O^4 = 2C^2O^4 + Hg^2 + Az^2$, dégage..... $+250^{Cal},9$,

ou bien, le mercure gazeux : $+235^{Cal},5$.

5. La densité est égale à 4,43.

6. Le fulminate pur se conserve indéfiniment. L'eau ne l'altère pas.

Il détone à 187°. Il détone aussi au contact d'un corps en ignition.

Il est très sensible aux chocs et frottements, même à celui de bois sur bois. Employé dans un canon, il le fait éclater sans que le projectile ait eu le temps de se déplacer. Cependant on peut l'employer pour chasser des balles dans des armes de salon.

S'il est placé dans un obus, et si l'on réussit à lancer celui-ci à l'aide de quelque artifice de détente progressive, l'obus éclate au point d'arrivée, par suite du choc et de l'échauffement résultant de l'arrêt brusque du projectile.

Un projectile creux est brisé par le fulminate en une multitude de petits éclats, bien plus nombreux que ceux que produit la poudre, mais qui vont moins loin.

Son inflammation est si brusque qu'il disperse la poudre noire sur laquelle il était déposé, sans l'enflammer; mais il suffit de le placer dans une enveloppe, si faible qu'elle soit, pour qu'il y ait inflammation. Plus l'enveloppe est résistante, plus le choc est violent, circonstance qui joue un rôle important dans les amorces.

La présence de 30 centièmes d'eau empêche la décomposition du fulminate en poudre fine par le frottement ou le choc. Avec 10 centièmes d'eau, il se décompose sans détonation; avec 5 centièmes, la détonation ne s'étend pas au delà de la partie choquée. Mais ces résultats ne sont strictement vrais que pour de petites quantités de matière et il serait dangereux d'y attacher trop de confiance.

Le fulminate humide se décompose lentement au contact des métaux oxydables.

7. Le volume réduit des gaz produits par la décomposition est: $66^{\text{lit}},96$ par 284^{gr}.

Ou $235^{\text{lit}},6$ pour 1^{kg}.

Si l'on suppose le mercure gazeux, à une température convenable t, on aura: $89^{\text{lit}},28\,(1+\alpha t)$, pour $1^{\text{éq}}$;

Ou pour 1^{kg} : $314^{\text{lit}},1\,(1+\alpha t)$.

8. La pression permanente $= \dfrac{235^{\text{atm}},6}{n-0,05}$.

9. La pression théorique $= \dfrac{6280^{\text{atm}}}{n}$.

Les expériences que nous avons faites avec M. Vieille, au moyen du crusher, ont donné :

		kg.
Densité de chargement...........	0,1	480
» »	0,2	1730
»	0,3	2700

On aurait donc pour les fortes densités : $\frac{9000^{atm}}{n}$ environ. Mais ces chiffres doivent être réduits, d'après une estimation plus exacte de la force de tarage (*voir* t. I, p. 50). Le calcul rectifié donne des résultats très voisins de la théorie (t. I, p. 58) et il conduit à une pression spécifique égale à $\frac{6200^{kg}}{n}$.

Sous la densité 4,43, c'est-à-dire le fulminate détonant dans son propre volume, on aurait donc 28750^{kg}, d'après la formule théorique ; ou 27470, d'après les indications du crusher ; valeurs supérieures à celles de tous les explosifs connus. En effet, la nitroglycérine a donné seulement : 12376^{kg} (p. 201) et la poudre coton : 9825^{kg} (p. 236).

C'est l'énormité de cette pression, jointe à son développement subit, qui explique le rôle du fulminate de mercure comme amorce.

Le fulminate d'argent offre des propriétés très voisines, mais il est beaucoup plus sensible et dès lors plus dangereux.

§ 3. — Fulminate de mercure mêlé d'azotate.

1. Soit maintenant le *fulminate de mercure mêlé d'azotate de potasse :* sa combustion exacte répond à la formule

$$C^4Az^2Hg^2O^4 + \tfrac{5}{6}AzO^6K = CO^3K + 3CO^2 + 2\tfrac{5}{6}Az + Hg^2;$$

c'est-à-dire 284^{gr} de fulminate pour 84,2 de salpêtre : en tout $368^{gr},2$.

Soit, pour 1^{kg} du mélange : 229^{gr} de salpêtre et 771^{gr} de fulminate.

Dans la pratique, on emploie un tiers de salpêtre, c'est-à-dire un excès. On ajoute aussi du sulfure d'antimoine ou du sulfure de plomb.

2. La chaleur dégagée est : $+224^{Cal}$, le mercure liquide ; $+209^{Cal},6$ le mercure gazeux.

Soit, pour 1^{kg} : 609^{Cal} ou 567^{Cal}.

3. Le volume réduit des gaz $= 64^{lit},9$; ou bien (mercure gazeux) $87^{lit},2$ pour $1^{éq}$;

Soit, pour 1^{kg} : 176^{lit} ou 257^{lit}.

4. La pression permanente $= \frac{176^{atm}}{n - 0,12}$; sous les réserves ordinaires.

5. La pression théorique $= \frac{4380^{atm}}{n - 0,12}$.

On voit qu'elle est moindre d'un tiers environ que la pression répondant au fulminate pur. En outre, la présence de l'azotate diminue la vitesse de l'inflammation et la violence du choc. Par contre, elle donne plus d'expansion à la flamme.

§ 4. — Fulminate de mercure mêlé de chlorate.

1. La réaction est la suivante (combustion exacte) :

$$C^4Az^2Hg^2O^4 + \tfrac{2}{3}ClO^6K = 2C^2O^4 + Az^2 + Hg^2 + \tfrac{2}{3}KCl;$$

c'est-à-dire 284^{gr} de fulminate pour 81,7 de chlorate : en tout $356^{gr},7$.

Soit, pour 1^{kg} du mélange : 223^{gr} de chlorate et 777^{gr} de fulminate.

2. La chaleur dégagée est $+258^{Cal},2$ pour 1 équivalent ; ou bien $+242^{Cal},8$ (mercure gazeux).

Soit, pour 1^{kg} : 706^{Cal}, ou bien 663^{Cal}.

3. Le volume réduit des gaz : 67^{lit} ou $89^{lit},2$ (mercure gazeux).

Soit, pour 1^{kg} : 183^{lit} ou 244^{lit}.

4. La pression permanente $= \frac{183^{atm}}{n - 0,11}$, sous les réserves ordinaires.

5. La pression théorique $= \frac{6830^{atm}}{n - 0,11}$.

Elle est très voisine de celle du fulminate pur.

Le chlorure de potassium atténue les effets du choc, mais le chlorate de potasse rend le mélange très sensible. Aussi survient-il fréquemment des accidents dans les fabriques, au moment où l'on prépare ce mélange.

§ 5. — Azotate de diazobenzol.

1. Les propriétés et l'analyse de ce corps, ainsi que l'étude de sa décomposition explosive, ont été établies au Livre II, p. 35. Rappelons seulement les chiffres suivants :

La formule est

$$C^{12}H^4Az^2, AzO^6H = 167^{gr}.$$

2. La formation depuis les éléments absorbe : $-47^{Cal},4$.

3. La combustion totale

$$C^{12}H^4Az^2AzO^6H + 23O = 12CO^2 + 5HO + 3Az$$

dégage : $782^{Cal},9$, à pression constante (eau liquide).

Aucune étude n'a été faite pour étudier les effets de la combustion de diazobenzol par les corps oxydants. Le mélange avec ces corps offrirait d'ailleurs de grandes difficultés, à cause de la sensibilité de la matière sèche et de sa décomposition immédiate par l'eau.

4. La décomposition explosive fournit des produits complexes et qui varient avec les conditions. On les a signalés p. 38 à 41.

5. Chaleur dégagée. — La décomposition étant déterminée par l'ignition d'un fil de platine, sous une faible densité de chargement, elle a dégagé $+ 114^{Cal},8$, à volume constant, pour $1^{éq}$.

Soit $+ 687^{Cal},7$ pour 1^{kg}.

6. Volume gazeux. — Il s'est produit en même temps $136^{lit},6$ de gaz (volume réduit), pour $1^{éq}$;

Soit $817^{lit},7$ pour 1^{kg}.

7. La pression théorique : $\dfrac{10400^{atm}}{n - 0,05}$. Elle l'emporte sur celle du fulminate sous l'unité de poids et elle approche de celle des matières les plus énergiques.

8. Comparons ces résultats théoriques avec la mesure expérimentale des pressions. Nous avons obtenu, M. Vieille et moi, au moyen d'un crusher, les chiffres suivants :

Densité de chargement.	Poids de la charge.	Pressions en kilogrammes par centimètre carré.
	gr	kg
0,1	2,37	990
0,2	4,74	2317
0,3	7,11	4581

Dans la dernière expérience faite avec l'azotate de diazobenzol, cet azotate remplissait tout l'espace vide, et le tube d'acier a été fêlé. Ceci indique des effets locaux, qui ont pu altérer un peu les résultats.

Les recherches récentes de MM. Sarrau et Vieille sur le tarage des crushers tendent à réduire à moitié la valeur absolue des pressions pour des matières aussi vives, mais sans en changer les rapports.

En tout cas, en fait comme en théorie, les pressions de l'azotate de diazobenzol sont très supérieures à celles que développe l'explosion du fulminate de mercure, pour une même densité de chargement. Au contraire, le fulminate détonant dans son propre volume développerait une pression bien plus grande (28750^{kg} au lieu de 7500^{kg}), en raison de sa grande densité.

La grande vivacité de l'azotate de diazobenzol le rend, en tous cas, plus dangereux.

§ 6. — Acide azotique associé à un composé organique.

1. On a vu dans le Chapitre III (p. 167) comment les gaz oxygénés liquéfiés, spécialement le protoxyde d'azote et l'acide hypoazotique, mélangés avec des liquides combustibles, donnent naissance à des matières explosives d'un caractère tout spécial. Il a été proposé de préparer des matières analogues, en mélangeant l'acide azotique monohydraté avec des matières organiques combustibles : le mélange peut au besoin se faire seulement sur place, après transport des ingrédients séparés; on le fait détoner au moyen d'une capsule au fulminate. Tel est le principe des *explosifs acides de Sprengel.*

Dans la pratique, les matières susceptibles d'être mélangées avec l'acide azotique sont peu nombreuses, en raison de l'action oxydante violente que cet acide exerce sur la plupart des substances organiques. Peu de liquides se mélangent avec lui, sans en être attaqués; et les pâtes formées par imbibition sont aussi sujettes à réaction.

En fait, deux mélanges de ce genre seulement ont été mis en œuvre, ou plutôt spécialement proposés : le mélange d'acide picrique (solide) et d'acide azotique, qui forme une pâte; et le mélange de la nitrobenzine et du même acide, corps qui se dissolvent réciproquement. On voit que ce sont deux corps déjà nitrifiés qui servent de base aux mélanges : encore le deuxième ne tarderait-il guère à se transformer en binitrobenzine cristallisée. Nous allons donner les calculs théoriques pour la combustion de ces deux mélanges, en y joignant la binitrobenzine.

§ 7. — Acide azotique et acide picrique.

1. La réaction qui répond à une combustion totale est :

$$C^{12}H^{3}(AzO^{4})^{3}O^{2} + \tfrac{13}{5}AzO^{6}H = 6C^{2}O^{4} + 5\tfrac{3}{5}HO + 5\tfrac{3}{5}Az.$$

2. Les rapports de poids sont : 229^{gr} d'acide picrique pour 164^{gr} d'acide azotique; en tout 393^{gr}. Soit par kilogramme : 583^{gr} d'acide picrique et 417^{gr} d'acide azotique monohydraté.

3. La chaleur dégagée sera pour $1^{éq}$: 318^{Cal} (eau liquide), ou 290^{Cal} (eau gazeuse); soit, pour 1^{kg} : 809^{Cal}, ou bien 738^{Cal}.

4. Le volume réduit des gaz pour $1^{éq}$: $196^{lit},5$ (eau liquide); 259^{lit} (eau gazeuse); soit, pour 1^{kg} : 500^{lit}, ou bien 659^{lit}.

5. La pression permanente : $\dfrac{500^{atm}}{n - 0,13}$, sous les réserves ordinaires de limite de liquéfaction de l'acide carbonique.

6. La pression théorique : $\dfrac{9450^{atm}}{n}$.

Aucune expérience n'a été faite pour mesurer directement soit la chaleur, soit le volume des gaz, soit la pression : remarque qui s'applique également aux mélanges suivants.

§ 8. — Acide azotique et nitrobenzine.

1. La réaction de combustion exacte est

$$C^{12}H^{5}AzO^{4} + 5AzO^{6}H = 6C^{2}O^{4} + 5H^{2}O^{2} + 3Az^{2}.$$

2. Les rapports de poids sont : 123^{gr} nitrobenzine pour 315^{gr} acide azotique, en tout 438^{gr}; soit pour 1^{kg} : 719^{gr} acide et 281^{gr} nitrobenzine. On rappellera que la nitrobenzine est liquide.

3. La chaleur dégagée [1] sera, pour $1^{éq}$: 415^{Cal} (eau liquide), ou bien 365^{Cal} (eau gazeuse). Soit, pour 1^{kg} : 947^{Cal}, ou bien 834^{Cal}.

4. Le volume réduit des gaz pour $1^{éq}$: 201^{lit} (eau liquide); 313^{lit} (eau gazeuse); soit, pour 1^{kg} : 459^{lit}, ou bien 714^{lit}.

---

[1] On néglige ici la dissolution préalable de la nitrobenzine dans l'acide.

5. La pression permanente : $\frac{459^{atm}}{n-0,21}$, sous les réserves ordinaires.

6. La pression théorique : $\frac{10700^{atm}}{n}$.

§ 9. — Acide azotique et binitrobenzine.

1. La réaction de combustion totale est

$$C^{12}H^4Az^2O^8 + 4AzO^6H = 6C^2O^4 + 4H^2O^2 + 3Az^2.$$

2. Les rapports de poids sont : 168^{gr} de binitrobenzine pour 252^{gr} d'acide; en tout 420^{gr}. Soit pour 1^{kg} : 400^{gr} de binitrobenzine et 600^{gr} d'acide. On rappellera que la binitrobenzine est cristallisée.

3. La chaleur dégagée sera, pour $1^{éq}$: $387^{Cal},4$ (eau liquide), ou bien $347^{Cal},4$ (eau gazeuse); soit, pour 1^{kg} : 899^{Cal}, ou bien 827^{Cal}.

4. Le volume réduit des gaz, pour $1^{éq}$: 201^{lit} (eau liquide) ou bien 290^{lit} (eau gazeuse); soit, pour 1^{kg} : 479^{lit}, ou bien 690^{lit}.

5. La pression permanente : $\frac{479^{atm}}{n-0,18}$.

6. La pression théorique : $\frac{10800^{atm}}{n}$, sous les réserves ordinaires.

Elle est presque identique à celle de la benzine mononitrée. Ce qui doit être, la chaleur dégagée et le volume gazeux réduit étant à peu près les mêmes sous le même poids. Avec l'acide picrique, la différence est également faible.

En résumé, tous ces mélanges sont fort inférieurs, en théorie, à la nitroglycérine ou à la poudre-coton. Les propriétés corrosives de l'acide azotique doivent d'ailleurs rendre difficile le transport des mélanges faits à l'avance. Enfin la stabilité de tels mélanges est plus que douteuse. Mais ils peuvent offrir cet avantage d'une préparation sur place et instantanée.

§ 10. — Éthers perchloriques.

1. Les éthers des acides suroxygénés doivent être explosifs, comme les éthers azotiques et azoteux; mais les seuls qui aient été préparés jusqu'ici sont les éthers perchloriques. Ce sont en effet des corps éminemment détonants. Pour préciser, je vais donner

l'indication des propriétés thermiques et mécaniques de l'éther méthylperchlorique, le seul qui réponde à une combustion totale, parmi les éthers d'alcools monoatomiques.

2. La formule de l'éther *méthylperchlorique* est la suivante :

$$C^2H^2(ClO^8H).$$

Elle répond à l'équivalent 114,5.

3. La décomposition explosive sera

$$C^2H^2(ClO^8H) = C^2O^4 + 2HO + HCl + O^2.$$

On voit qu'elle met en liberté un excès d'oxygène, comme celle de la nitroglycérine et de la nitromannite.

4. La chaleur de formation de l'éther méthylperchlorique, depuis les éléments, peut être calculée en admettant que la formation de cet éther, depuis l'acide étendu et l'alcool étendu :

$$C^2H^4O^2 \text{ étendu} + ClO^8H \text{ étendu},$$
$$= C^2H^2(ClO^8H) \text{ étendu} + H^2O^2, \text{ absorbe : } -2^{Cal},0;$$

valeur trouvée en général pour les éthers à oxacides organiques et pour l'éther azotique lui-même.

On a d'ailleurs :

$C^2 + H^4 + O^2 + \text{eau} = C^2H^4O^2$ dissous	+64,0
$Cl + O^8 + H + \text{eau} = ClO^8H$ étendu	+ 4,9
Réaction............................	— 2,0
	+ 66,9

Admettons que la dissolution de l'éther dans l'eau ait dégagé +2,0; la formation de l'éther pur répond alors à +65^Cal^.

Or la formation de H^2O^2 produit +69,0. On a, en définitive,

$$C^2 + H^3 + O^8 + Cl = C^2H^2(ClO^8H) \text{ étendu : } -4^{Cal},0;$$

sensiblement.

5. La décomposion explosive dégagera [1] : $+175^{Cal}$ (eau gazeuse); soit, pour 1^{kg} : $+1529^{Cal}$.

---

[1] HCl et H^2O^2 étant supposés séparés l'un de l'autre dans l'état gazeux. En fait, il y aura réaction partielle, pendant le refroidissement, avec formation d'hydrate et dégagement de chaleur correspondant.

6. Elle produira $78^{lit},1$; soit pour 1^{kg} : 682^{lit}.

7. La pression permanente se calculerait d'après ce chiffre, s'il n'y avait pas réaction entre l'eau et l'hydracide pendant le refroidissement (*voir* la note ci-dessus).

7. La pression théorique : $\frac{17730^{atm}}{n}$.

8. D'après ces nombres, la chaleur dégagée est voisine de celle de la nitroglycérine (1480^{Cal} pour 1^{kg} et eau gazeuse). Le volume gazeux est de même voisin (713^{lit}).

On conçoit dès lors que la pression théorique doive être également voisine de celle de la nitroglycérine.

On aurait un effet plus puissant encore, en mélangeant $3^{éq}$ d'éther méthylperchlorique avec $1^{éq}$ d'éther éthylperchlorique, de façon à obtenir une combustion exacte des deux éthers.

En somme, les propriétés explosives des éthers perchloriques répondent à celles de la nitroglycérine et des matières les plus énergiques. C'est ce qui m'a engagé à signaler ici cet ordre de composés.

§ 11. — Oxalate d'argent.

1. On a dit plus haut (p. 125) comment ce composé est explosif et détone par le choc, ou par l'échauffement, vers 130°. C'est même un corps brisant.

2. La réaction suivante :

$$C^4Ag^2O^8 = 2C^2O^4 + Ag^2$$

répond à 304^{gr} de matière.

3. Elle dégage $+29^{Cal},5$ pour $1^{éq}$; soit $+97^{Cal}$ pour 1^{kg}.

4. Le volume réduit des gaz est $44^{lit},6$ pour $1^{éq}$, ou 114^{lit} pour 1^{kg}.

5. La pression permanente : $\frac{114^{atm}}{n-0,06}$, sous les réserves ordinaires.

6. La pression théorique : $\frac{712^{atm}}{n-0,06}$.

Cette pression est bien plus faible que celle des explosifs examinés jusqu'ici. Cependant, en raison de la grande densité du sel, elle serait à peu près quadruplée, s'il détonait dans son propre volume, ce qui rend compte du caractère brisant du composé.

§ 12. — Oxalate de mercure.

1. C'est une poudre blanche, pesante, dure, qui ne détone pas par le choc, mais qui détone faiblement par l'échauffement.

2. La réaction

$$C^4Hg^2O^8 = 2C^2O^4 + Hg^2$$

répond à 288^{gr} de matière.

3. Elle dégage : $+ 17^{Cal},3$ par équivalent (mercure liquide); ou $+ 1^{Cal},9$ (mercure gazeux). Soit, pour 1^{kg} : $+ 60^{Cal}$, ou bien, $6^{Cal},6$.

4. Le volume réduit des gaz est pour $1^{éq}$: $44^{lit},6$ (mercure liquide); ou $66^{lit},9$ (mercure gazeux). Soit, pour 1^{kg} : 155^{lit} ou bien 227^{lit}.

5. La pression permanente : $\frac{155^{atm}}{n - 0,05}$, sous les réserves ordinaires.

6. La pression théorique : $\frac{300^{atm}}{n}$.

Cette pression est minime, relativement aux autres matières explosives; ce qui explique pourquoi l'oxalate de mercure détone si faiblement et pourquoi le mélange de l'oxalate de mercure avec le fulminate, qui se produit dans une mauvaise fabrication, atténue beaucoup les propriétés du fulminate.

CHAPITRE X.

POUDRES A BASE D'AZOTATES.

---

§ 1.

1. La poudre noire est constituée par un mélange de salpêtre, de soufre et de charbon. Suivant les proportions relatives de ces trois ingrédients, on obtient : la *poudre de guerre,* pour laquelle on recherche la force la plus grande possible ; la *poudre de chasse,* pour laquelle on recherche la facilité d'inflammation et de combustion, et *la poudre de mine,* pour laquelle on recherche la production des gaz la plus abondante. Les proportions mêmes des ingrédients de chacune de ces poudres varient d'une nation à l'autre, entre des limites fort étendues.

Peu de matières ont été plus étudiées que les poudres de ce genre, objet continuel des méditations des artilleurs. Des ouvrages considérables ont été écrits sur leurs propriétés et sur leur emploi dans les opérations de guerre. Je n'ai pas l'intention d'en présenter ici un examen détaillé, examen que l'on trouvera d'une façon plus complète dans le Traité de Piobert, dans le Traité récent sur la poudre de MM. Upmann et Meyer, traduit et augmenté par M. Désortiaux, ainsi que dans les longs et importants Mémoires écrits par MM. Bunsen et Schisckhoff, Linck, Karolyi et surtout, dans ces derniers temps, par MM. Noble et Abel, Sarrau, Vieille, Sébert, etc.

Je me bornerai à examiner ici les diverses poudres, au point de vue des réactions chimiques développées par leur combustion, ainsi que de la chaleur dégagée et du volume des gaz produits par ces mêmes réactions. Je comparerai les résultats de la théorie avec ceux de l'expérience, autant que le permettent les circonstances suivantes, difficiles à faire entrer dans un calcul précis :

1° Le charbon employé n'est pas du carbone pur. Il contient seulement 75 à 80 centièmes de cet élément ; 2 centièmes d'hydrogène, 1 à 2 centièmes de cendres, enfin 15 à 20 centièmes d'oxygène.

2° La poudre renferme un peu d'humidité, dont la dose varie, tout en étant ordinairement voisine de 1 centième.

3° Le mélange de soufre, de salpêtre et de charbon n'est jamais absolument intime, et il éprouve des variations continuelles pendant le cours des opérations.

4° La combustion n'est jamais totale; de petites quantités de nitre et de soufre principalement échappant à la réaction, à cause du défaut d'homogénéité. Le salpêtre lui-même, sous l'influence de la haute température de l'explosion, tend à fournir d'abord des azotites, puis des composés de plus en plus stables (hypoazotites, peroxyde de potassium, etc.), encore mal connus.

5° Les vases métalliques (fer, cuivre), dans lesquels on opère, sont attaqués, avec formation de sulfures métalliques, sulfures simples et sulfures doubles, résultats de l'association des premiers avec le sulfure de potassium.

Cependant les calculs théoriques, quelque imparfaite que soit leur relation avec les conditions pratiques, offrent pourtant cet avantage d'indiquer la limite maximum des effets que l'on peut espérer atteindre et la direction qu'il convient de donner aux études expérimentales pour y parvenir.

Afin de préciser davantage les phénomènes chimiques, je vais d'abord exposer les expériences nouvelles que j'ai faites dans ces derniers temps sur diverses questions qui se rattachent à la théorie des réactions développées pendant l'explosion de la poudre de guerre, telles que : les réactions entre le soufre, le carbone, leurs oxydes et leurs sels (§ 2);

La décomposition pyrogénée des sulfites alcalins (§ 3);

La décomposition pyrogénée des hyposulfites alcalins (§ 4);

La mesure de la chaleur de combustion du charbon employé dans la fabrication de la poudre (§ 5);

Ces notions préliminaires une fois acquises, nous étudierons :

1° Les poudres qui répondent à une combustion exacte (§ 6);

2° Les poudres avec excès de combustible: telles que la poudre de guerre proprement dite, la poudre de chasse et la poudre de mine (§ 7).

3° Les poudres formées par des azotates autres que celui de potasse, poudres employées par l'industrie dans des cas particuliers (§ 8).

§ 2. — Réactions entre le soufre, le carbone, leurs oxydes et leurs sels.

1. L'étude des produits de l'explosion de la poudre m'a conduit à faire quelques observations sur les actions réciproques du soufre, du carbone, de leurs oxydes et de leurs sels. J'ai opéré tantôt au moyen de l'étincelle électrique, tantôt au moyen de la chaleur rouge. Dans les deux cas, il y a intervention d'énergies étrangères aux actions chimiques proprement dites, énergies développées par l'électricité ou par l'échauffement : spécialement décompositions successives, dissociations et changements d'états moléculaires (carbone polymérisé changé en carbone gazeux, soufre gazeux ramené à son poids moléculaire normal, au lieu du soufre à densité triple volatilisable vers 448°).

Je rappellerai d'abord que :

Le soufre brûlant dans l'oxygène sec produit de l'acide sulfureux, mêlé avec une dose notable d'acide sulfurique anhydre;

Le soufre en vapeur dirigé sur le charbon chauffé au rouge s'y combine avec production de sulfure de carbone;

Le carbone, brûlé dans l'oxygène, produit de l'acide carbonique, toujours mêlé avec un peu d'oxyde de carbone;

L'acide carbonique, dirigé sur le charbon chauffé au rouge, se change en oxyde de carbone; mais la transformation n'est jamais complète.

Exposons mes nouvelles observations d'une façon méthodique.

2. *Décomposition du gaz sulfureux.* — Une série d'étincelles électriques décomposent le gaz sulfureux en soufre et en acide sulfurique (Buff et Hofmann)

$$3SO^2 = 2SO^3 + S.$$

J'ai étudié de plus près cette décomposition.

En opérant dans un tube scellé, sans mercure, avec des électrodes de platine, il faut plusieurs heures pour décomposer la moitié du gaz, et la décomposition s'arrête à un certain terme, comme Deville l'avait observé. Elle ne fournit pas d'oxygène libre; mais une partie du soufre s'unit au platine.

La majeure partie du soufre forme avec l'acide sulfurique anhydre un composé spécial, visqueux, lequel absorbe en outre une certaine dose de gaz sulfureux. Ce composé est le véritable intermédiaire de la réaction : comme il est décomposable en sens inverse, la tension propre des gaz sulfureux et sulfurique qu'il émet limite la réaction.

3. *Décomposition de l'oxyde de carbone.* — L'oxyde de carbone, sous l'influence de l'étincelle, ou même de la température du rouge blanc (Deville), se décompose en partie en carbone et acide carbonique

$$2CO = CO^2 + C.$$

Mais la réaction demeure limitée à quelques millièmes.

J'ai reconnu qu'elle a lieu dès le rouge vif et même à la température du ramollissement du verre. Le carbone se dépose au point où le tube de porcelaine sort du fourneau et subit un abaissement de température; même sans recourir à l'artifice du tube chaud et froid. On le manifeste mieux encore, en plaçant des fragments de pierre ponce dans cette région du tube. Une trace d'acide carbonique, produit simultanément, peut être aussi constatée avec quelques précautions dans les gaz recueillis.

Quoique si faible et si peu sensible, cette réaction offre cependant une grande importance; car elle intervient, aussi bien que la dissociation du gaz carbonique en oxyde de carbone et oxygène, dans la réduction des oxydes métalliques et dans une multitude d'autres réactions pyrogénées.

Opposons maintenant le soufre et le carbone, soit libres, soit combinés.

4. *Gaz sulfureux et carbone* (braise de boulanger calcinée au préalable pendant plusieurs heures au rouge blanc, dans un courant de chlore sec, puis refroidie dans un courant d'azote). — En opérant dans un tube de porcelaine rouge de feu, j'ai recueilli un gaz formé d'oxyde de carbone, d'oxysulfure de carbone et de sulfure de carbone, d'après les rapports suivants :

$$4SO^2 + 9C = 6CO + 2COS + CS^2;$$

une petite quantité de soufre libre s'est sublimée en même temps.

Tout ceci s'explique, en admettant que le carbone a pris l'oxygène

$$SO^2 + 2C = 2CO + S$$

et que le soufre gazeux, mis à nu, s'est combiné, pour son propre compte, en partie au carbone et en partie à l'oxyde de carbone.

Dans ces expériences, le carbone contenu dans le tube se recouvre d'une sorte d'enduit fuligineux et éprouve une désagrégation remarquable, qui le divise en petits fragments, suivant trois plans rectangulaires : circonstances qui paraissent dues à l'état de dissociation propre du sulfure de carbone, lequel se détruit, en partie, aux températures mêmes auxquelles il se forme, d'après mes anciennes observations (*Annales de Chimie et de Physique*, 4e série, t. XVIII, p. 169).

5. *Acide carbonique et soufre.* — L'expérience a été faite à deux températures différentes.

1° On porte le soufre à l'ébullition, dans une cornue de verre, et on le fait traverser par un courant lent de gaz carbonique sec. Cette réaction a été donnée comme produisant de l'oxysulfure de carbone. Il n'en est rien, comme je m'en suis assuré par des essais très précis. Ce qui a pu occasionner l'erreur, ce sont les traces d'hydrogène sulfuré que le soufre, même le mieux purifié, dégage toujours lorsqu'on le chauffe.

En réalité, le soufre en ébullition est sans action sur le gaz carbonique sec.

2° Si l'on dirige à travers un tube de porcelaine rouge de feu le gaz carbonique mêlé de vapeur de soufre, on observe au contraire une réaction, très faible à la vérité, mais incontestable.

En effet, le gaz dégagé renfermait, sur 100 volumes, $2^{vol},5$ de gaz autres que l'acide carbonique, savoir :

$$1^{vol}\,COS;\quad 1^{vol}\,CO;\quad 0^{vol},5\,SO^2.$$

Ces petites quantités me paraissent attribuables, non à l'attaque propre de l'acide carbonique par le soufre, mais à sa dissociation préalable en oxyde de carbone et oxygène; dissociation légère d'ailleurs dans ces conditions, mais que la présence du soufre, qui s'unit à la fois à l'oxygène et à l'oxyde de carbone, tend à rendre manifeste.

6. *Gaz carbonique et sulfureux.* — J'ai mélangé les deux gaz à volumes égaux, je les ai introduits dans un tube de verre, muni d'électrodes de platine, puis j'ai scellé à la lampe. Après deux heures et demie de fortes étincelles, j'ai observé :

	vol
Diminution de volume...............	19
SO^2.................................	31
CO^2.................................	30
CO	20

Chacun des deux gaz s'est décomposé pour son propre compte. L'oxygène résultant de la dissociation de l'acide carbonique s'est condensé, en s'unissant avec l'acide sulfureux sous forme d'acide sulfurique.

Le gaz sulfureux semble ici plus stable que le gaz carbonique, contrairement à ce que l'on aurait pu croire.

7. *Gaz sulfureux et oxyde de carbone.* — 1° Le mélange, fait à volumes égaux, a été dirigé lentement à travers un tube de porcelaine très étroit, rouge de feu. On a recueilli :

	Gaz moyen.	Gaz final.
	vol	vol
SO^2	47	37
CO^2	9	20
CO	44	43

Il s'est produit du soufre. Il n'y avait ni oxysulfure de carbone, ni sulfure de carbone, en proportion notable.

Ainsi l'oxyde de carbone a réduit le gaz sulfureux

$$2CO + SO^2 = 2CO^2 + S.$$

Mais la réduction est demeurée incomplète, comme l'expérience faite avec l'acide carbonique permettait de le prévoir.

2° On a mêlé 2^{vol} d'oxyde de carbone et 1^{vol} de gaz sulfureux, et on les a introduits dans un tube de verre, pourvu d'électrodes de platine; puis on a scellé le tube. On a fait passer une série d'étincelles. Voici les résultats de deux essais :

	Après	
	une demi-heure.	deux heures.
	vol	vol
Diminution...........	14	28
SO^2..................	20	6
CO^2..................	18	9
CO	48	57

Ni sulfure, ni oxysulfure de carbone.

On voit encore ici la réduction de l'acide sulfureux par l'oxyde de carbone. Mais, circonstance remarquable, une portion considérable du premier gaz se détruit pour son propre compte, sans céder son oxygène à l'oxyde de carbone et en fournissant ce même composé de soufre, d'acide sulfureux et d'acide sulfurique déjà signalé et qui se condense aux parois du tube.

3° La même expérience, répétée sur le mercure, avec de fortes étincelles, dans l'espace de quatre heures, a déterminé la destruction totale de l'acide sulfureux, avec production d'un mélange final renfermant :

	vol
CO^2	24
CO	75
O	1

Dans ces conditions, le mercure absorbe l'acide sulfurique anhydre et l'élimine, en formant un sous-sulfate.

8. *Composés salins.* — Tous les oxysels alcalins du soufre étant ramenés vers la température rouge à l'état de sulfate et de sulfure, j'ai surtout envisagé ces deux sels, ainsi que le carbonate de potasse, et je les ai fait agir au rouge sur le soufre, sur le carbone et sur leurs oxydes gazeux. Les sels étaient contenus dans des nacelles, disposées dans un tube de porcelaine.

9. *Sulfate de potasse et acide carbonique.* — Au rouge vif, pas d'action. A une température plus haute, il conviendrait sans doute de tenir compte de la dissociation des sulfates, observée par M. Boussingault.

10. *Sulfate de potasse et oxyde de carbone.* — Au rouge vif, le sulfate a été changé en sulfure, ou plutôt en polysulfure [1], renfermant quelques flocons de carbone, et l'on a recueilli un mélange d'acide carbonique et d'oxyde de carbone : la proportion relative du premier gaz variait entre les quatre cinquièmes et la moitié, suivant la vitesse du courant et la température.

La réaction principale est ici

$$SO^4K + 4CO = KS + 4CO^2.$$

Il y a une trace de carbonate.

11. L'*action* réductrice du *charbon sur le sulfate de potasse* est trop connue pour qu'il m'ait paru utile de la reproduire.

12. *Sulfate de potasse et acide sulfureux.* — Au rouge vif, pas d'action.

---

[1] La formation constante du polysulfure, dans les actions pyrogénées qui fournissent le sulfure, a été remarquée par Gay-Lussac, Berzélius et Bauer. Elle tient à quelque réaction mal connue, telle que la formation d'un oxysulfure de potassium.

13. *Sulfate de potasse et soufre.* — On peut évaporer le soufre en présence du sulfate de potasse, sans qu'il y ait réaction, pourvu que l'on se maintienne soigneusement au-dessous du rouge.

Au contraire, dans un tube de porcelaine rougi, la vapeur de soufre réduit le sulfate de potasse, avec production de polysulfure et de gaz sulfureux :

$$SO^4K + 4S = KS^3 + 2SO^2.$$

Cette transformation n'a jamais été totale. Elle paraît d'ailleurs représenter le terme ultime d'une suite de changements, où interviennent les oxysels inférieurs du soufre ; composés dont on retrouve. en effet, des traces, en ménageant l'action.

La réaction bien connue du sulfure de carbone sur le sulfate de potasse, qu'il change en sulfure, peut être regardée en bloc comme la somme de celles du soufre et du carbone. Mais elle serait aussi précédée par des composés intermédiaires, tels que le sulfocarbonate, d'après M. Schöne.

14. *Soufre et carbonate de potasse.* — C'est là une réaction des plus étudiées. Au rouge, elle fournit du polysulfure, du sulfate et de l'acide carbonique :

$$4CO^3K + 16S = 3KS^5 + SO^4K + 4CO^2.$$

Mais ce sont là aussi les termes extrêmes de réactions successives : l'hyposulfite, par exemple, se formant à 250°, d'après Mitscherlich.

15. *Carbone et carbonate de potasse.* — Rappelons ici que cette réaction fournit au rouge blanc de l'oxyde de carbone et du potassium, non sans formation de divers composés secondaires, tels que les acétylures. La dissociation du carbonate de potasse intervient d'ailleurs (Deville).

16. *Carbonate de potasse et acide sulfureux.* — Si le gaz passe rapidement, le sel chauffé en rouge se change en sulfate, avec une trace seulement de sulfure. Si le courant est lent, le sulfure augmente.

17. *Acide carbonique et sulfite.* — Il se forme du sulfate, du polysulfure et un peu de carbonate. — Le métasulfite (bisulfite anhydre) donne les mêmes produits.

18. *Acide carbonique et polysulfure de potassium.* — Dans un

tube rouge, il se sublime du soufre et le gaz dégagé renferme environ 3 centièmes d'un mélange d'oxyde de carbone, d'acide sulfureux et d'oxysulfure.

C'est la même réaction que celle du soufre sur l'acide carbonique, réaction attribuable à la dissociation de ce dernier composé. Un peu de carbonate alcalin paraît résulter aussi de cette dissociation : l'oxygène que celle-ci fournit concourant avec l'excès d'acide carbonique pour déplacer le soufre.

19. De ces faits résultent plus d'une conséquence, relativement à l'étude des réactions produites pendant l'explosion de la poudre. Par exemple, si le carbonate de potasse subsiste en quantité notable en présence du soufre, résultant de la dissociation du polysulfure produit simultanément, c'est apparemment que ces deux sels ne prennent pas naissance au même point de la matière en ignition.

Ce même soufre devrait attaquer aussi le sulfate de potasse, si les deux corps étaient maintenus en présence sur le même point.

L'oxyde de carbone détruirait également le sulfate, s'il se formait au même endroit, ou s'il demeurait quelque temps en contact avec le sel fondu, etc.

On voit par là comment le caractère plus ou moins homogène du mélange initial, la durée plus ou moins grande de la combustion et la vitesse variable du refroidissement peuvent faire varier la nature des produits ultimes, entre des limites extrêmement étendues. J'aurai occasion de revenir sur ces problèmes, d'un haut intérêt pour les applications.

20. J'ai examiné jusqu'ici les produits ultimes des réactions accomplies au rouge; dans ces réactions il ne se trouve ni sulfite, ni hyposulfite, parce que ces deux genres de sels sont décomposés au-dessous de cette température.

§ 3. — Décomposition pyrogénée des sulfites alcalins.

1. Je distinguerai les sulfites neutres et les métasulfites, autrement dits bisulfites anhydres.

Le *sulfite neutre de potasse* se décompose en sulfite et sulfure, d'après ce qui est admis dans la Science :

$$4SO^3K = 3SO^4K + KS.$$

2. J'ai fait une étude spéciale de cette décomposition, qui constitue l'un des caractères distinctifs les plus frappants entre les sulfites normaux et les métasulfites.

J'ai constaté que le dosage exact des produits vérifie l'équation ci-dessus de la façon la plus précise, lorsqu'on chauffe vers le rouge sombre le sulfite sec dans une atmosphère d'azote ([1]). Plusieurs dosages par l'iode, faits avec les précautions voulues, ont absorbé par exemple : $31^{cc},5$; $32^{cc},5$; $30^{cc},8$ de la solution iodée ; alors que le sel primitif en prenait 126^{cc}. Le quart de ce dernier chiffre est bien $31^{cc},5$.

Il ne se dégage point d'acide sulfureux, contrairement à une assertion de M. Muspratt, laquelle exigerait une mise à nu de potasse inexplicable.

La décomposition du sulfite n'a pas encore lieu à 450° ; le sel demeurant intact jusque vers le rouge sombre et, même à cette température, exigeant un certain temps pour se transformer entièrement.

3. On sait que l'on distingue deux séries de sulfites : les sulfites neutres et les sulfites acides, réputés répondre à la constitution d'un acide bibasique : soient $S^2O^4, 2KO$ et S^2O^4, KO, HO, sels étudiés par MM. Muspratt, Rammelsberg et de Marignac. Ces savants ont encore signalé un bisulfite anhydre : S^2O^4, KO.

La suite de mes recherches sur les produits de l'explosion de la poudre m'a conduit à mesurer la chaleur de formation de ces divers sulfites de potasse et j'ai reconnu, non sans surprise, que le prétendu bisulfite anhydre, loin d'appartenir au même type que les autres sulfites, constitue en réalité, par ses réactions chimiques et par ses propriétés thermiques, un type propre, caractéristique d'une nouvelle série saline : les *métasulfites*, aussi distincts des sulfites proprement dits que les métaphosphates et les pyrophosphates, par exemple, le sont des phosphates normaux.

Le *métasulfite de potasse pur* s'obtient en saturant par le gaz sulfureux une solution concentrée de carbonate de potasse, soit à chaud, soit même à froid, et en desséchant à 120° le sel qui se sépare par cristallisation. Le sel anhydre, déjà signalé sous le nom de *bisulfite anhydre* par MM. Muspratt et de Marignac, répond à la formule S^2O^5K ([2]). Ce sel se distingue par sa chaleur de formation,

---

([1]) Seulement le sulfite formé contient, comme toujours, quelque peu d'un polysulfure rouge, composé que l'on rencontre dans toutes les conditions où le monosulfure seul devrait prendre naissance.

([2]) *Comptes rendus*, t. XCVI, p. 142, et surtout p. 208.

par sa stabilité, par son aptitude à former des hydrates et même des dissolutions distinctes de celles du bisulfite normal, enfin par sa décomposition pyrogénée.

En effet, le bisulfite normal, récemment préparé en solutions étendues, par la saturation du sulfite neutre au moyen de l'acide sulfureux, ne tarde pas à changer d'état dans la liqueur même; ils se déshydrate et devient métasulfite, en dégageant $+ 2^{Cal},6$; circonstance qui explique la prépondérance du métasulfite et sa formation définitive dans les dissolutions.

La potasse dissoute ramène d'ailleurs le métasulfite à l'état de sulfite neutre.

Sans insister davantage ici sur les caractères des métasulfites, je me bornerai à signaler l'action qu'il éprouve de la part de la chaleur, comme rentrant dans le cadre du présent Ouvrage.

4. *Décomposition pyrogénée du métasulfite.* — L'action de la chaleur constitue l'un des caractères les plus frappants du métasulfite de potasse. En effet, le métasulfite sec ne perd pas d'acide sulfureux, même à 150°.

Si on le porte vers le rouge sombre, il dégage cependant de l'acide sulfureux, mais sans régénérer une dose corrélative de sulfite neutre, et même en se changeant nettement et entièrement en sulfate de potasse et soufre sublimé, lorsque la réaction est bien ménagée,

$$2S^2O^5K = 2SO^4K + SO^2 + S.$$

J'ai vérifié cette équation par des mesures exactes. Celles-ci sont caractéristiques. En effet, il se dégage de l'acide sulfureux : le volume de ce gaz indiqué par la formule précédente doit être la *moitié* de celui qui répondrait à la réaction normale d'un bisulfite, tel que

$$S^2O^5K = SO^3K + SO^2.$$

Le sulfite neutre devrait se détruire d'ailleurs à son tour en sulfate et sulfure.

Or, j'ai vérifié, en opérant dans un espace très étroit, rempli d'azote sec, avec un échauffement progressif et en recueillant à mesure les gaz, afin d'en empêcher les réactions ultérieures sur les sels restants :

1° Que le volume du gaz sulfureux est précisément la moitié du volume exigé par la seconde formule (bisulfite normal);

2° Que le sel résidu est constitué par du sulfate à peu près pur, n'exerçant qu'une action insignifiante sur une solution d'iode.

La transformation n'est tout à fait nette que si le métasulfite est chauffé seul. Dans un courant d'un gaz inerte, tel que l'azote, ou même dans un espace considérable rempli de ce gaz, le métasulfite commence à se dissocier en acide sulfureux, qui est entraîné, et sulfite neutre, qui fournit ensuite une certaine dose de sulfure. Mais ces complications peuvent être écartées, en opérant comme il a été dit.

Ces réactions, je le répète, caractérisent très nettement le métasulfite.

§ 4. — Décomposition pyrogénée des hyposulfites alcalins.

1. Lors d'une discussion qui s'est élevée, il y a quelques années, sur la composition des produits de l'explosion de la poudre, j'ai établi que l'hyposulfite de potasse, accusé par les analyses anciennes jusqu'à la dose de 34 centièmes, ne préexiste pas en réalité, à dose sensible, parmi ces produits; il est introduit pendant les manipulations analytiques. Cette démonstration repose sur le fait que l'hyposulfite de potasse se trouve entièrement détruit au voisinage de 500°, température bien inférieure à celle de l'explosion de la poudre. Elle a été acceptée finalement, non sans contestations au début, par MM. Noble et Abel, à la suite des expériences de M. Debus, qui a constaté que l'hyposulfite trouvé dans les analyses résultait de l'emploi de l'oxyde de cuivre pour éliminer les polysulfures alcalins.

J'ai fait, depuis, la même constatation avec l'oxyde de zinc. Cet oxyde, agissant sur le polysulfure de potassium, m'a fourni, à côté du sulfure de zinc, de l'hyposulfite, du sulfate et de l'hyposulfate; la proportion relative du soufre contenu dans ces trois derniers corps étant 11, 18 et 8 dans une expérience. La présence de l'hyposulfate, en particulier, avait échappé jusqu'ici; il est probable que ce corps se produit également avec l'oxyde de cuivre. Il prend même naissance, quoique en petite quantité, lorsqu'on détruit le polysulfure par l'acétate de zinc.

2. Ces faits étant acquis, il m'a paru utile de préciser davantage les températures de décomposition des hyposulfites alcalins. Les expériences ont été faites sur des sels desséchés d'une manière progressive, d'abord dans le vide, puis à 150°, conditions dans lesquelles ils n'éprouvent aucune altération.

Si on les porte brusquement vers 200°, au contraire, ils éprouvent un commencement de décomposition sous l'influence de la vapeur d'eau fournie par les hydrates.

Lorsqu'on les chauffe plus haut, il faut opérer dans une atmosphère d'azote pur et sec, la moindre trace d'oxygène provoquant une oxydation, avec sublimation de soufre. La décomposition des hyposulfites est accusée par le titrage au moyen de l'iode, qui doit tomber à moitié, d'après la formule théorique

$$4S^2O^3K = 3SO^4K + KS^5.$$

Le premier membre prend I^2, le second seulement I.

On opère au bain d'alliage, les températures étant données par un thermomètre à air. J'ai trouvé, avec des liqueurs titrées renfermant un poids connu d'iode :

		Titre en iode.
		div.
S^2O^3K	d'après la théorie	323
»	séché dans le vide	323
»	chauffé à 255°	325
»	310° dix minutes	320
»	» une heure	323
»	430° peu de temps	320
»	470°	160
»	490°	161
S^2O^3Na	théorique (autre liqueur titrée)	632
»	séché à 150°	632
	» 200	634
	» 255	634
	» 331 dix minutes	633
	» » une heure	633
	» 358	632
	» 400	569
	» 470	375
	» 490	381

Il résulte de ces dosages que les hyposulfites de potasse et de soude résistent sans altération jusque vers 400°.

Le sel de soude s'altère déjà à cette température; le sel de potasse résiste un peu davantage, jusque vers 430°, du moins, si l'on ne prolonge pas trop la durée du chauffage : autrement il commence à s'altérer. A 470°, la décomposition est totale. Elle est strictement théorique pour le sel de potasse. Pour le sel de soude, il y a sublimation partielle du soufre et le titre trouvé est trop fort de 8 pour 100 environ (sur 50).

§ 5. — Sur les charbons employés dans la fabrication de la poudre.

1. Dans les équations relatives à la combustion de la poudre, on envisage d'ordinaire le carbone pur; mais, en réalité, il faudrait prendre le charbon avec sa composition véritable : car les résultats calculés en supposant l'oxygène à l'état d'eau, tandis que le carbone et l'hydrogène seraient libres, ne sont pas sûrs, à cause de la constitution complexe du charbon et de l'excès thermique qu'il dégage lors de sa combustion totale.

2. On pourrait croire que, pour tenir compte de cette circonstance dans les calculs calorimétriques, il suffit de calculer la formation de l'acide carbonique et de l'oxyde de carbone, depuis le carbone amorphe,

$$C + O^2 = CO^2, \text{ dégage : } +48^{Cal},5,$$

au lieu de $+47^{Cal}$ pour le carbone diamant.

Mais cette manière même de compter donne des chiffres trop faibles, parce que le charbon employé dans la fabrication de la poudre n'est pas du carbone pur : il renferme de l'hydrogène et de l'oxygène, à peu près dans les proportions de l'eau. Par exemple, le charbon de la poudre que M. Bunsen a étudiée contenait, sur 11,0 parties :

$$C = 7,6; \quad H = 0,4; \quad O = 3,0.$$

Or la combustion des charbons hydrogénés fournit plus de chaleur que celle qui répondrait au carbone qu'ils renferment, l'hydrogène et l'oxygène étant supposés à l'état d'eau préexistante, c'est-à-dire ne concourant plus à la production de la chaleur. Ainsi Favre et Silbermann [1], en brûlant de la braise de boulanger (qui contenait, pour 1^{gr} de carbone, $0^{gr},027$ d'hydrogène), ont trouvé $52\,440^{cal}$, au lieu de 47 000, pour 6^{gr} de carbone brûlés; ce qui fait un excès de plus d'un neuvième, soit 906^{cal} par gramme.

3. Ceci s'explique, si l'on remarque que le charbon calciné dérive d'un hydrate de carbone et que les hydrates de carbone, comme j'en ai fait la remarque, il y a vingt ans, fournissent par leur combustion

---

[1] *Annales de Chimie et de Physique*, 3e série, t. XXXIV, p. 410; 1852.

plus de chaleur que le carbone qu'ils renferment, déduction faite de l'oxygène et de l'hydrogène sous forme d'eau.

La chaleur de combustion d'un hydrate de carbone de la formule ($C^{12}H^pO^p$) demeure d'ordinaire voisine, d'après l'expérience, de 709 à 726^Cal pour 72^gr de carbone.

Cela ferait pour la chaleur de combustion de $C = 6^{gr}$: 59^{Cal} à $61^{Cal},6$; c'est-à-dire un excès de plus d'un quart sur la chaleur de combustion du carbone réel de la matière.

Lorsqu'on déshydrate les hydrates de carbone par la chaleur, une portion de cet excédent thermique, c'est-à-dire une portion de cet excès d'énergie, demeure dans le charbon résidu ([1]).

En outre, ce dernier charbon retient parfois un excès d'hydrogène, lequel fournit à poids égal quatre fois autant de chaleur que le carbone.

4. Il n'est guère possible de tenir compte exactement de ces circonstances complexes, à moins d'analyses et de déterminations calorimétriques toutes spéciales, faites sur le charbon même employé dans la fabrication d'une poudre déterminée. Mais il est clair qu'elles tendent à atténuer l'erreur commise en prenant, dans les calculs calorimétriques, le poids du charbon employé comme égal au poids du carbone pur, auquel il est en réalité inférieur d'un cinquième environ.

Cette compensation s'étend même jusqu'au volume des gaz : attendu que le volume d'acide carbonique qui se produit en moins est à peu de chose près remplacé au moment de l'explosion par le volume de la vapeur d'eau, résultant de l'hydrogène et de l'oxygène contenus dans le charbon.

5. Dans le but de préciser davantage ces notions, je vais reproduire quelques observations faites sur la composition d'un charbon dérivé du ligneux pur.

Ayant eu occasion de voir dans la poudrerie de Toulouse du charbon de fusain, préparé avec les précautions ordinaires, c'est-à-dire à l'abri de l'air et à une température relativement peu élevée, au moyen de jeunes branches dont l'axe contenait de la moelle en quantité notable, il m'a paru intéressant d'examiner la portion charbonneuse dérivée de cette moelle, matière pure et homogène.

([1]) *Voir* aussi les travaux de M. Scheurer-Kestner qui a trouvé un excès analogue dans la combustion de certaines houilles.

En outre, la situation centrale de la moelle permet à la décomposition pyrogénée de cette substance de s'effectuer en dehors de l'influence de l'air et des gaz formés par réaction secondaire, dans les appareils distillatoires. M. Joulin, directeur de la poudrerie de Toulouse, eut l'obligeance de me faire trier les branches carbonisées dont le canal médullaire était le plus volumineux ; j'ai extrait, par voie mécanique, le charbon contenu dans ce canal. Il conservait exactement l'aspect et la structure de la moelle primitive, sauf sa couleur, bien entendu.

Pour l'analyser, je l'ai séché à l'étuve à 100°, puis brûlé dans un courant d'oxygène, en achevant la combustion des gaz au moyen d'une colonne d'oxyde de cuivre. J'ai trouvé :

1° Perte à 100° 9,0

Cette perte est due à de l'eau, condensable sous forme liquide et absorbable par l'acide sulfurique. Cependant il se produit aussi une trace d'acide carbonique, comme je l'ai vérifié, trace engendrée sans doute par oxydation au contact de l'air; ce qui est digne d'intérêt, à cause de la basse température de l'expérience (100°). Mais le poids en est inférieur à 1 millième, d'après des mesures directes.

2° Cendres 3,5

3° La matière combustible séchée à 100° renfermait :

Carbone 73,6; c'est-à-dire, en y ajoutant le carbone salin des cendres	73,9
Hydrogène	2,2
Potassium	2,1
Oxygène	21,8

Ces nombres peuvent être représentés par les rapports empiriques suivants : $C^{240}H^{88}KO^{54}$, lesquels exigent :

C	73,7
H	2,2
K	2,0
O	22,1

Il est bien entendu qu'il ne s'agit pas ici d'une formule proprement dite.

Ces rapports, comparés à ceux qui expriment la composition de la cellulose : $C^{240}H^{200}O^{200}$, montrent que la distillation a enlevé à cette matière non seulement de l'eau, mais aussi un excès d'hydrogène ; ce qui répond à la formation effective du formène, C^2H^4, de l'acétone, $C^6H^6O^2$, et des produits pyrogénés analogues.

Le charbon de la moelle, préparé à température peu élevée, n'est donc pas un simple hydrate de carbone ; mais il contient une dose d'oxygène supérieure à celle qui correspondrait à une telle composition.

La proportion même de l'oxygène contenu dans ce charbon, soit 12 centièmes, est très remarquable, en raison des propriétés physiques de la substance. Il y a là des composés spéciaux, à équivalent très élevé, mais que leur insolubilité et leur état amorphe empêchent de définir convenablement. J'ai insisté ailleurs sur l'existence de ces composés humiques et charbonneux, formés par la voie des condensations successives, et dont les divers carbones représentent la limite extrême ([1]).

§ 6. — Poudres à combustion totale. — Salpêtre et charbon.

1. Deux éléments combustibles étant associés avec le comburant, il est facile d'imaginer un nombre illimité de poudres de ce genre, suivant la proportion relative des deux comburants. Nous envisagerons les trois cas suivants :

1° Mélange de salpêtre et de charbon ;

2° Mélange de salpêtre et de soufre ;

3° Mélange de salpêtre avec le soufre et le charbon, pris dans des proportions égales.

2. *Salpêtre et charbon.*

L'équation est la suivante :

$$AzO^6K + 2\tfrac{1}{2}C = CO^3K + 1\tfrac{1}{2}CO^2 + Az.$$

Elle répond à 101gr de nitre et 15gr de carbone, en tout 116gr. Soit, pour 1kg : 129gr de charbon et 871gr de nitre.

3. Ceci admis, la chaleur dégagée sera, pour 1éq d'azotate de

([1]) *Traité de Chimie organique*, p. 384 ; 1872. — 2e édition, t. I, p. 456 (1881). — *Annales de Chimie et de Physique*, 4e série, t. XIX, p. 413, et t. IX, p. 475. J'ai également insisté (t. IX, p. 478) sur l'analogie de ces composés avec les oxydes métalliques, obtenus par une calcination plus ou moins intense, et qui représentent des produits de condensation successive.

potasse employé à brûler du charbon, à pression constante : $+90^{Cal},7$; ou $+91^{Cal},2$, à volume constant. Soit, pour 1^{kg} : 782^{Cal}, à pression constante; ou 786^{Cal}, à volume constant.

4. Le volume réduit des gaz : $27^{lit},9$;
Soit, pour 1^{kg} : $240^{lit},5$.

5. La pression permanente : $\frac{240^{atm},5}{n - 0,27}$; sous les réserves ordinaires relatives à la liquéfaction de l'acide carbonique.

6. La température théorique, à volume constant : 3448°.

7. La pression théorique : $\frac{3430^{atm}}{n - 0,27}$.

§ 7. — Salpêtre et soufre.

1. L'équation est la suivante :

$$AzO^6K + 2S = SO^4K + SO^2 + Az.$$

Elle répond à 101^{gr} de nitre et 32^{gr} de soufre; en tout 133^{gr}.
Soit, pour 1^{kg} : 241^{gr} de soufre et 759^{gr} de nitre.
Le soufre peut être envisagé comme pur, dans la pratique.

2. Ceci admis, la chaleur dégagée sera, pour un équivalent : $87^{Cal},0$, à pression constante; $87^{Cal},5$, à volume constant.
Soit pour 1^{kg} : 654^{Cal}, à pression constante; 658^{Cal}, à volume constant.

3. Le volume réduit des gaz : $22^{lit},3$ pour l'équivalent.
Soit 168^{lit} pour 1^{kg}.

4. La pression permanente : $\frac{168^{atm}}{n - 0,25}$; sous réserves de la limite de liquéfaction de l'acide sulfureux.

5. La température théorique à volume constant : 3870°.

6. La pression théorique : $\frac{2545^{atm}}{n - 0,25}$.

Observons que, dans les conditions d'emploi de la poudre noire, l'acide sulfureux signalé par les équations ci-dessus n'apparaît pas.

---

(1) En admettant les chaleurs spécifiques moléculaires suivantes : CO^2 : 3,6; Az : 2,4; CO^3K : 151,0; SO^4K : 16,6; SO^2 : 3,6 (*voir* t. I, p. 216).

§ 8. — Salpêtre, soufre et carbone, ces derniers à poids égaux (poudre noire avec excès de nitre).

1. L'équation de la réaction est

$$5AzO^6K + 3S + 8C = 3SO^4K + 2CO^3K + 6CO^2.$$

Elle répond à 505gr de nitre, 48gr de soufre et 48gr de carbone; en tout : 601gr;

Soit, pour 1kg : nitre, 840; soufre, 80; charbon, 80.

2. La chaleur dégagée sera, pour le poids équivalent : 479Cal,6 à pression constante, ou 481Cal,2 à volume constant.

Soit, pour 1kg : 798Cal, à pression constante, et 801Cal, à volume constant.

3. Le volume réduit des gaz : 66lit,9 pour le poids équivalent;

Ou 111lit,3 pour 1kg.

4. La pression permanente : $\frac{111^{atm}}{n - 0,27}$; sous réserve de la limite de liquéfaction de l'acide carbonique.

5. La température théorique : 4746°.

6. La pression théorique : $\frac{2046^{atm}}{n - 0,27}$.

7. La chaleur produite surpasse un peu celles des poudres de chasse et de guerre. Mais le volume des gaz permanents, développés par ces dernières, est double de celui qui répond à une combustion complète. Aussi la pression est-elle bien plus faible pour la poudre avec excès de nitre que pour les poudres de chasse et de guerre.

La combustion complète, opérée par un excès de nitre, n'est donc pas avantageuse, au point de vue des effets développés par la pression de la poudre. La pratique avait déjà constaté cette infériorité de la poudre avec excès d'azotate.

8. Cependant il est digne de remarque que les composés auxquels la combustion complète d'une poudre avec excès de nitre donne naissance, c'est-à-dire le sulfate et le carbonate de potasse, sont signalés également par les auteurs comme produits principaux des analyses, dans la déflagration des poudres de chasse et de guerre, aussi bien que dans celle des poudres en apparence les plus différentes, telles que la poudre de mine, très riche en soufre, et la poudre avec excèsde charbon. Bien que les produits varient un peu suivant les conditions de la déflagration, on a, je le répète, signalé presque toujours le sulfate et le carbonate de potasse : observation d'autant plus importante que ces deux sels ne figurent pas dans les équations théoriques que l'on admettait autrefois.

§ 9. — Poudres de guerre.

Première section. — *Division du sujet.*

Nous partagerons l'étude des poudres de guerre en quatre sections, comprenant :

Les propriétés générales de la poudre (deuxième section);

Les produits de la combustion de la poudre (troisième section);

La théorie de la combustion de la poudre (quatrième section);

La comparaison entre la théorie et l'observation (cinquième section).

Deuxième section. — *Propriétés générales de la poudre.*

1. En France, on ne s'est jamais beaucoup éloigné du dosage *six*, *as* et *as*, c'est-à-dire :

Salpêtre	75,0
Soufre	12,5
Charbon	12,5

Un excès de charbon et de nitre augmente la force; un excès de soufre a été reconnu favorable à la bonne conservation de la poudre. La présence du soufre d'ailleurs abaisse la température initiale de la décomposition de la matière et régularise celle-ci.

Les dosages actuels sont, en France :

	Nitre.	Soufre.	Charbon.
Poudre à canon	75	12,5	12,5
Poudre à gros grain ancienne	75	10	15
Poudre à fusil dite B	74	10,5	15,5
Poudre à fusil dite F	77	8	15
Autriche	75,5	10	14,5
États-Unis, Suisse	76	10	14
Hollande	70	14	16
Chine	61,5	15,5	23
Prusse	74	10	16
Angleterre, Russie, Suède, Italie	75	10	15

La composition 75; 12,5; 12,5, répond sensiblement aux rapports

$$AzO^6K + C + 3C,$$

soit 101 + 16 + 18, en tout 135gr; ou pour 1kg : 748gr de salpêtre, 118gr,5 de soufre et 133gr,5 de carbone.

2. La température d'inflammation de la poudre a été fixée à 316° par Horsley. Cette température varie suivant le procédé d'échauffement (*voir* p. 164). Elle peut s'abaisser à 265°, d'après Violette. Si l'échauffement a lieu lentement, le soufre fond, détermine l'agrégation des grains, puis se vaporise peu à peu; on peut même le sublimer presque entièrement.

La nature du charbon a ici une grande influence; certains charbons de bois donnant déjà de l'acide carbonique au contact de l'air à 100°, et même au-dessous (p. 282).

On conçoit donc que de tels charbons, si leur surface n'est pas exactement recouverte de soufre et de salpêtre par suite d'un mélange très intime, on conçoit, dis-je, qu'ils puissent s'oxyder de plus en plus vite, à une température qui va croissant d'ailleurs par suite de l'oxydation. Ils peuvent même prendre feu, surtout si la masse est assez considérable pour que la chaleur produite par cette oxydation n'ait pas le temps de se dissiper. On peut rendre compte ainsi de certains accidents d'inflammation spontanée des amas de pulvérin.

3. L'inflammation de la poudre se produit par le choc de fer sur fer, fer sur laiton ou sur marbre, laiton sur laiton, quartz sur quartz, moins facilement par fer sur cuivre, ou cuivre sur cuivre. Elle a lieu même par plomb sur plomb, ou plomb sur bois; rarement par cuivre sur bois; jamais par bois sur bois, sans interposition de gravier, bien entendu.

4. La poudre absorbe une certaine dose d'humidité, principalement à cause des propriétés hygrométriques du charbon et des impuretés du salpêtre : cette dose varie de 0,5 dans les magasins secs à 1,20 dans les magasins humides. La dose d'eau ainsi absorbée peut s'élever jusqu'à 7 centièmes, dans une atmosphère saturée dont la température subit des alternatives. Quand elle dépasse une certaine limite, elle détermine la séparation du salpêtre par efflorescence ultérieure, ce qui produit l'avarie de la poudre.

5. La densité de la poudre a été envisagée sous trois points de vue :

1° La *densité absolue*, définie au sens des physiciens ;

2° La densité apparente des grains isolés, dite *densité réelle ;*

3° La densité apparente de la poudre non tassée, dite *densité gravimétrique* (poids de la poudre sous l'unité de volume).

La densité gravimétrique varie de 0,83 à 0,94, suivant la grosseur du grain.

La densité dite réelle s'évalue en plongeant un poids donné de poudre dans un milieu déterminé, dont on observe la variation de volume.

On a employé successivement : le lycopode, corps solide en poudre très fine, l'essence de térébenthine, l'eau saturée de salpêtre, l'alcool absolu, le mercure ; ce dernier est le seul liquide qui puisse être réputé n'exercer aucune action dissolvante. Dans les essais, il est soumis à une pression déterminée (2^{atm}) pendant l'opération. Les résultats ainsi obtenus n'ont évidemment qu'une signification relative.

On a trouvé ainsi :

Poudre à canon	1,56 à 1,72
Poudres à fusil..................	1,63 à 1,82
Poudre de chasse.................	1,87

La densité absolue, mesurée au voluménomètre, est 2,50.

TROISIÈME SECTION. — *Produits de la combustion de la poudre.*

1. Ces produits sont ceux de la combustion du charbon et du soufre par l'oxygène, modifiés par la présence de l'azote et la réaction entre ces produits et le potassium, qui provient du salpêtre, à la haute température de la combustion.

2. Les rapports de composition de la poudre ne sont pas ceux d'une combustion totale, l'oxygène faisant défaut ; dès lors ils ne répondent pas à la plus grande chaleur que pourrait dégager l'oxydation du soufre et du charbon par un poids donné de salpêtre ; par contre, ils fournissent un volume de gaz beaucoup plus considérable, ce qui fait compensation. De telle sorte que la force d'une poudre semblable est en définitive supérieure à celle d'une

poudre à combustion totale. On conçoit que cette circonstance doive introduire quelque complication dans les réactions chimiques.

3. Celles-ci d'ailleurs changent notablement de caractère avec la pression, lorsqu'on opère en vase clos.

Elles sont également modifiées pendant le tir des armes, par suite de la détente rapide des gaz. Mais les expériences analytiques deviennent alors fort délicates, à cause de la difficulté de recueillir les produits et d'éviter qu'ils ne subissent à ce moment l'action oxydante de l'air; action d'autant plus à craindre que les fumées et produits pulvérulents sont plus divisés.

4. Entrons maintenant dans le détail. L'observation montre que la combustion de la poudre donne lieu comme produits principaux aux corps suivants (en négligeant certaines substances accessoires, sur lesquelles on reviendra plus loin) :

Carbonate de potasse, sulfate de potasse, sulfure ou plutôt polysulfure de potassium, acide carbonique, oxyde de carbone et azote.

Il ne subsiste ni acide sulfureux, ni charbon, ni composés oxygénés de l'azote, libres, ou sous forme saline (sauf parfois de l'azotite).

5. Ces résultats s'expliquent de la manière suivante. D'abord les sels des acides oxygénés inférieurs du soufre de l'azote sont tous décomposés par la haute température de l'explosion. Quant à l'acide sulfureux et à l'acide hypoazotique, ils sont réduits par le carbone et par l'oxyde de carbone (*voir* p. 270).

6. Cependant on obtient quelques traces de produits accessoires, tels que l'eau, le carbonate d'ammoniaque, l'hyposulfite de potasse, le sulfocyanure de potassium, l'hydrogène sulfuré, l'hydrogène et le formène; tous corps dus à des réactions secondaires, ou développées pendant le refroidissement : nous y reviendrons tout à l'heure.

7. Il s'agit d'examiner les proportions relatives des divers produits.

Définissons d'abord l'état initial.

8. *État initial.* — Les analyses ont porté sur des poudres dont la

composition était à peu près la suivante :

Salpêtre	74,7
Soufre	10,1
Charbon	14,2 [1]
Eau	1,0

Ces nombres, pris à l'état brut, approchent des rapports suivants :

$$8AzO^6K + 21C + 7S;$$

rapports au voisinage desquels oscillerait la composition de la poudre des principales nations, d'après M. Debus. Ces rapports, exprimés en poids, représentent :

1616gr de nitre, 252gr de carbone, 224gr de soufre, en tout 2092gr; ce qui fait, par kilogramme :

Nitre	772,5
Carbone	120,5
Soufre	107

Observons que l'on néglige dans cette évaluation 3 à 4 centièmes de matières, représentées par l'humidité (1,0), les cendres (0,2 à 0,3) et surtout par l'hydrogène (0,4 à 0,5) et l'oxygène (1,5 à 2,5) du charbon. L'humidité et les cendres ont peu d'influence; mais l'hydrogène et l'oxygène du charbon modifient sensiblement le volume des gaz. Ils accroissent surtout la chaleur dégagée; à tel point que l'écart entre celle-ci, calculée d'après le poids de carbone supposé pur, et la chaleur réelle, s'élève au moins à un dixième, et pourrait même, avec certains charbons, monter jusqu'au quart de la première quantité (*voir* p. 281).

9. *État final.* — On doit un long et important travail sur cette question à MM. Noble et Abel; ils ont opéré la combustion de la poudre en vase clos, condition qui n'est pas tout à fait la même que celle de la combustion de la poudre dans les armes, à cause de la détente, et aussi à cause de l'attaque des parois des vases, avec formation de sulfure de fer, composé produit en dose très

---

[1] Le charbon employé contenait sur 14,2 parties :

Carbone pur	12,1
Hydrogène	0,4
Oxygène	1,45
Cendres	0,2

notable dans leurs essais. La densité moyenne des produits de la combustion a varié dans leurs expériences de 0,10 à 0,90. Voici les proportions en poids des produits observés :

	Poudre Pebble WA.		Poudre RLG, WA.		Poudre FG, WA.	
		Moyenne.		Moyenne.		Moyen
....	25,0 à 27,8	26,8	24,8 à 27,6	26,3	24,9 à 28,9	26,
....	5,7 à 3,7	4,8	5,8 à 3,1	4,2	5,8 à 2,6	3,
....	11,0 à 11,8	11,2	12,3 à 10,5	11,2	11,7 à 10,6	11,
....	» »	0,06	0,4 à 0,03	0,1	0,1 »	0,
....	1,8 à 0,7	1,1	1,8 à 0,8	1,1	1,5 à 1,0	0,
....	1,14 à 0,0	0,06	0,17 à 0,01	0,08	0,1 »	0,
gène......	0 »	0	0,2 »	»	0,1 à 0,0	0,
Total des produits gazeux.	43,2 à 44,8	44,1	42,1 à 43,7	43,0	41,5 à 43,7	42,
K.........	37,1 à 29,8	37,1	38,0 à 28,8	34,1	34,3 à 25,1	28,
K.........	5,3 à 8,6	7,1	2,8 à 14,0	8,4	10,4 à 14,0	12,
....	12,5 à 6,7	10,4	10,9 à 6,2	8,1	12,1 à 4,7	10,
....	6,2 à 2,3	4,4	7,2 à 2,7	4,9	5,8 à 2,3	3,
S^2........	0,3 à 0,003	0,14	0,2 »	0,1	0,15 »	0,
$)^2$, 2 AzH^3..	0,09 à 0,03	0,05	0,08 à 0,02	0,04	0,09 à 0,01	0,
rbon......	» »	0,08	0,4 »	0,04	» »	»
$)^6K$.......	0,27 à 0,0	0,13	0,33 »	0,15	0,16 à 0,05	0,
....	» »	»	» »	3,1	» »	0,
Total des produits solides.	55,9 à 54,2	55,0	56,7 à 55,2	55,9	57,0 à 54,8	55,
l.........		0,95	1,1 »	»	1,5 »	»

Les variations sont plus étendues, lorsqu'on passe aux poudres dans lesquelles la proportion de nitre est différente, telles que les poudres de chasse ou de mine; mais nous supprimons ces données, pour ne pas trop étendre nos explications.

10. Ces analyses donnent lieu à diverses remarques. Observons d'abord que le soufre signalé n'est pas libre en réalité, mais en partie combiné sous forme de polysulfure de potassium et en partie sous forme de sulfure de fer (ou plutôt de sulfure double de fer et de potassium), résultant de l'attaque des parois des vases. Cette circonstance s'est présentée au plus haut degré dans les expériences de MM. Noble et Abel; mais elle est bien moins sensible dans les armes, à cause de la rapidité avec laquelle les produits sont refroidis par la détente et chassés au dehors.

11. Pendant longtemps, on avait admis parmi les produits de la combustion de la poudre l'hyposulfite de potasse, qui figure dans les analyses de Bunsen, de Linck, de Federow et dans les premières publications de Noble et Abel, comme représentant une dose parfois très considérable. J'ai fait observer, il y a quelques années, que ce composé ne pouvait être un produit initial de la combustion de la poudre, attendu qu'il est décomposé complètement par la chaleur, vers 450°, en sulfate et polysulfure (*voir* p. 279). Tout au plus pourrait-on en admettre quelque trace, due aux réactions secondaires accomplies pendant le refroidissement. Mais les doses considérables signalées par les auteurs m'avaient paru attribuables à l'altération des produits, éprouvée tant au contact de l'air que pendant les manipulations analytiques.

Peu de temps après, M. Debus confirma cette opinion et découvrit que l'hyposulfite trouvé était attribuable en majeure partie à la réaction des polysulfures de potassium sur l'oxyde de cuivre employé dans l'analyse, pour séparer le soufre du sulfure alcalin. Aussi l'hyposulfite a-t-il disparu aujourd'hui de la liste des produits essentiels formés pendant la combustion de la poudre.

12. On remarquera encore que, dans des cas exceptionnels, une petite quantité de charbon échappe à la combustion.

On retrouve aussi presque toujours un peu de nitre, jusqu'à 3 millièmes.

Enfin certaines poudres auraient fourni de la potasse libre, jusqu'à 3 centièmes; indice de quelque dissociation, dont la brusquerie du refroidissement ou de la solidification a conservé la trace : cette potasse n'ayant pas eu le temps de s'unir avec l'acide carbonique de l'atmosphère superposée.

L'oxygène libre, qui résulterait de certaines analyses, peut être attribué, soit à des parcelles d'azotates, demeurées isolées dans la masse et décomposées par la haute température de l'explosion, soit et plutôt à la dissociation de l'acide carbonique (*voir* p. 300) et au brusque refroidissement de la masse, qui ne permettrait pas à cet oxygène de se recombiner avec l'excès du carbone ou du soufre.

13. L'hydrogène et le formène sont des produits minimes, dus à la constitution complexe du charbon.

Le sulfocyanure paraît résulter de la réaction du soufre sur un peu de cyanure de potassium, lequel peut se former, comme on sait, dans la réaction du charbon en excès sur l'azotate de potasse.

Une partie de ce cyanure, changé en cyanate par l'action oxydante, puis décomposé par la vapeur d'eau pendant le refroidissement, paraît l'origine du carbonate d'ammoniaque.

Cette même réaction de la vapeur d'eau et de l'acide carbonique coexistant, sur le sulfure alcalin, explique la formation d'un peu d'hydrogène sulfuré.

14. *Rapports équivalents.* — Si l'on néglige, pour simplifier, les produits accessoires (hydrogène sulfuré, formène, hydrogène, sulfocyanure, oxygène, carbonate d'ammoniaque, etc.), on trouve les rapports équivalents suivants, entre les produits principaux :

	Poudre.					
	Pebble.		RLG, WA.		FG, WA.	
	Moyenne.	Écarts.	Moyenne.	Écarts.	Moyenne.	Écarts.
CO^2....	1,22	0,08	1,20	0,06	1,22	0,09
CO	0,34	0,023	0,30	0,07	0,25	0,16
Az.....	0,80	0,05	0,80	0,08	0,80	0,05
CO^3K..	0,54	0,11	0,50	0,08	0,41	0,11
SO^4K..	0,08	0,02	0,10	0,06	0,14	0,02
KS	0,19	0,07	0,15	0,05	0,19	0,10
S......	0,28	0,13	0,30	0,14	0,24	0,12

La moyenne générale des analyses ne s'écarterait pas beaucoup de la relation suivante, proposée par M. Debus :

$$8AzO^6K + 21C + 7S$$
$$= 13CO^2 + 3CO + 5CO^3K + SO^4K + 2KS^3 + 8Az.$$

15. *Oscillations dans la composition des produits finals.* — Mais cette moyenne ne rend pas compte des oscillations, qui font varier l'oxyde de carbone de 2,6 à 5,8; le carbonate de potasse de 25,1 à 38,0; le sulfate de 2,8 à 14,0; le sulfure de 4,7 à 12,5.

En général l'acide carbonique augmente un peu, ainsi que le carbonate de potasse (sauf FG, WA pour ce dernier) à mesure que la pression s'accroît; tandis que l'oxyde de carbone tend à diminuer (sauf FG, WA).

Le sulfate de potasse, le sulfure et le carbonate doivent contenir tout le potassium. Dès lors l'un de ces trois sels ne saurait varier, sans que l'ensemble des deux autres sels n'éprouve un changement complémentaire.

De même le carbone doit être réparti entre le carbonate de potasse, l'acide carbonique et l'oxyde de carbone, qui sont complémentaires.

Les variations du soufre influent moins sur les autres composés, à cause de la formation du polysulfure, qui absorbe un excès variable de cet élément.

L'azote, devenant libre presqu'en totalité, n'entre pas en compte.

L'acide carbonique libre change peu.

Mais les variations de l'oxyde de carbone et de l'acide carbonique combiné à la potasse sont complémentaires de la transformation plus ou moins avancée du sulfate en sulfure.

Nous allons essayer de rendre compte par une théorie proprement dite de la formation des produits fondamentaux, en même temps que des oscillations observées dans leurs proportions relatives.

TROISIÈME SECTION. — *Théorie de la combustion de la poudre. Équations simultanées.*

1. Dans le cas de la poudre comme dans celui de l'azotate d'ammoniaque (t. I, p. 20), et généralement des matières qui n'éprouvent pas une combustion totale, il se produit plusieurs réactions simultanées, dues à la diversité des conditions locales de la combustion, au défaut inévitable d'homogénéité dans un mélange purement mécanique de trois corps pulvérisés, enfin à la promptitude du refroidissement de la masse, qui ne permet pas aux réactions d'atteindre leurs limites d'équilibre définitif.

Si nous nous bornons aux produits principaux, ces équations peuvent être réduites aux suivantes :

$$(1)\qquad AzO^6K + S + 3C = KS + 3CO^2 + Az,$$

$$(2)\qquad AzO^6K + 2\tfrac{1}{2}C = CO^3K + 1\tfrac{1}{2}CO^2 + Az,$$

$$(3)\qquad AzO^6K + 3C = CO^3K + CO^2 + CO + Az,$$

$$(4)\qquad AzO^6K + S + 2C = SO^4K + 2CO + Az,$$

$$(5)\qquad AzO^6K + S + C = SO^4K + CO^2 + Az.$$

En les combinant entre elles, deux à deux, trois à trois, etc., on obtient des systèmes d'équations simultanées qui représentent toutes les analyses, aussi bien les cas limites que les cas intermédiaires.

On forme ainsi des équations moins nombreuses, mais plus

compliquées, que chacun peut assembler de façon à représenter telle ou telle circonstance de l'explosion, à laquelle il attache une importance spéciale. Mais tous ces arrangements se rattachent au fond à une conception analogue.

Les représentations de ce genre sont d'ailleurs indispensables; à moins de supprimer par une fiction rationnelle et arbitraire les variations expérimentales, variations que les équations simultanées ont précisément pour objet d'exprimer.

Au contraire, si l'on s'attachait exclusivement à ces variations, on risquerait de tomber dans un empirisme aveugle et incapable de servir de guide au perfectionnement des applications.

2. Précisons ces idées. Soit, par exemple, la valeur moyenne citée plus haut, d'après M. Debus (p. 93); elle répond à une équation trop compliquée pour être admise comme la représentation générale du phénomène; mais il est facile de voir qu'elle résulte d'un certain système de transformations, dans lesquelles :

Un quart du salpêtre s'est détruit suivant l'équation (1), (le sulfure d'ailleurs s'étant changé en polysulfure, aux dépens du soufre excédant);

Un huitième du salpêtre s'est détruit suivant l'équation (5);

Trois huitièmes, suivant l'équation (3);

Enfin un quart, suivant l'équation (2).

D'autre part, les analyses qui ont offert le maximum de carbonate répondent aussi au maximum d'oxyde de carbone et à une dose très petite de sulfate, toutes circonstances corrélatives pouvant être exprimées par le système suivant des équations simultanées, savoir :

L'équation (1), pour un tiers du salpêtre;

L'équation (3), pour la moitié;

L'équation (2), pour un sixième environ.

Le cas limite inverse est celui où le sulfate de potasse offre la dose maximum, soit un cinquième du potassium; tandis que le carbonate en retient moitié et que l'oxyde de carbone tend à disparaître. Ces relations accusent encore des réactions régulières, toujours exprimées par un certain système d'équations simultanées :

Soit l'équation (1), pour un tiers du salpêtre;

Et l'équation (2), pour près de la moitié, ce qui répond au carbonate;

Tandis que la formation du sulfate de potasse répondrait, pour un huitième de la matière, à l'équation (4);

Et pour un douzième, à l'équation (5).

3. Les cinq équations simultanées représentent donc les cas limites ; mais il est facile de vérifier que leurs combinaisons traduisent aussi, d'une manière approchée, les cas intermédiaires.

Par conséquent, le système des équations proposées exprime la métamorphose chimique de la poudre; elle l'exprime du moins, quant aux produits fondamentaux. En outre, elle en représente les variations : ce qu'une équation unique ne saurait faire.

La métamorphose se réduit en définitive à cinq réactions simples, qui déterminent la formation du sulfate, du sulfure, du carbonate potassiques, de l'acide carbonique et de l'oxyde de carbone.

4. Il est facile de vérifier également que la combustion d'une poudre quelconque peut être représentée par une certaine combinaison des cinq équations ci-dessus : les premiers membres étant pris dans des proportions relatives telles qu'ils représentent la composition initiale de la poudre envisagée; sauf à tenir compte de la formation plus ou moins abondante du polysulfure et du déficit d'un quart environ sur le carbone réel, déficit qui résulte de l'emploi du charbon.

5. La transformation chimique de la poudre étant ainsi définie, calculons maintenant la chaleur dégagée et le volume des gaz produits, en vertu de chacune de ces cinq équations, envisagée séparément.

6. L'équation (1)

$$AzO^6K + S + 3C = KS + 3CO^2 + Az$$

représente 135gr de matière;

Soit, pour 1kg : 748gr de nitre, 118gr,5 de soufre; 133gr,3.

Les produits étant : 408gr KS ; 488gr CO^2 ; 104gr Az.

La réaction dégage +73Cal,4 à pression constante; 74Cal,5 à volume constant, quantité que la formation du polysulfure KS^2 par un excès de soufre pendant le refroidissement porterait vers 77Cal [1].

Ce chiffre lui même est calculé à l'aide de données obtenues à la température ordinaire. A la haute température de l'explosion, il est modifié par diverses circonstances, telles que la dissociation partielle de l'acide carbonique, l'état de fusion ou même de volatilisation

---

(1) On suppose ici que $C + O^2 = CO^2$ dégage : +47Cal,0. *Voir* les remarques de la page 281.

du sulfure de potassium, la variation des chaleurs spécifiques; etc. Mais il n'est pas possible, dans l'état présent de la Science, de tenir compte de ces diverses circonstances : nous nous bornerons donc au calcul établi d'après les données observées. Ces remarques s'appliquent également aux autres équations.

Soit donc $+ 73^{Cal},4$ ou $74,5$ dégagées par la transformation (1); cette quantité rapportée à 1^{kg} devient 544^{Cal}, à pression constante ou bien 552^{Cal}, à volume constant.

Le volume réduit des gaz est : $44^{lit},6$; soit, pour 1^{kg} : $330^{lit},4$.

La pression permanente : $\dfrac{330^{atm},4}{n - 0,12}$; sous les réserves ordinaires de liquéfaction de l'acide carbonique pour les petites valeurs de n.

La température théorique [1] : 3514°.

La pression théorique [2] : $\dfrac{4592^{atm}}{n - 0,12}$; ou bien : $\dfrac{5740^{atm}}{n}$, en admettant la vaporisation totale du sulfure de potassium.

7. Ces chiffres seraient modifiés sensiblement, si l'on admettait, comme on l'a fait quelquefois, la *vaporisation totale des composés salins* au moment de l'explosion : ce qui accroîtrait le volume des gaz d'un quart, en diminuant un peu la chaleur dégagée. Mais cette hypothèse paraît aujourd'hui abandonnée par presque tous les spécialistes. Cependant je crois qu'elle pourrait être vraie pour le sulfure de potassium, corps qui se volatilise dès la chaleur rouge.

Observons en outre que la température théorique est trop haute, comme dans tous les calculs de ce genre, à cause de la dissociation et de la variation des chaleurs spécifiques avec la température. Ceci tend à abaisser la pression théorique. Mais il y a, comme nous l'avons dit ailleurs (t. I, p. 27), une certaine compensation, due à ce que dans les gaz très comprimés la variation de la pression avec la température est bien plus grande que ne

---

(1) On admet les chaleurs spécifiques suivantes :

CO^2	3,6	(à volume constant)
Az	2,4	(à volume constant)
CO	2,4	(à volume constant)
KS	8,0	
CO^3K	15,0	
SO^4K	16,6	

On les suppose constantes pour simplifier.

(2) La densité réelle du sulfure de potassium n'étant pas connue, on a admis ici une densité voisine de 3.

l'indiquent les lois de Mariotte et de Gay-Lussac. Toutes ces remarques s'appliquent également aux autres équations posées plus haut et que nous allons discuter.

8. Si la matière employée renfermait une certaine dose de soufre excédant et que ce soufre fût changé en sulfure de fer (p. 291), il conviendrait d'ajouter $+ 11^{\text{Cal}},9$ par équivalent de sulfure de fer. La chaleur dégagée serait donc accrue. Cet accroissement représente $\frac{1}{8}$ de la chaleur dégagée; mais l'augmentation du poids relatif pour un équivalent de soufre, S, est à peu près le même : ce qui fait compensation, pour un même poids de matière.

Ces observations s'appliquent également aux autres équations.

9. L'équation (2)

$$AzO^6K + 2\tfrac{1}{2}C = CO^3K + 1\tfrac{1}{2}CO^2 + Az$$

représente 116^{gr} de matière; soit, pour 1^{kg} : 129^{gr} de carbone et 871^{gr} de nitre.

Les produits étant $593^{\text{gr}},6\ CO^3K$; $284^{\text{gr}},5\ CO^2$; $120,5\ Az$;

La réaction dégage $+ 90^{\text{Cal}},1$ à pression constante; ou bien $90^{\text{Cal}},8$, à volume constant;

Soit, pour 1^{kg} : 777^{Cal}, à pression constante; ou bien 783^{Cal}, à volume constant.

Le volume réduit des gaz $= 27^{\text{lit}},9$; soit, pour 1^{kg} : $240,5^{\text{lit}}$.

La pression permanente : $\dfrac{240,5^{\text{atm}}}{n - 0,27}$; sous les réserves ordinaires.

La température théorique : $3982°$.

La pression théorique : $\dfrac{3749^{\text{atm}}}{n - 0,27}$.

10. L'équation (3)

$$AzO^6K + 3C = CO^3K + CO + CO^2 + Az$$

représente 119^{gr} de matière; soit, pour 1^{kg} : 106^{gr} de carbone et 894^{gr} de nitre.

Les produits étant $580^{\text{gr}}\ CO^3K$; $117,5\ CO$; $117,5\ Az$; $185\ CO^2$.

La transformation dégage $+ 80^{\text{Cal}},1$ à pression constante; $80,9$ à volume constant;

Soit, pour 1^{kg} : 673^{Cal}, à pression constante; 680^{Cal}, à volume constant.

Le volume réduit des gaz $= 33^{\text{lit}},5$; soit, pour 1^{kg} : $281^{\text{lit}},5$.

La pression permanente : $\frac{281^{atm},5}{n-0,26}$; sous les réserves ordinaires.

La température théorique : 3458°.

La pression théorique : $\frac{3847^{atm}}{n-0,26}$.

11. L'équation (4)

$$AzO^6K + S + 2C = SO^4K + 2CO + Az$$

représente 129gr de matière; soit, pour 1kg : 124gr de soufre; 93 de charbon et 783 de nitre.

Les produits étant 675gr SO⁴K; 217gr CO, 108 Az.

La transformation dégage 78Cal,2 à pression constante; 79Cal,0 à volume constant;

Soit, pour 1kg : 606Cal, à pression constante; 612Cal, à volume constant.

Le volume réduit des gaz = 33lit,5; soit, pour 1kg : 260lit.

La pression permanente : $\frac{260^{atm}}{n-0,25}$; sous les réserves ordinaires.

La température théorique : 3320°.

La pression théorique : $\frac{n-0,25}{3422^{atm}}$.

12. L'équation (5)

$$AzO^6K + S + C = SO^4K + CO^2 + Az$$

représente 123gr de matière; soit, pour 1kg : 821 nitre; 130 soufre; 49 de carbone.

Les produits étant 708gr SO^4K; 178 CO^2; 114 Az.

La transformation dégage + 99Cal,4 à pression constante; + 100Cal à volume constant;

Soit, pour 1kg : 808Cal, à pression constante; 813Cal, à volume constant.

Le volume réduit des gaz = 22Cal,3; soit, pour 1kg : 181lit,5.

La pression permanente : $\frac{181,5^{atm}}{n-0,26}$; sous les réserves ordinaires.

La température théorique : 4425°.

La pression théorique : $\frac{3122^{atm}}{n-0,26}$.

Les cinq équations fondamentales précédentes sont les seules dont il y ait lieu de tenir compte dans les études relatives à la poudre de guerre, où tout le charbon disparait, ainsi qu'il a été dit.

13. Cependant l'étude de la poudre de mine, qui renferme un excès de charbon, nous conduit à envisager une réaction nouvelle, celle du charbon sur l'acide carbonique. Cette réaction paraît due à la dissociation préalable de ce dernier, qui produit de l'oxygène libre, susceptible de changer à son tour le carbone en oxyde :

$$\begin{cases} CO^2 = CO + O \text{ (dissociation partielle), absorbe} \dots & -34,1 \\ C + O = CO \text{ (oxydation), dégage} \dots\dots\dots\dots & -12,9 \end{cases}$$

Elle joue déjà un rôle dans deux de nos équations, car elle permet de passer de (3) à (2) et de (5) à (4).

Sans nous arrêter aux cas intermédiaires, nous envisagerons l'hypothèse d'une réduction aussi avancée que possible, hypothèse qui ne s'applique jamais en fait qu'à une portion de la matière. Soit donc l'équation

$$(6) \qquad AzO^6K + S + 6C = KS + 6CO.$$

Elle représente 153gr.

Soit, pour 1kg : 105gr de soufre; 235gr de carbone; 660gr de nitre.

Le produits étant

360gr KS et 640gr CO.

La chaleur dégagée est 9Cal,8 à pression constante; ou 11Cal,4 à volume constant;

Soit, pour 1kg : 64Cal à pression constante; ou 74Cal,5 à volume constant.

Le volume réduit des gaz = 66lit,9; ou pour 1kg: 437lit.

La pression permanente : $\dfrac{437^{atm}}{n - 0,11}$.

La température théorique : 501°.

La pression théorique : $\dfrac{1304^{atm}}{n - 0,11}$.

La chaleur dégagée est très faible et la température théorique si basse, que c'est à peine si cette réaction peut être considérée comme explosive.

14. Si l'on compare les résultats précédents, au point de vue de la chaleur dégagée et du volume des gaz produits par un poids donné de nitre, on obtient le tableau suivant :

	Poids équival.	Chaleur à vol. constant		Volume des gaz		Pressions théoriques.
		$1^{éq}$.	1^{kg}.	$1^{éq}$.	1^{kg}.	
	gr	Cal		lit		atm
(1)....	135	74,5	552	44,6	330	$\frac{4592}{n-0,12}$
(2)....	116	91,4	783	27,9	240,5	$\frac{3749}{n-0,27}$
(3)....	119	80,9	680	33,5	281,5	$\frac{3847}{n-0,26}$
(4)....	129	79,0	612	33,5	260	$\frac{3422}{n-0,25}$
(5)....	123	100,0	813	22,3	181,5	$\frac{3122}{n-0,26}$
(6)....	153	11,4	74,5	66,9	437	$\frac{1304}{n-0,11}$

15. L'équation (5) serait celle qui dégage le maximum de chaleur, si ce maximum subsistait encore à la température de combustion, malgré la variation des chaleurs spécifiques. Il semble dès lors que cette réaction devrait se produire à l'exclusion des autres. En tous cas, il devrait en être ainsi de la transformation intégrale de l'oxygène par le carbone changé en acide carbonique, conformément aux équations (2) et (5).

16. Mais ces productions prépondérantes sont entravées par les circonstances suivantes :

1° La dissociation, qui ne permet, ni à la totalité du sulfate de potasse, ni à la totalité de l'acide carbonique, de se produire à la haute température développée par la combustion.

2° Le changement de constitution du soufre à cette haute température (*voir* t. I, p. 58) : changement qui tend à augmenter dans une proportion mal connue, mais certainement considérable, la chaleur de formation des composés de cet élément. Ceci peut surtout jouer un rôle important pour accroître l'importance thermique des polysulfures.

3° Le changement de constitution du carbone à haute température : cet élément existant à l'état gazeux, au moins pendant un instant, dans les flammes, et la chaleur de formation de l'oxyde de carbone étant alors accrue jusqu'à devenir égale, ou peut-être supérieure à celle de l'acide carbonique, pour un même poids d'oxygène (*Annales de Chimie et de Physique*, 4e série, t. XVIII, p. 162 et 175-176; 1869; *Revue scientifique*, 25 novembre 1882, p. 677 à 680).

En raison de ces circonstances, le maximum thermique évalué pour la température ordinaire peut être fort différent du maximum thermique vers 2000° ou 3000°, températures voisines de celle de l'explosion de la poudre. Ce n'est pas tout.

4° La vitesse du refroidissement est trop grande pour que les produits formés au premier moment aient le temps de réagir les uns sur les autres, de façon à reconstituer le système le plus stable.

La vitesse spécifique de chaque réaction (t. I, p. 75) joue ici un rôle essentiel, tant au moment des formations initiales qui ont lieu à la plus haute température, que pendant la durée des réactions consécutives.

Observons encore que le refroidissement est plus rapide au contact des parois des vases, lorsqu'on opère en vase clos, que vers le centre de la masse. Par suite, la composition est différente aux divers points de la masse; sans préjudice des réactions exercées par les matières mêmes des parois, telles que la formation du sulfure de fer.

17. La vitesse du refroidissement est fort différente, selon que la combustion a lieu dans un vase clos et assez résistant pour n'être pas brisé;

Ou bien dans un obus qui éclate subitement, avec projection des fragments et transformation d'une partie de la chaleur en travaux mécaniques;

Ou bien encore dans une arme, où la détente des gaz a lieu à mesure que le projectile est poussé en avant et que les gaz eux-mêmes sont continuellement chassés vers les parties froides du tube métallique.

La variation des réactions chimiques qui peut résulter de ces diverses circonstances serait fort intéressante à étudier; mais elle n'a guère été examinée.

18. Observons cependant que, d'après les principes thermochimiques, les réactions progressives, produites pendant le refroidissement, doivent être telles qu'elles dégagent des quantités de chaleur croissantes.

En principe, lorsqu'on opère sans changer la condensation de la matière, c'est-à-dire à volume constant, on ne saurait admettre, à mon avis, que des réactions endothermiques, telles que des dissociations, succèdent pendant la période du refroidissement, à une combinaison totale, produite au moment même de l'explosion. La dissociation doit être envisagée, en général, comme étant à son maximum au début, c'est-à-dire au moment où la température est la plus haute, pour diminuer au fur et à mesure du refroidissement. Ceci s'applique principalement aux réactions opérées dans des vases clos et résistants.

C'est seulement quand il y a détente à température constante, par suite de l'accroissement du volume des gaz, que la dissociation envisagée comme fonction de la pression pourrait augmenter : la possibilité de cette augmentation peut même être conçue à la rigueur, dans un cas de ce genre, pendant une certaine période du refroidissement.

Mais, ce sont là des cas tout à fait exceptionnels, et l'on ne saurait admettre en général, je le répète, des réactions endothermiques pendant la période du refroidissement rapide qui succède à la combustion..

19. Comparons maintenant le volume des gaz dégagés. Les réactions de la poudre, d'après le tableau de la page 301, dégagent un volume de gaz d'autant plus grand qu'elles développent moins de chaleur.

Le minimum du volume gazeux ($22^{lit},3$) répond au maximum thermique ($100^{Cal},0$), et réciproquement ($66^{lit},9$ et $11^{Cal},4$).

Les gaz peuvent varier ainsi du simple au double; les chaleurs changeant seulement d'un cinquième, à l'exception pourtant de la transformation (6).

20. De là résulte cette conséquence intéressante : que la pression théorique paraît la plus grande pour la transformation qui dégage le moins de chaleur (sauf [6]); elle serait au contraire la plus petite pour celle qui en dégage le plus.

En fait, plusieurs transformations se produisent à la fois, en raison des conditions locales de température, de dissociation et de vitesse relative de combinaison. La chaleur dégagée, le volume des gaz, et, par suite, la pression doivent demeurer intermédiaires entre ces limites extrêmes.

QUATRIÈME SECTION. — *Comparaison entre la théorie et l'observation.*

1. Telles sont les conséquences générales de la théorie : nous allons montrer que l'observation confirme ces conséquences, en résumant les résultats des expériences, spécialement de celles faites par MM. Noble et Abel, qui ont été exécutées avec plus de soin qu'aucunes autres.

2. Soit d'abord l'équation moyenne (p. 293)

$$8\,AzO^6K + 21\,C + 7\,S$$
$$= 13\,CO^2 + 3\,CO + 5\,CO^3K + SO^4K + 2\,KS^3 + 8\,Az.$$

Elle représente le système suivant :

$$\text{éq.}\,(1) \times 2 + \text{éq.}\,(5) \times 1 + \text{éq.}\,(3) \times 3 + \text{éq.}\,(2) \times 2.$$

On admet en outre que le soufre excédant a été changé en trisulfure, KS^3.

D'après cette équation moyenne : 964^{gr} de matière ont dû fournir $674^{Cal},5$ à volume constant, en développant $290^{lit},1$;

Soit, pour 1^{kg} : 697^{Cal} et 300^{lit}.

La pression théorique serait : $\dfrac{4350^{atm}}{n - 0,26}$.

3. Soient maintenant les transformations observées qui ont produit le plus de carbonate et d'oxyde de carbone, c'est-à-dire le système suivant :

$$\text{équation}\,(1) \times \frac{1}{3} + \text{équation}\,(2) \times \frac{1}{6} + \text{équation}\,(3) \times \frac{1}{2}.$$

On aurait dû avoir, dans ce cas, pour $120^{gr},8$ de matière : 815^{Cal} et 363^{lit} de gaz; soit, pour 1^{kg} : $674^{Cal},5$ et $300^{lit},5$. Ce sont sensiblement les mêmes chiffres que ci-dessus.

3. Au contraire, les transformations qui fournissent le maximum de sulfate, c'est-à-dire le système suivant :

$$\text{éq.}\,(1) \times \frac{7}{24} + \text{éq.}\,(2) \times \frac{1}{2} + \text{éq.}\,(4) \times \frac{1}{8} + \text{éq.}\,(5) \times \frac{1}{12},$$

auraient dû produire, pour 1238^{gr} de matière : 853^{Cal} et 321^{lit} de gaz; soit, pour 1^{kg} : 689^{Cal} et 259^{lit}.

4. Mais la chaleur calculée comme répondant aux transformations précédentes est notablement trop faible. En effet, on a négligé dans le calcul :

1° Le changement du sulfure en trisulfure; ce qui dégage environ $+6^{Cal}$ par équivalent, KS (t. I, p. 200);

2° Le changement d'une dose sensible d'acide carbonique en bicarbonate, sous l'influence d'une partie de l'eau (un centième) contenue dans la poudre, réaction inaperçue dans les équations théoriques qui négligent la présence de l'eau.

Cette dose d'ailleurs ne peut guère dépasser 2 centièmes, c'est-à-dire un équivalent environ; étant limitée par le poids de l'eau même, ainsi que par la dose de celle-ci qui produit de l'hydrogène sulfuré. Cependant cela pourrait ajouter encore : $+12^{Cal},4$.

3° Une portion du soufre, au lieu de produire du trisulfure de potassium, s'est changée en sulfure de fer; ce qui dégage par équivalent de soufre

$$F + S = FeS \ldots\ldots\ldots\ldots \quad +11^{Cal},9.$$

Si tout le soufre excédant, soit S^4, prenait cette forme, on pourrait donc avoir un excédant thermique de $+47^{Cal},6$; et même davantage, à cause de la formation d'un sulfure double de fer et de potassium. Le chiffre réel est plus faible, tout le soufre étant loin d'avoir été changé en sulfure de fer; mais il est impossible de le préciser, faute de données.

4° On a calculé ici la chaleur de combustion du carbone, en le supposant pur, et même dans l'état de diamant. En réalité le chiffre ainsi évalué est trop faible, d'une grandeur qui peut être regardée comme comprise entre $1^{Cal},5$ (carbone pur dérivé du charbon) et $5^{Cal},2$ (braise de boulanger), pour $1^{éq}$ (6^{gr}) de carbone. Cela fait, pour 964^{gr} de poudre, un excédent thermique compris entre $31^{Cal},5$ et $109^{Cal},2$. Il est vrai que cette erreur est compensée en partie, parce que nous avons pris le poids du carbone réel comme égal au poids du charbon, tandis qu'il est moindre d'un quart environ (*voir* p. 280).

Quoi qu'il en soit, on voit par là que l'erreur sur le nombre calculé plus haut ($674^{Cal},5$) pourrait s'élever, dans une hypothèse extrême, jusqu'à

$$109,2 + 47,6 + 12,4 = 169^{Cal},2,$$

ce qui ferait en tout : $843^{Cal},7$; soit un quart d'excès sur le nombre calculé.

L'excès réel, dans les conditions des expériences de MM. Noble et Abel et des autres auteurs, est assurément moindre. Mais on ne saurait rien préciser à cet égard, jusqu'à ce que l'on ait fait une étude spéciale de la chaleur de combustion du charbon même employé dans la fabrication de chacune des poudres, sur lesquelles ont porté les mesures thermiques et les analyses chimiques; ainsi que de la proportion réelle du sulfure de fer, et même du sulfure double de fer et de potassium, formé pendant la combustion au sein d'un vase de fer.

5. *Chaleur dégagée.* — Ces réserves faites, donnons les chiffres trouvés par les savants qui ont mesuré la chaleur dégagée par la combustion de la poudre en vases clos.

MM. Bunsen et Schiskhoff ont trouvé pour 1^{kg} : $619^{Cal},5$; mais ce nombre, fort inférieur à ceux des autres opérateurs, paraît être entaché de quelque erreur.

MM. Roux et Sarrau ont trouvé, pour 1^{kg} à volume constant, dans une bombe remplie d'air (dont l'oxygène a concouru à accroître la chaleur dégagée),

	Cal
Poudre à canon	753
Poudre de chasse fine	807
Poudre à fusil B	731
Poudre du commerce extérieur	694
Poudre de mine	570

M. de Tromeneuc a trouvé de 729^{Cal} à 890^{Cal}; soit

	Cal
Poudre à canon	840
Poudre anglaise	891
Poudre de mine	729

MM. Noble et Abel avaient donné d'abord (poudre sèche)

RLG	696^{Cal} à 706^{Cal}
FG	701^{Cal} à 706^{Cal}

en moyenne : 705^{Cal}. Depuis ils ont reconnu que leurs chiffres étaient un peu trop faibles et ils ont fourni, après rectification, les nouvelles moyennes suivantes.

Quantités de chaleur dégagées par la combustion de 1^{gr} de poudre supposée parfaitement sèche.

	Cal
Poudre Pebble	721,4
» RLG, WA	725,7
» FG, WA	738,3
» Curtis et Harvey, n° 6	764,4 (733 à 784)
» de mine	516,8
» sphérique espagnole	767,3

Pour pouvoir comparer ces chiffres aux nombres calculés, il faut d'abord tenir compte de la cendre, de l'oxygène et de l'hydrogène contenus dans le charbon, enfin du nitre échappé à la combustion. Le poids de ces diverses substances n'est bien connu que pour les expériences de MM. Noble et Abel. Il monte à 4 centièmes environ du poids de la poudre sèche (plus 1 centième d'humidité dans la poudre ordinaire).

La chaleur dégagée s'élève dès lors, pour 1^{gr} de matière explosive réellement transformée, à 750^{Cal} : chiffre qui surpasse de $75^{Cal},5$, soit un neuvième, la valeur théorique $674^{Cal},5$.

Cet excès est dû évidemment aux causes signalées tout à l'heure et principalement à l'emploi du charbon, au lieu du carbone pur, et à la formation du sulfure de fer. Le calcul, fait d'après la chaleur de combustion du poids de carbone pur, tel qu'il est extrait du charbon, fournirait : 706^{Cal}, valeur également trop faible. Mais le nombre 750^{Cal} reste au-dessous de l'écart possible, qui s'élève jusqu'à 843^{Cal}, d'après ce qui a été dit plus haut.

Pour les poudres étudiées par d'autres observateurs, la réaction effective étant inconnue, nous ne pouvons exécuter le travail thermique avec certitude. Les valeurs tirées de nos équations demeurent en général au-dessous des chiffres trouvés : ce qui est attribuable à des causes analogues, et principalement à l'excès de chaleur produit par la combustion du charbon de la poudre : cet excès doit varier d'ailleurs suivant la constitution de ce charbon lui-même, laquelle change notablement dans les divers États et pour les différentes espèces de poudre.

6. *Volume des gaz dégagés.* — Les incertitudes sont moindres, et par suite les écarts entre la théorie et la pratique plus restreints pour le volume des gaz.

Par exemple, le volume des gaz, obtenu par MM. Noble et Abel, a été en moyenne de 267^{lit}, avec des variations comprises entre 285^{lit} et 232^{lit}.

Voici, d'après ces auteurs, le tableau qui exprime les volumes des gaz permanents, produits par l'explosion de 1^{gr} de poudre, supposée parfaitement sèche :

	cc
Poudre Pebble, WA	278,3
» RLG, WA	274,2
» FG, WA	263,1
» Curtis et Harvey, n° 6	241,0
» de mine	360,3
» sphérique espagnole	234,2

Gay-Lussac avait indiqué : 250^{cc} [1], sous faible pression ;

Bunsen et Schiskhoff (poudre de chasse) : 193^{cc} (sous faible pression); Linck : 218^{cc} (poudre à canon) sous hautes pressions;

Karolyi : 209^{cc} (poudre à canon) et 227^{cc} (poudre à fusil);

Vignotti : 231^{cc} à 244^{cc}, suivant la nature du charbon;

Résultats dont les différences sont attribuables à la diversité des pressions et des dosages.

La formule ci-dessus indique 300^{lit}; chiffre qui se réduirait à 288^{lit}, en tenant compte des matières étrangères. Le changement d'une petite dose d'acide carbonique en bicarbonate l'abaisserait encore et le rapprocherait de la valeur trouvée par MM. Noble et Abel.

7. Le volume des gaz permanents varie à peu près en sens inverse de la chaleur développée, conformément aux équations de la page 294 (*voir* aussi p. 301), et comme le montre en fait le tableau ci-dessous :

Nature de la poudre.	Quantité de chaleur dégagée par gramme de poudre.	Volume de gaz produit par gramme de poudre.
	Cal	Cal
Pellet espagnole	767,3	234,2
Curtis et Harvey, n° 6...	764,4	241,0
FG, WA	738,3	263,1
RLG, WA	725,7	274,2
Pebble, WA	721,4	278,1
Mine	516,8	360,3

8. En général le produit caractéristique, QV, est à peu près constant, comme je l'avais observé dès 1871, pour les diverses poudres. Or ce produit mesure la force pour les matières explosives dont la chaleur spécifique est la même; ce qui est sensiblement le cas actuel (t. I, p. 66).

La température de la combustion de la poudre a été évaluée par les auteurs, d'après des épreuves assez incertaines, à 2200°.

9. Les pressions développées pendant la combustion de la poudre, à volume constant, ont été observées par MM. Noble et Abel, à l'aide du crusher. Voici leurs nombres :

[1] Il donne ailleurs 449^{cal},5, par suite de quelque erreur de transcription.

Densité de chargement $\frac{1}{n}$.	Poudre	
	Pebble et RLG.	FG.
	k	k
0,1	231,3	231,5
0,2	513,4	513,4
0,3	839,4	839,4
0,4	1220,5	1219,0
0,5	1683,6	1667,8
0,6	2266,3	2208
0,7	3006,5	2883
0,8	3944,2	3734,1
0,9	5112	4786
1,0	6567	6066,5

Ces résultats peuvent être représentés, d'après les auteurs, par la formule empirique : $\frac{2193}{n-0,68}$;

Ou bien : $\frac{2460}{n-0,6}$;

Formules dans laquelle ils admettent que les produits non gazeux à la température de l'explosion occupent $0^{cc},68$; ou plus simplement 0,6, le même volume étant calculé à la température ordinaire.

La formule théorique de la page 193 fournit des pressions voisines de celles-là pour les grandes densités de chargement (1,0 et 0,9); au-dessous, elle donne des résultats trop forts et qui s'élèvent au double des nombres trouvés pour la densité 0,1. Cet écart, va croissant à mesure que la pression diminue; il pourrait tenir à l'accroissement de la dissociation.

§ 10. — Poudre de chasse.

1. La poudre de chasse se distingue des poudres de guerre, principalement par le surdosage en salpêtre et par le choix du charbon.

Voici les dosages usités en France :

Salpêtre	78
Soufre	10
Charbon	12

2. La *vitesse d'inflammation* de la poudre de chasse est moindre, d'après Piobert, que celle de la poudre de guerre : celle-ci étant en raison de la grosseur des grains. Pour une poudre de chasse qui contient 30 000 grains au gramme, la vitesse d'inflammation était de $0^m,30$ par seconde; tandis que pour une poudre de guerre renfermant 259 grains au gramme, la vitesse s'est élevée à $1^m,52$.

La *vitesse de combustion* est également ralentie par le surdosage en salpêtre. Elle s'est élevée de 8^{mm} à 9^{mm} par seconde, dans les expériences de Piobert; tandis que pour la poudre de guerre cet auteur a trouvé 10 à 13^{mm}.

3. Le charbon roux tend à donner à la poudre des propriétés brisantes, parce qu'il augmente la chaleur dégagée, en raison de la constitution spéciale de ce charbon (p. 28).

4. Le surdosage du salpêtre augmente également la chaleur; mais il diminue le volume des gaz, comme le montrent les chiffres de la page 285, comparés à ceux de la page 301.

5. Si l'on suppose la chaleur dégagée proportionnelle au poids du salpêtre, ce qui ne doit pas être fort éloigné de la vérité, la chaleur devra être plus forte d'un vingt-cinquième environ pour la poudre de chasse, que pour la poudre de guerre à poids égal. Or les données des expériences ne sont pas fort écartées de ce calcul. Par contre, les gaz permanents doivent diminuer : ce qui concorde aussi avec les résultats de MM. Noble et Abel. Il en résulte donc une certaine compensation. Par suite de ce fait, il y a peu de différence entre la force de la poudre de chasse et celle de la poudre de guerre.

§ 11. — Poudres de mine.

1. Les poudres de mine offrent des dosages fort divers. On s'y propose surtout d'augmenter le volume des gaz : ce à quoi l'on arrive par la diminution du salpêtre, et l'accroissement du soufre et du carbone. On vise d'ailleurs à diminuer le coût de cette poudre.

Voici le dosage usité en France :

Salpêtre	62
Soufre	20
Charbon	18

En Italie :

Salpêtre	70
Soufre	18
Charbon	12

La *poudre* dite de *commerce extérieur*, en France, ou *poudre de mine forte*, renferme :

Salpêtre....................	72
Soufre......................	13
Charbon.....................	15

2. On avait distingué autrefois une *poudre de mine* dite *lente :*

Salpêtre....................	40
Soufre......................	30
Charbon.....................	30

Mais la lenteur de la réaction tendait à diminuer les effets dans une trop forte mesure; cette poudre est aujourd'hui hors d'usage. Cependant une telle lenteur peut offrir certains avantages pour des usages spéciaux, tels que la fabrication des fusées volantes, composées de la manière suivante :

Pulvérin (poussière de poudre)...	25,0
Salpêtre........................	44,5
Soufre..........................	9,1
Charbon de bois.................	2,4

3. On admettait autrefois que la poudre de mine produit un volume de gaz beaucoup plus grand que celui de la poudre de guerre, parce qu'elle se détruirait conformément à l'équation suivante

$$AzO^6K + 6C + S = 6CO + KS + Az.$$

Cette équation répondrait aux rapports :

Salpêtre..................	65,5
Soufre....................	10,0
Charbon...................	24,5

Mais l'observation a prouvé qu'elle doit être rejetée; au moins comme représentation fondamentale de la réaction.

Elle produirait d'ailleurs si peu de chaleur ($74^{Cal},5$ par kilogramme, p. 300), que la réaction ne pourrait guère se propager.

4. En fait, la poudre avec excès de charbon déflagre avec vivacité, et elle donne lieu, de même que les autres poudres, à du sulfate et à du carbonate de potasse, avec un dégagement de chaleur qui n'est probablement pas fort éloigné de celui de la poudre de mine, pour le même poids de nitre consommé. Une partie du carbone

tend cependant à accroître la dose de l'oxyde de carbone; mais une portion considérable du charbon doit demeurer intacte.

5. Ainsi, dans ce cas, comme dans les précédents, la transformation brusque de la matière explosive engendre de préférence les produits qui dégagent le plus de chaleur : remarque capitale et sans laquelle il serait difficile de comprendre la production prépondérante du sulfate et du carbonate de potasse, laquelle a lieu dans tous les cas. La production du sulfure de potassium et de l'oxyde de carbone est due à la réaction secondaire du soufre et du charbon sur lesdits sels : elle joue un rôle essentiel dans l'étude de la poudre, parce qu'elle concourt à augmenter le volume des gaz.

6. Ceci étant établi, on peut admettre, en général, que la chaleur dégagée par une poudre quelconque est à peu près proportionnelle au poids du salpêtre qu'elle renferme. La chaleur dégagée par la poudre de mine devra donc être à celle de la poudre de guerre dans le rapport de 62 à 75; MM. Roux et Sarrau avaient obtenu en effet : 570^{Cal}, au lieu de 751^{Cal}.

7. Depuis, MM. Sarrau et Vieille ont trouvé pour la poudre de mine française, sous la densité de chargement 0,6, le volume des gaz égal à 304^{cc}. Ce volume l'emporte d'un dixième sur celui que développe la poudre de guerre.

Les pressions observées par eux ont été :

Densité de chargement.	Pression.
0,3	800 kg
0,6	2730

delà résulterait la pression : $\frac{4540}{n}$; formule dans laquelle on ne tient pas compte du volume des matières solides.

8. Ces gaz contenaient 100 volumes :

CO^2	49,4
CO	20,5
H	2,0 à 1,4
C^2H^4	0,3 à 1,4 (1)
HS	7,0 à 5,5
AzO	21,3

(1) La dose du formène croît avec la pression (*voir* p. 32 et 251).

La dose d'hydrogène sulfuré est ici bien plus considérable que pour la poudre ordinaire (4 centièmes).

L'oxyde de carbone forme un cinquième du volume des gaz, soit 61^{cc}: tandis qu'avec la poudre ordinaire il s'élève seulement à un huitième en moyenne, soit 33^{cc}. On voit par là que le volume des gaz délétères est à peu près double, avec la poudre de mine, du volume des mêmes gaz fournis par la poudre ordinaire.

MM. Noble et Abel ont trouvé également : 7,0 d'hydrogène sulfuré ; mais volumes à peu près égaux d'oxyde de carbone (33,7) et d'acide carbonique (32,1) : ce qui est encore plus désavantageux. Ils ont obtenu avec la poudre de mine moins de chaleur, et plus de gaz qu'avec la poudre de guerre : ce qui fait compensation, au point de vue de la force.

9. En somme, la poudre de mine n'offre guère d'autre avantage que son bas prix, dû à la diminution du poids de nitre. Il serait certes préférable d'employer la poudre ordinaire sous un poids moindre : ce qui réaliserait la même économie. D'ailleurs l'usage chaque jour plus répandu de la dynamite tend à restreindre la consommation de la poudre de mine.

§ 12.— Poudres à base d'azotate de soude.

1. L'azotate de soude se prête, aussi bien que l'azotate de potasse, à la fabrication des poudres; il a été employé en grand dans les travaux de l'isthme de Suez et il présente une économie notable. On l'a employé aussi dans les mines de Freyberg et de Wetzlar.

Malheureusement ce sel est fort hygrométrique et la conservation des poudres qu'il concourt à former exige des précautions spéciales.

2. Les théories thermiques augmentent l'intérêt qu'il peut y avoir à surmonter ces difficultés, en montrant que la poudre à base d'azotate de soude développe une pression plus grande que la poudre à base d'azotate de potasse, sous le même poids, et qu'elle peut effectuer un travail plus considérable.

3. Soit en effet, une composition équivalente à celle de la poudre, telle que :

Salpêtre	75
Soufre..................	10
Charbon	15

Elle répondrait en poids aux rapports suivants :

Azotate de soude........	71,8
Soufre..................	11,3
Charbon.................	16,9

4. En supposant que les réactions chimiques fussent exactement les mêmes, la chaleur dégagée et le volume gazeux demeureraient aussi à peu près les mêmes, à équivalents égaux (t. I, p. 18). Mais à poids égaux, on aurait au contraire un huitième de plus de chaleur, soit pour 1^{kg} : 782^{Cal} d'après le calcul (ou 818^{Cal} pour le carbone dérivé du charbon de bois); on aurait d'autre part un volume de gaz égal à 338^{lit}.

La force résultante conserverait la même expression; mais elle serait accrue d'un huitième environ, pour une densité de chargement donnée.

Tels sont les résultats indiqués par la théorie. Mais jusqu'ici aucune expérience n'a été faite pour étudier les réactions véritables.

5. En général, les poudres à base de soude doivent développer des pressions plus fortes et une quantité de chaleur, c'est-à-dire de travail, plus grande que le même poids des poudres à base de potasse et à composition équivalente. En effet l'expérience prouve que la substitution du sodium au potassium, dans un sel défini, soit dissous, soit anhydre, donne lieu à un dégagement de chaleur presque constant, quelle que soit la nature du sel. Or, le métal alcalin existant sous la forme saline, aussi bien dans la poudre que dans les produits de la combustion, son influence est éliminée lors de l'évaluation de la chaleur dégagée par la combustion; elle est éliminée, dis-je, lorsque l'on évalue la chaleur pour des poids équivalents des sels de soude et des sels de potasse.

A poids égaux, au contraire, on obtiendra beaucoup plus de chaleur avec les sels de soude ; de même qu'on obtiendra un volume gazeux plus considérable, attendu que l'équivalent du sodium est plus faible que celui du potassium.

6. On peut rapprocher de cette poudre divers explosifs proposés dans l'industrie, tels que : poudre Davey, pyronôme [1], poudre Espir.

---

[1] Sous ce dernier nom on a désigné des mélanges variables, renfermant comme éléments comburants l'azotate alcalin et le chlorate de potasse. Cette confusion doit être évitée; les poudres à base de chlorate étant éminemment dangereuses.

Soit, par exemple :

Azotate de soude.........	63
Soufre...................	16
Sciure de bois...........	23

C'est une matière lente employée dans les carrières, surtout pour produire des dislocations. Elle n'est explosive ni par l'échauffement ni par les chocs ordinaires, ou la friction. Elle contient 3 à 4 centièmes d'humidité, quantité qui peut aller jusqu'à 30 centièmes par le séjour dans un lieu humide, mais sans que la poudre tombe en déliquescence.

Les tensions en vase clos ont été trouvées les suivantes :

Densités de chargement....	0,4	1613kg
»	0,5	2401

valeurs peu différentes de celle de la poudre de mine ordinaire : ce qui confirme les déductions précédentes.

7. On a mêlé parfois les poudres à l'azotate de soude, avec du sulfate de soude sec, ou avec du sulfate de magnésie desséché, pour s'opposer à l'absorption de l'humidité. Mais le remède est transitoire et peu efficace.

On a aussi associé les azotates de potasse et de soude et même de baryte dans un même explosif.

8. Citons encore le mélange de Violette :

Azotate de soude..................	62,5
Acétate de soude..................	37,5

Ce mélange répond à une combustion totale

$$C^4H^3NaO^4 + \tfrac{8}{5}AzO^6Na = 2\tfrac{3}{5}CO^3Na + 1\tfrac{2}{5}CO^2 + 3HO + \tfrac{8}{5}Az.$$

Les deux sels peuvent être fondus ensemble; ce qui donne un mélange très intime. Mais, si l'on élève la température un peu au-dessus du point de fusion, le mélange détone vers 350°. Il est hygrométrique.

9. Enfin on a remplacé le soufre et le charbon par un composé qui les renferme tous deux, tel que l'éthylsulfocarbonate de potasse ou xanthate (poudres de xanthine) :

Salpêtre.........................	100
Xanthate.........................	40
Charbon de bois..................	6

§ 13. — Poudres à base d'azotate de baryte.

1. L'azotate de baryte a été introduit dans la composition des poudres complexes, dans des vues spéciales. L'équivalent de ce sel (130,5) étant supérieur de près d'un tiers à celui de l'azotate de potasse, il en faudra employer davantage. Par exemple le rapport suivant :

Azotate de baryte	80
Soufre	8
Charbon	12

équivaudra à la poudre de guerre.

2. A équivalents égaux, toujours en supposant les mêmes réactions chimiques on aurait, à peu près la même quantité de chaleur et le même volume gazeux. Mais il faut prendre un poids de poudre supérieur d'un peu plus d'un cinquième. Par suite, à poids égaux, la chaleur serait diminuée d'un cinquième environ, ainsi que le volume des gaz et la force sous une densité de chargement donnée.

3. On a proposé, par exemple, les mélanges suivants :

Lithofracteur ou saxifragine...	1863	Azotate de baryte....	77
		Charbon de bois.....	21
		Azotate de potasse...	2

De même les poudres Schultze, mélange de bois pyroxylé avec les azotates de potasse et de baryte (p. 244).

4. L'azotate de baryte est aussi employé en pyrotechnie, pour produire des feux verts.

5. L'azotate de strontiane équivalent (105,7) diffère peu de l'azotate de potasse ; il n'est guère employé qu'en pyrotechnie, pour produire des feux rouges.

6. L'azotate de plomb équivalent (165,5) est susceptible de fournir à équivalents égaux un cinquième d'oxygène de plus que les autres azotates ; mais les réactions qu'il développe sont par là même toutes différentes, attendu que le plomb se réduit à l'état métallique, au lieu de subsister sous forme de carbonate, comme il arrive avec les azotates alcalins. D'ailleurs le prix élevé de cette substance et le chiffre considérable de son équivalent n'en permettent guère l'emploi, si ce n'est pour des usages très spéciaux, par exemple en l'associant au phosphore rouge.

CHAPITRE XI.

POUDRES A BASE DE CHLORATES.

§ 1. — Notions générales.

1. Berthollet, après avoir découvert le chlorate de potasse et reconnu les propriétés oxydantes si caractérisées de ce sel, pensa à l'utiliser dans la fabrication des poudres de guerre. Il entreprit divers essais dans cette direction; mais il ne tarda pas à les suspendre, à la suite d'une explosion survenue pendant la fabrication faite à la poudrerie d'Essonnes, explosion dans laquelle plusieurs personnes furent tuées autour de lui.

Depuis la même tentative a été reprise à diverses époques, avec certaines variantes dans la composition.

Mais toujours des explosions suivies de mort d'hommes, telles par exemple que les explosions survenues pendant le siège de Paris en 1870 et à l'école de Pyrotechnie en 1877, n'ont pas tardé à se produire au cours de la fabrication.

Il est ainsi démontré que le chlorate de potasse est une substance éminemment dangereuse; ce qui s'explique parce que son mélange avec les corps combustibles est sensible au moindre choc ou friction. La catastrophe récente de la rue Béranger (*voir* t. I, p. 82), produite par une accumulation d'amorces pour jouets d'enfants renfermant du chlorate de potasse, est venue confirmer ces idées.

En général les poudres au chlorate sont plus faciles à enflammer et brûlent avec plus de vivacité que la poudre noire. Elles détonent comme celle-ci, au contact d'un corps en ignition. Elles ne sont guère utilisées aujourd'hui que comme amorces dans les feux d'artifices, ou bien pour produire des effets brisants dans les torpilles, par exemple. On a même proposé une poudre de ce genre en Amérique, comme agent moteur des marteaux pilons, ou des moutons à battre les pieux : on place alors la cartouche entre la tête du pieu et le mouton, l'explosion enfonce l'un et fait remonter l'autre.

Leur force est supérieure à celle des poudres à base d'azotates; mais moindre que celle de la dynamite ou de la poudre-coton.

2. Signalons d'abord les propriétés générales des compositions chloratées.

Le chlorate de potasse, qui en est l'ingrédient essentiel, est un sel fusible à 334° et qui se décompose régulièrement à 352°. Cependant il peut devenir explosif, par lui-même, sous l'influence d'un brusque échauffement, ou d'un choc très violent (p. 178.)

Nous avons vu qu'il fournit 39,1 centièmes d'oxygène et 60,9 de chlorure de potassium

$$ClO^6K = KCl + O^6,$$

en dégageant, à la température ordinaire : 11^{Cal} pour chaque équivalent d'oxygène (8^{gr}) fixé; soit $1^{Cal},4$ par gramme d'oxygène; ou bien encore $0^{Cal},54$ par gramme de chlorate de potasse.

Ces quantités de chaleur devront donc être ajoutées, en général, à celles que produirait l'oxygène libre, en développant une même réaction aux dépens d'un corps combustible (*voir* t. I, p. 204).

Mais la présence du chlorure de potassium, qui joue le rôle d'un lest inutile, tend à atténuer cet avantage.

3. L'extrême facilité avec laquelle détonent les poudres au chlorate de potasse, sous l'influence du moindre choc, est une conséquence de la grande quantité de chaleur dégagée par la combustion des parcelles enflammées tout d'abord et de leur faible chaleur spécifique : cette chaleur élève la température des parties voisines davantage avec la poudre au chlorate qu'avec la poudre au nitrate, et elle propage ainsi plus aisément la réaction dans toute la masse. L'influence, dis-je, en est d'autant plus marquée que la chaleur spécifique des composants est moindre ([1]), et que la réaction commence avec le chlorate, d'après les faits connus, à une température plus basse qu'avec l'azotate de potasse.

Tout concourt donc à rendre plus facile l'inflammation de la poudre à base de chlorate de potasse.

Aussi les matières dont elles sont formées ne doivent-elles pas être pulvérisées ou broyées ensemble, mais pulvérisées séparément et mélangées au tamis.

([1]) En effet, ces deux poudres ne diffèrent que par la substitution du chlorate, dont la chaleur spécifique est 0,209; à l'azotate, dont la chaleur spécifique est 0,239.

La dessiccation à l'étuve de ces poudres est dangereuse.

La présence du camphre en poudre, si efficace avec la poudre coton, n'atténue pas la sensibilité des poudres au chlorate.

4. Non seulement la poudre au chlorate est plus énergique et plus inflammable; mais ses effets sont plus rapides : c'est une poudre brisante.

La théorie peut encore rendre compte de cette propriété. En effet, les composés produits par la combustion de la poudre au chlorate sont tous des composés binaires, les plus simples de tous et les plus stables, tels que le chlorure de potassium, l'oxyde de carbone, l'acide sulfureux. De tels composés doivent éprouver les phénomènes de dissociation à une température plus haute et d'une manière moins marquée que les combinaisons plus complexes et plus avancées, telles que le sulfate de potasse et le carbonate de potasse; ou bien encore l'acide carbonique, combinaisons produites par la poudre au nitrate. C'est pourquoi les pressions développées dans les premiers moments seront plus voisines des pressions théoriques avec la poudre au chlorate qu'avec la poudre au nitrate, et la variation des pressions produites durant la détente des gaz sera plus brusque, étant moins ralentie par le jeu des combinaisons successivement reproduites pendant la durée du refroidissement.

5. Les explications qui viennent d'être données ne s'appliquent pas seulement aux poudres dans lesquelles le chlorate de potasse est mélangé avec le charbon et le soufre, comparées avec les poudres analogues à base de nitre; elles comprennent aussi toute poudre formée par l'association des mêmes sels avec d'autres substances. On peut montrer qu'il en est ainsi, sans entrer dans des calculs spéciaux pour lesquels les valeurs précises feraient d'ailleurs le plus souvent défaut.

En effet, nos comparaisons reposent sur les données suivantes, lesquelles présentent un caractère de généralité :

1° Les deux sels employés à poids égaux fournissent aux corps qu'ils oxydent sensiblement la même quantité d'oxygène.

122gr,6 de chlorate fournissent 6éq, soit 48gr d'oxygène : c'est-à-dire 8gr d'oxygène pour 20gr,4 de chlorate;

Tandis que 101gr d'azotate de potasse fournissent 5éq seulement, soit 40gr d'oxygène disponible; c'est-à-dire 8gr d'oxygène pour 20gr,2 de sel. Il suit de là que les deux sels doivent être employés à poids égaux, dans la plupart des cas.

Or un même poids d'oxygène, 8gr, fourni par le chlorate de potasse dégage $+11^{Cal}$ de plus que l'oxygène libre : s'il est fourni par l'azotate, il produit au contraire $+8^{Cal},3$ de moins [1] : ce qui fait $19^{Cal},3$ de différence, soit $0^{Cal},95$ par gramme de sel employé.

La formation des mêmes composés dégagera donc plus de chaleur avec le chlorate qu'avec l'azotate, et l'excès subsistera, même en tenant compte de l'union des acides du soufre et du carbone avec la potasse de l'azotate.

Cette quantité de chaleur plus grande donnera lieu à une température plus haute, attendu que la chaleur spécifique moyenne des produits est moindre avec le chlorate qu'avec l'azotate. En effet, la chaleur spécifique moyenne des produits, à volume constant, peut se calculer théoriquement en multipliant le nombre d'atomes par 2,4 et en divisant le produit par le poids correspondant. Or le poids du corps combustible, étant le même, exigera les mêmes poids respectifs d'azotate et de chlorate, d'après ce qui vient d'être dit; mais ce dernier correspondra à un moindre nombre d'atomes, puisque l'équivalent du chlore est plus grand que celui de l'azote.

2° Le volume des gaz permanents est plus grand, ou tout au plus égal, avec le chlorate de potasse qu'avec l'azotate, parce que le potassium du premier sel demeure sous forme de chlorure, tout l'oxygène se portant sur le soufre et le carbone pour produire des gaz. Tandis que le potassium de l'azotate retient une partie de l'oxygène, en même temps qu'il amène une portion du soufre et du carbone à l'état de composés salins et fixes : la formation des sels compense, et au delà, le volume de l'azote mis en liberté.

3° Dans le cas où l'on brûle seulement du carbone, ou un composé hydrocarboné, la compensation des volumes gazeux se fait exactement, parce que chaque volume d'azote dégagé de l'azotate remplace un volume égal d'acide carbonique fixé sur la potasse que fournit ledit azotate. Néanmoins la pression sera accrue, même dans ce cas, avec le chlorate, parce que la température est plus élevée.

4° Les composés formés avec le chlorate étant plus simples en général qu'avec l'azotate, la dissociation doit être moins marquée, et, par suite, le jeu des pressions sera à la fois plus étendu, parce que la pression initiale est plus forte, et plus brusque, parce que l'état de combinaison des éléments varie entre des limites plus resserrées. De là des effets brisants, plutôt que des effets de dislocation ou de projection.

---

[1] En supposant qu'il agisse sur un corps carboné dont le carbone est changé en carbonate de potasse.

6. Le chlorate de potasse possède une autre propriété, qui a été parfois utilisée. Son mélange avec les substances organiques, ou bien avec le soufre ou avec d'autres corps combustibles, prend feu sous l'influence de quelques gouttes d'acide sulfurique concentré : ce qui est dû à la formation de l'acide chlorique, qui se décompose aussitôt en acide hypochlorique, composé extrêmement détonant et comburant très puissant.

Cette propriété a été utilisée pour déterminer l'inflammation par le choc des torpilles et des projectiles creux, chargés avec une poudre au chlorate de potasse. Il suffit d'y placer un tube, ou des billes de verre, remplis d'acide sulfurique concentré.

On peut même employer cet artifice pour enflammer des amorces au chlorate, destinées à faire détoner la dynamite ou le coton-poudre.

Mais tous ces arrangements sont fort périlleux pour ceux qui les mettent en œuvre et ils ne sont pas passés dans la pratique.

7. Disons encore quelques mots du *perchlorate de potasse*, qui est le plus souvent regardé comme équivalent au chlorate, mais par simple généralisation théorique : car c'est un sel cher, difficile à préparer pur, et il n'a guère été l'objet d'expériences réelles comme agent explosif.

A poids égal, il fournit un peu plus d'oxygène que le chlorate, un sixième environ de plus : soit 46,2 centièmes, au lieu de 39,1.

$$ClO^8K = KCl + O^8.$$

Mais ce dégagement d'oxygène absorbe de la chaleur : $-7^{Cal},5$ par équivalent de sel, ou $-0^{Cal},9$ par équivalent d'oxygène, au lieu d'en dégager.

Le perchlorate agit donc à ce point de vue presque comme l'oxygène libre, avec l'inconvénient d'un lest inutile de moitié.

Le perchlorate pur n'est pas explosif par le choc ou l'échauffement, comme le chlorate. En outre, ses mélanges avec les matières organiques sont bien moins sensibles au choc, à la friction, à l'action des acides, etc. Ils s'enflamment plus difficilement et brûlent plus lentement.

§ 2. — Poudres chloratées proprement dites.

1. La poudre au chlorate de potasse a été fabriquée autrefois dans les proportions suivantes :

Chlorate	75,0
Soufre	12,5
Charbon	12,5

Cette poudre est éminemment brisante et facile à enflammer; sa préparation a donné lieu à de terribles accidents; mais la réaction véritable qu'elle développe n'est pas bien connue. Les rapports précédents répondent aux poids suivants :

$$3ClO^6K + 4S + 10C,$$

en supposant le poids du carbone pur égal à celui du charbon, ce qui n'est pas exact d'ailleurs (*voir* p. 281).

On avait supposé d'abord que la réaction consiste dans la transformation de ce système dans les corps suivants :

$$3KCl + 4SO^2 + 10CO.$$

La présence de l'acide sulfureux n'est pas douteuse, en effet; mais il se produit aussi de l'acide carbonique, dont l'équation ne rend pas compte.

La même incertitude règne sur les mélanges sans nombre formés de chlorate de potasse pur, ou mêlé d'azotate, ces corps étant associés à des substances combustibles, telles que le charbon, le sucre, le cyanoferrure, le tan, la sciure de bois, la gomme-gutte, la benzine, le soufre, le sulfure de carbone, le sulfure d'antimoine et les sulfures métalliques, le phosphore et les phosphures, etc., etc.; mélanges proposés ou brevetés dans ces dernières années, tantôt comme explosifs, tantôt comme amorces.

Nous donnerons seulement les calculs théoriques pour les mélanges à combustion totale, formés par l'association du chlorate de potasse avec le carbone, avec le soufre, avec le sucre et avec le prussiate jaune, à titre de comparaison entre eux et avec les mélanges analogues formés par l'azotate de potasse.

2. Soit d'abord *le chlorate mêlé de carbone* supposé pur :

$$ClO^6K + 3C = 3CO^2 + KCl.$$

Le poids équivalent est $140^{gr},6$ et il se forme 66^{gr} d'acide carbonique et 74,6 de chlorure de potassium; ce qui fait, pour 1^{kg} : 872^{gr} chlorate, 128^{gr} carbone, avec production de 469^{gr} acide carbonique.

La chaleur dégagée s'élève à $+152^{Cal}$, à pression constante; $+153,5$ à volume constant;

Soit, pour 1^{kg} : 1010^{Cal} à pression constante; 1092 à volume constant.

Le volume réduit des gaz : $33^{lit},5$; soit, pour 1^{kg} : 238^{lit}.

La pression permanente : $\dfrac{238^{atm}}{n - 0,27}$; sous les réserves ordinaires.

La pression théorique : $\frac{5950^{atm}}{n - 0,27}$.

3. Soit encore le *chlorate mêlé de soufre*,

$$ClO^6K + 3S = 3SO^2 + KCl.$$

Ce mélange s'enflamme dès 150°.

Le poids équivalent est 170gr,6 et il se forme 96gr d'acide sulfureux et 74gr,6 de chlorure de potassium. Ce qui fait, pour 1kg : 719gr chlorate; 281gr soufre, avec production de 563gr acide sulfureux.

La chaleur dégagée s'élève à 124Cal,8 à pression constante; 126,3 à volume constant; soit, pour 1kg : 731Cal à pression constante; 740Cal à volume constant.

Le volume réduit des gaz : 33lit,5; soit, pour 1kg : 196lit,4.

La pression permanente : $\frac{196^{atm},4}{n - 0,22}$; sous les réserves ordinaires.

La pression théorique : $\frac{4120^{atm}}{n - 0,22}$.

4. Le *chlorate mêlé de soufre et de carbone, à poids égaux* (combustion totale)

$$11ClO^6K + 9S + 24C = 9SO^2 + 24CO^2 + 11KCl.$$

Le poids équivalent est 1637gr et il se forme 288gr d'acide sulfureux et 528gr d'acide carbonique et 821gr de chlorure de potassium; ce qui fait, pour 1kg : 824gr chlorate; 88gr soufre; 88gr charbon; avec production de 176gr acide sulfureux, et de 322gr acide carbonique.

La chaleur dégagée s'élève à 1560Cal à pression constante; 1576 à volume constant; soit, pour 1kg : 953 à pression constante; 963 à volume constant.

Le volume des gaz : 368lit; soit, pour 1kg : 225lit.

La pression permanente : $\frac{225^{atm}}{n - 0,25}$; sous les réserves ordinaires.

La pression théorique : $\frac{5170^{atm}}{n - 0,25}$.

Le *chlorate mêlé de sucre de canne*

$$4ClO^6K + C^{12}H^{11}O^{11} = 12CO^2 + 11HO + 4KCl.$$

Le poids équivalent est 661gr; il se forme 264gr d'acide carbonique; 99gr d'eau et 298gr de chlorure; ce qui fait, pour 1kg : 742gr chlorate; 258gr sucre, avec production de 400gr acide carbonique; 150gr eau.

La chaleur dégagée : $+766^{Cal}$ eau liquide [1] à volume constant; $+726^{Cal}$ eau gazeuse.

Soit, pour 1^{kg} : 1159^{Cal}, eau liquide; 1098^{Cal}, eau gazeuse.

Le volume des gaz : 134^{lit} eau liquide; 257^{lit} eau gazeuse.

La pression permanente : $\dfrac{134^{atm}}{n-0,23}$; sous les réserves ordinaires.

La pression théorique : $\dfrac{5400^{atm}}{n-0,23}$.

6. Le *chlorate mêlé de cyanoferrure de potassium* (prussiate jaune) supposé sec

$$15\tfrac{1}{3}ClO^6K + 6(Cy^3FeK^2)$$
$$= 24CO^2 + 12CO^3K + 18Az + 2Fe^3O^4 + 15\tfrac{1}{3}KCl.$$

Cela fait en poids : 1880^{gr} de chlorate et 1105^{gr} de prussiate, en tout 2985^{gr}; soit, pour 1^{kg} : 630^{gr} de chlorate et 370^{gr} de prussiate.

Il se forme : 528^{gr} d'acide carbonique; 828^{gr} de carbonate; 252^{gr} d'azote; et 232^{gr} d'oxyde magnétique.

La chaleur dégagée s'élève à 2700^{Cal}, à pression constante; 2711, à volume constant;

Soit, pour 1^{kg} : 904^{Cal}, à pression constante; 908^{Cal}, à volume constant.

Le volume des gaz : 468^{lit}; soit, pour 1^{kg} : 157^{lit}.

La pression permanente : $\dfrac{157^{atm}}{n-0,34}$; sous les réserves ordinaires.

La pression théorique : $\dfrac{3120^{atm}}{n-0,34}$.

7. Comparons d'abord entre eux les résultats obtenus par la combustion totale de divers corps au moyen du chlorate de potasse.

	Poids du chlorate.	Chaleur dégagée par 1^{kg} du mélange.	Volume gazeux.	Pression théorique.
		Cal	lit	
Chlorate et carbone..	872	1092	238	5950 : $n-0,27$
Chlorate et soufre...	719	740	196	4120 : $n-0,22$
Chlorate avec soufre et carbone..........	834	963	225	5170 : $n-0,25$
Chlorate et sucre....	742	726	257 [2]	5400 : $n-0,23$
Chlorate et prussiate.	630	931	157	3120 : $n-0,34$

[1] En négligeant l'action dissolvante de l'eau sur le chlorure.

[2] Eau gazeuse.

On voit par là que le mélange de chlorate et de charbon est le plus avantageux à poids égaux; mais que le mélange de chlorate et de sucre développe une pression voisine, avec un poids relatif de chlorate moindre d'un septième. Le mélange de chlorate et de prussiate est peu avantageux, le fer jouant le rôle de lest peu utile, c'est-à-dire qui dégage relativement peu de chaleur.

8. Examinons maintenant les résultats obtenus avec le chlorate, et les données analogues, relatives aux mélanges formés par le salpêtre sous un même poids des mélanges, tel que 1^{kg} : toujours en envisageant la combustion totale.

	Chaleur.	Volume du gaz.	Pression théorique.
	cal	lit	
Chlorate et soufre....	740	196	4120 : $n - 0,27$
Azotate et soufre.....	658	168	2550 : $n - 0,25$
Chlorate et carbone ..	1092	232	5950 : $n - 0,22$
Azotate et carbone ...	786	245	3430 : $n - 0,27$
Chlorate, soufre et carbone..............	963	225	5400 : $n - 0,25$
Azotate, soufre et carbone..............	801	111	2060 : $n - 0,12$

On voit qu'en général les valeurs relatives aux poudres à base de chlorates sont notablement plus fortes que les valeurs relatives aux poudres correspondantes à base d'azotates.

Les pressions exercées par les premières sont plus grandes, pour cette double raison que les quantités de chaleur développées sont plus considérables et les volumes gazeux égaux, ou plus considérables. Ainsi ces poudres doivent produire à la fois des effets de dislocation et des effets de projection, supérieurs à ceux des poudres à base d'azotates.

Ces conclusions s'accordent parfaitement avec les faits connus et elles paraissent devoir être étendues aux poudres à combustion incomplète.

Mais, par contre, tous les nombres donnés sont fort inférieurs comme chaleur, aussi bien que comme volume gazeux, à ceux de la poudre-coton et de la dynamite (p. 200 et 235). L'écart ne saurait être comblé, même pour les volumes gazeux plus notables qui résultent d'une combustion incomplète.

Les poudres au chlorate n'offrent donc pas à ce point de vue sur les nouvelles matières explosives une prépondérance qui puisse compenser les dangers exceptionnels de leur fabrication et de leur manipulation. Ce n'est que comme amorces que leur facile inflammation peut offrir certains avantages.

CHAPITRE XII.

CONCLUSIONS.

§ 1. — Objet du Chapitre.

Nous sommes parvenus au terme de notre tâche; nous avons présenté une théorie générale des matières explosives, fondée sur la connaissance de leur métamorphose chimique et de la chaleur de formation des composés qui y concourent, c'est-à-dire entièrement déduite de la Thermochimie. Nous allons résumer les résultats fondamentaux de cette étude, tant au point de vue des notions d'ensemble que de la définition particulière des corps explosifs.

Cela fait, et pour mieux marquer le caractère et la portée de la nouvelle théorie, nous rappellerons les origines de la découverte des matières explosives, matières que l'antiquité n'avait jamais soupçonnées et dont l'emploi a joué un si grand rôle dans l'histoire de la civilisation; et nous dirons comment la lente évolution des notions pratiques, perfectionnées peu à peu par l'observation seule pendant cinq cents ans, a fait place, depuis moins d'un demi-siècle, à un progrès soudain.

L'industrie, dans cet ordre comme dans beaucoup d'autres, a pris un essor inattendu, par suite des inventions théoriques de la Chimie organique : inventions qui ont permis de fabriquer à volonté une multitude de substances explosives inconnues jusque-là, et dont les propriétés varient à l'infini.

Cependant l'empirisme demeurait à peu près le seul guide dans la prévision exacte des propriétés de chacune de ces substances, lorsque la Thermochimie est venue, il y a treize ans à peine, établir les principes généraux qui définissent les matières explosives nouvelles, d'après leur formule et leur chaleur de formation. Elle marque ainsi à la pratique les horizons que celle-ci peut espérer atteindre et elle lui fournit cette lumière des règles rationnelles, seules capables de lui permettre de prendre tout son développement.

C'est cette transformation de l'étude empirique des matières explosives en une science proprement dite, fondée, je le répète, sur la Thermochimie, que je poursuis depuis 1870 et dont le présent Ouvrage est, dans l'état présent de nos connaissances, l'expression la plus avancée.

§ 2. — Résumé de l'Ouvrage.

Première section. — *Livre premier.*

1. Le développement subit d'une force expansive considérable caractérise les matières explosives : par là, elles effectuent des travaux mécaniques énormes, travaux que l'industrie ne saurait accomplir autrement, si ce n'est à l'aide d'engins compliqués, volumineux, exigeant une main-d'œuvre et une dépense considérables. Par là aussi, le ressort des anciennes machines de guerre, fondées sur l'emploi du levier et des cordes tendues à bras d'homme, a été remplacé avec un avantage incomparable. En effet, ces machines se sont simplifiées et réduites aux seuls récipients, destinés à loger la charge à côté des projectiles, en même temps que la portée et la puissance des nouvelles armes s'étendaient au delà de tous les rêves d'autrefois.

De tels effets mécaniques sont produits par l'acte de l'explosion et par la force vive des molécules gazeuses, et cette force vive même résulte des réactions chimiques; celles-ci déterminant, en effet, le volume des gaz, la quantité de chaleur et, par suite, la force explosive.

2. Deux ordres d'effets doivent être distingués ici : les uns, dus à la pression, les autres, au travail développé. Ainsi, la rupture des projectiles creux et la dislocation des roches résultent surtout de la pression; tandis que le déblaiement des matériaux, dans les mines, et la projection des projectiles, dans les armes, représentent surtout le travail dû à la détente. Or la pression dépend à la fois de la nature des gaz formés, de leur volume et de leur température. Le travail, au contraire, dépend surtout de la chaleur dégagée, laquelle mesure l'énergie potentielle de la matière explosive.

Le temps nécessaire à l'accomplissement et à la propagation des réactions chimiques joue un rôle essentiel dans les applications, comme l'indiquent déjà les mots de *poudres brisantes, poudres rapides* et *poudres lentes*. Ces caractères variés ne dépendent pas seulement de la structure des poudres et de la nature des réactions; mais on peut observer avec une même matière explosive, prise sous une forme identique, des durées extrêmement inégales dans la combustion, et, par suite, dans ses effets. C'est ce que montre, par exemple, la dynamite. De telles diversités sont observables avec une matière identique par sa composition chimique et par sa structure physique; elles résultent de l'établissement de deux régimes très différents : le régime de la combustion ordinaire, lentement communiquée, et le régime de la détonation, c'est-à-dire le régime de l'onde explosive, laquelle se propage avec une vitesse foudroyante.

Ces notions sur la vitesse de propagation des phénomènes, jointes à la connaissance de la chaleur dégagée et du volume des gaz, caractérisent la comparaison que l'on peut établir entre l'ancienne poudre noire et les nouvelles substances que la pratique met aujourd'hui en œuvre, telles que la dynamite et le fulmicoton.

Il suit de là que, pour définir la force d'une matière explosive, on doit connaître les données suivantes : d'une part, la nature de la réaction chimique, laquelle détermine la chaleur développée et le volume des gaz; d'autre part, la vitesse de la réaction.

Entrons dans quelques détails.

3. La réaction chimique se caractérise par la composition initiale de la matière explosive et par la composition des produits de l'explosion. Ceux-ci d'ailleurs sont définis *a priori* dans le cas d'une combustion totale; c'est-à-dire dans celui où la matière renferme une dose d'oxygène suffisante : ce qui est le cas de la nitroglycérine et de la nitromannite, composés dont le carbone et l'hydrogène sont entièrement transformables en eau et acide carbonique.

Si l'oxygène fait au contraire défaut, les produits varient avec les conditions et il se produit souvent plusieurs réactions simultanées; comme il arrive avec l'azotate d'ammoniaque, avec le coton-poudre, et aussi avec la poudre de guerre. Celle-ci, par exemple, ne produit pas seulement de l'acide carbonique, du sulfate de potasse et du carbonate de potasse, résultats d'une combustion complète; mais aussi de l'oxyde de carbone et du sulfure de potassium, dus à une réaction imparfaite.

Dans un cas comme dans l'autre, il convient de tenir compte de ce fait, que les produits développés au moment de l'explosion et à la haute température de celle-ci ne sont pas nécessairement les mêmes que les produits observés après le refroidissement. Une partie de l'eau, par exemple, pourra se trouver décomposée en oxygène et hydrogène, une partie de l'acide carbonique en oxygène et oxyde de carbone. Tels sont les effets de la dissociation : elle tend à diminuer la pression du système au moment de l'explosion, à cause de la moindre chaleur développée. Mais la chaleur se régénère pendant le refroidissement même; ce qui modère la détente et ramène le travail total à la même valeur que s'il n'y avait pas eu dissociation.

4. La chaleur dégagée se calcule d'après la connaissance des produits de la réaction, soit à pression constante, soit à volume constant; elle se calcule, dis-je, si la réaction n'est accompagnée d'aucun travail mécanique. Sinon, il y a transformation d'une partie de cette chaleur en travail. Or, c'est précisément cette transformation que l'on se propose de réaliser dans l'emploi des matières explosives. Elle n'a jamais lieu que pour une fraction, comme il arrive d'ailleurs en Mécanique, lors de toutes les transformations de ce genre. La fraction utilisable en principe s'élève à près de moitié pour la poudre ordinaire : en pratique, on n'est même arrivé qu'au tiers. Ce nombre définit les rendements maxima qui ont été observés pour cette substance, continuellement employée dans l'artillerie.

5. Le volume des gaz résulte également de la réaction chimique; il se déduit aisément de l'équation qui exprime cette réaction. On l'évalue, soit à la température de 0° et sous la pression normale, soit pour toute température et pression.

Observons que, dans le calcul, il convient de joindre aux gaz permanents le volume des corps, tels que l'eau ou le mercure, susceptibles d'acquérir l'état gazeux à la température de l'explosion. L'eau ne joue guère de rôle, à la vérité, dans le cas de la poudre de guerre, qui en renferme à peine un centième de son poids; mais elle est, au contraire, fort importante avec la poudre-coton, la nitroglycérine et la plupart des matières organiques explosives.

6. Ayant ainsi défini le volume des gaz, on en conclut la pression qu'ils devaient exercer, à la température développée par l'explosion, sous un volume constant, et même sous un volume quelconque. Ce calcul repose sur les lois ordinaires des gaz, lois dont l'extension à de pareilles conditions réclame les plus grandes réserves. Ainsi est-il préférable, pour les applications, de mesurer directement la pression des gaz, d'après certains de leurs effets mécaniques et spécialement d'après l'écrasement de petits cylindres de cuivre ou de plomb, appelés *crushers*.

Les résultats doivent être rapportés au poids de matière contenu dans l'unité de volume. Or l'expérience montre que la pression de l'unité de poids sous l'unité de volume tend vers une valeur constante : c'est ce que nous appelons la *pression spécifique,* laquelle peut être prise comme une certaine mesure de la force.

Ici s'observe une circonstance remarquable : les pressions trouvées par expérience sont voisines des chiffres calculés d'après les lois ordinaires des gaz, pour les composés explosifs solides ou liquides; du moins pour ceux qui se transforment en donnant lieu à des produits non dissociables, tels que le sulfure d'azote et le fulminate de mercure.

Au contraire, pour les mélanges gazeux explosifs, systèmes dont la densité sous l'unité de volume est faible, on trouve un écart considérable, qui va du simple au double et même au delà: écart attribuable soit à la dissociation, soit à l'incertitude sur les lois réelles des gaz qui répondraient à ces conditions extrêmes.

L'effort maximum d'une matière explosive répond évidemment au cas où elle détone dans son propre volume. En raison de cette circonstance, l'effet sera d'autant plus grand que la matière possédera une plus grande densité. Telle est la circonstance qui, jointe à la brusquerie de la décomposition chimique, paraît donner au fulminate de mercure la prépondérance sur tous les autres corps employés comme amorces : la densité du fulminate est en effet presque cinq fois aussi grande que celle de la poudre ordinaire et triple de celle de la nitroglycérine. Cette circonstance permet au fulminate d'exercer un effort qui paraît atteindre 27000^{kg} par centimètre carré : valeur presque triple de l'effort exercé par les autres substances connues.

Voilà l'ensemble des conséquences que l'on peut déduire de la seule connaissance de la réaction chimique. Mais, pour définir complètement une matière explosive, il convient de connaître encore, comme nous l'avons dit plus haut, la durée de sa transformation.

7. C'est là une nouvelle donnée du problème, donnée des plus importantes : car elle détermine les effets utiles des matières explosives dans leurs diverses applications, telles que la vitesse communiquée aux projectiles dans les armes, la division et la projection des fragments des obus, enfin les résultats variés qui se développent dans les mines, aux dépens soit des roches que l'on veut disloquer ou abattre, soit des obstacles que l'on se propose de broyer ou de renverser. Nous avons consacré à l'étude théorique de la durée des transformations des corps explosifs de longs développements et de nombreuses expériences.

8. L'origine des réactions explosives, c'est-à-dire le travail préliminaire qui en détermine le commencement, semble devoir être rapportée, dans tous les cas, à un premier échauffement, qui porte la matière à la température de sa décomposition, et à partir duquel la réaction se propage d'elle-même. Pour que cet échauffement soit efficace, il faut que la chaleur développée par la décomposition atteigne une intensité assez grande pour élever, à mesure et jusqu'au même degré, la température des portions voisines ; il faut, en outre, que la chaleur ne se dissipe pas à mesure par le rayonnement, par la conductibilité, ou bien par la détente des gaz comprimés. En d'autres termes, il faut que la vitesse moléculaire de la réaction, au sein du système supposé homogène et amené à une température uniforme dans toutes ses parties, atteigne une grandeur convenable. Autrement il n'y aura pas explosion. C'est ce que l'on observe, lorsqu'on décompose le cyanogène par l'étincelle électrique, ou lorsqu'on change l'acétylène en benzine par l'échauffement. La chaleur dégagée par cette dernière réaction est énorme et quadruple, à poids égal, de celle de l'explosion de la poudre; mais elle se dégage si lentement qu'elle se dissipe à mesure.

9. La vitesse moléculaire d'une réaction est donc un élément capital de la question. Résumons les lois qui la caractérisent.

Elle croît avec la température suivant une loi très rapide.

Elle croît aussi avec la condensation de la matière, c'est-à-dire avec la pression dans les systèmes gazeux.

Elle est, au contraire, ralentie par la présence d'un corps inerte, qui abaisse la température en même temps qu'il diminue la condensation. C'est ainsi qu'on peut modifier à volonté le caractère d'une substance explosive. Par exemple, la poudre noire, mêlée de sable, fuse au lieu de détoner; la dynamite, qui est un mélange de silice et de nitroglycérine, est moins brisante que la nitroglycérine; en outre, le caractère brisant dû à celle-ci décroît rapidement, à mesure que l'on augmente la dose de la silice.

10. La vitesse de propagation des réactions qui se développent, à la suite d'une mise de feu ou d'un choc local, représente un phénomène tout à fait distinct de la vitesse moléculaire définie tout à l'heure : car elle exprime le temps nécessaire pour que les conditions physiques de température et autres, qui ont provoqué le phénomène sur un point, se reproduisent successivement dans toutes les portions de la masse. C'est ce qu'ont montré les travaux des artilleurs sur la vitesse de combustion de la poudre ordinaire,

vitesse variable avec la structure physique des poudres et avec leur composition chimique. Cette vitesse varie extrêmement avec la pression : la poudre, par exemple, ne détone pas dans le vide, parce que les gaz échauffés, que la combustion a produits, s'échappent et se dispersent, avant d'avoir eu le temps de communiquer leur chaleur aux parties voisines.

Ici viennent se placer des considérations toutes nouvelles. Jusqu'à ces derniers temps, on avait pensé qu'il suffisait d'enflammer une matière explosive d'une manière quelconque, les effets de l'explosion consécutive ne paraissant pas dépendre du procédé initial d'inflammation. Mais la nitroglycérine et la poudre-coton ont manifesté à ces égards une diversité singulière. Ainsi, par exemple, suivant le procédé employé pour la mise de feu, la dynamite peut se décomposer tranquillement et sans flamme, ou brûler avec flamme, ou bien encore donner lieu à une explosion proprement dite : cette explosion peut être d'ailleurs tantôt modérée, tantôt accompagnée d'effets brisants. Le fulminate de mercure employé comme amorce est particulièrement apte à provoquer ces derniers effets : c'est l'agent détonateur par excellence.

J'ai montré comment les théories thermodynamiques et une analyse convenable des phénomènes du choc permettent de rendre compte de cette diversité : la force vive du choc se transformant en chaleur, au point choqué, et élevant jusqu'au degré de la décomposition explosive la température des parties frappées tout d'abord; leur brusque décomposition produit un nouveau choc, plus violent que le premier, sur les parties voisines, et cette alternative régulière de chocs et de décompositions transmet la réaction de couche en couche, dans la masse entière, en développant une véritable onde explosive, laquelle chemine avec une vitesse incomparablement plus grande que celle d'une simple inflammation.

On voit par là toute l'importance des amorces, regardées autrefois comme de simples agents de mise de feu.

De là aussi la distinction entre la combustion progressive et la détonation presque instantanée des matières explosives, phénomènes limites entre lesquels on observe une série d'états et de réactions intermédiaires, qui expliquent la variété des effets produits par un même agent.

12. J'ai réussi à étendre encore et à généraliser ces résultats. En effet, il existe en Chimie un certain nombre de combinaisons endothermiques, c'est-à-dire susceptibles de dégager de la chaleur par leur décomposition : tels sont l'acétylène, le cyanogène, l'hydrogène arsénié, etc. Cependant ces gaz ne détonent ni par l'échauffement, ni par l'étincelle électrique. Or, j'ai montré que les mêmes gaz détonent au contraire et se résolvent en éléments, et cela avec une violence singulière, sous l'influence du choc brusque produit par l'éclatement du fulminate de mercure.

13. On est conduit par là à rendre compte des explosions par influence, phénomènes singuliers qui ont éveillé au plus haut degré l'attention des artilleurs et des ingénieurs. On a reconnu, par exemple, qu'une cartouche de dynamite ou de coton-poudre, provoquée à détoner au moyen d'une amorce de fulminate, fait détoner les cartouches voisines, même à des distances considérables et sans que la détonation résulte d'une propagation directe de l'inflammation. Les torpilles chargées de coton-poudre et plongées sous l'eau peuvent également détoner sous l'influence de fortes cartouches du même agent, placées dans leur voisinage. Je montre dans le présent Ouvrage comment ces phénomènes s'expliquent par le développement de l'onde explosive dans la matière qui détone, et par la violence du choc subit qui en résulte et que le milieu ambiant transmet jusqu'à la seconde cartouche.

Je rappelle ici, mais sans l'adopter, l'ingénieuse théorie des vibrations synchrones, d'après laquelle la cause déterminante de la détonation d'un corps explosif résiderait dans le synchronisme entre les vibrations du corps qui provoque la détonation et celle que produirait le corps provoqué. Je montre que cette théorie n'explique pas en réalité les faits observés et j'établis par des expériences directes la stabilité chimique de la matière en vibration sonore, ces expériences étant exécutées sur les substances les plus instables, telles que l'ozone, l'hydrogène arsénié, l'acide persulfurique, l'eau oxygénée, etc.

Les ondes sonores proprement dites ne sont donc pas le véritable agent qui propage les décompositions chimiques et les explosions par influence : leur force vive et leur pression sont trop minimes d'ailleurs pour provoquer de semblables effets. Mais la propagation a lieu en vertu de l'onde explosive, phénomène tout différent et dans lequel la pression et la force vive sont incomparablement plus grandes et incessamment régénérées sur le trajet de l'onde, par la transformation chimique elle-même.

Ainsi, d'après la nouvelle théorie, la matière explosive détone par influence, non parce qu'elle transmet le mouvement vibratoire initial en vibrant à l'unisson; mais, au contraire, parce qu'elle l'arrête et s'en approprie la force vive.

14. Examinons de plus près les caractères de cette onde explosive, que nous avons été conduit à découvrir, et dont nous invoquons le rôle pour expliquer les détonations de la dynamite et du coton-poudre. Sa découverte et son étude forment un des Chapitres les plus intéressants du présent Ouvrage.

C'est dans les milieux gazeux que l'étude en est à la fois la plus plus facile et la plus rigoureuse et que les résultats offrent la plus grande portée théorique. Cette étude permet de constater en effet l'existence d'un nouveau genre de mouvement ondulatoire, d'ordre mixte, c'est-à-dire produit en vertu d'une certaine concordance des impulsions physiques et des impulsions chimiques au sein d'une matière qui se transforme. Tandis que dans l'onde sonore la force vive est faible, l'excès de pression minime, et la vitesse déterminée par la seule constitution physique du milieu vibrant. Au contraire, c'est le changement de constitution chimique qui se propage dans l'onde explosive et qui communique au système une force vive énorme et un excès de pression considérable. Des phénomènes analogues peuvent se développer dans les solides et dans les liquides.

Cette onde se propage uniformément, avec une vitesse qui dépend essentiellement de la nature du mélange explosif et qui est à peu près indépendante du diamètre des tubes, à moins que ceux-ci ne soient capillaires. Elle est également indépendante de la pression, propriété fondamentale qui détermine les lois générales du phénomène.

Enfin la force vive de translation des molécules du système gazeux, produit par la réaction et renfermant toute la chaleur développée par celle-ci, est proportionnelle à la force vive du même système gazeux, contenant seulement la chaleur qu'il retient à zéro. C'est là une relation essentielle que l'expérience confirme et qui permet de calculer la vitesse de l'onde explosive dans les mélanges les plus divers.

Il semble que dans l'acte de l'explosion un certain nombre de molécules gazeuses, parmi celles qui forment les tranches enflammées tout d'abord, soient lancées en avant, avec toute la vitesse répondant à la température maximum développée par la combinaison chimique. Leur choc détermine la propagation de celle-ci dans les tranches voisines; et le mouvement se reproduit de tranche en tranche, avec une vitesse comparable à celle des molécules elles-mêmes.

C'est ainsi que j'ai observé des explosions propagées avec des vitesses de 2840m par seconde, dans un mélange d'oxygène et d'hydrogène; de 2480m, dans un mélange d'oxygène et d'acétylène, de 2195m, dans un mélange de cyanogène et d'oxygène, etc. Cette vitesse constitue pour chaque mélange gazeux une véritable constante spécifique.

La propagation de l'onde explosive est un phénomène tout à fait distinct de la combustion ordinaire. Elle a lieu seulement, je le répète, lorsque la tranche enflammée exerce la pression la plus grande possible sur la tranche voisine; c'est-à-dire lorsque les molécules enflammées conservent la presque totalité de la chaleur développée par la réaction chimique. Cet état constitue le régime de détonation.

Au contraire, le régime de combustion ordinaire répond à un système dans lequel la chaleur est perdue en grande partie par rayonnement, conductibilité, détente, contact des corps environnants, etc.; à l'exception de la très petite quantité indispensable pour porter les parties voisines à la température de combustion : l'excès de la chaleur tend ici à se réduire à zéro, et par suite l'excès de la vitesse de translation des molécules, c'est-à-dire l'excès de pression de la tranche enflammée sur la tranche voisine.

Après avoir établi, dans le Livre I, les caractères généraux des phénomènes explosifs, il convient de définir la donnée fondamentale qui en détermine les énergies, je veux dire la chaleur dégagée par la transformation chimique. C'est l'objet du Livre II.

DEUXIÈME SECTION. — *Livre II.*

1. Toute étude théorique des explosifs exige la connaissance générale des principes de la Thermochimie, celle de ses méthodes et de ses résultats : nous avons cru utile de résumer ces notions au début du Livre II. On y trouvera en particulier la description de mon calorimètre ordinaire et celle de la bombe calorimétrique, qui m'a servi à étudier la chaleur de détonation d'une multitude de gaz. J'ai accompagné ce résumé de Tableaux étendus, renfermant la chaleur de formation des principales combinaisons sous divers états, ainsi que les chaleurs spécifiques et les densités des divers composés susceptibles d'intervenir dans l'étude des matières explosives.

2. Nous nous sommes attachés principalement à la chaleur de formation des composés fondamentaux qui concourent à former ces dernières, savoir les composés oxygénés de l'azote et leurs sels, les composés hydrogénés de l'azote, les composés cyaniques, les dérivés carbonés de l'azote, le sulfure d'azote, les dérivés azotiques hydrocarbonés, tels que l'éther azotique de l'alcool, la nitroglycérine, la nitromannite, la poudre-coton; les dérivés nitrés, tels que la nitrobenzine, l'acide picrique, etc.; les dérivés azoïques, tels que le diazobenzol et le fulminate de mercure; puis nous avons étudié les sels dérivés des oxacides du chlore et les oxalates explosifs.

Cette étude, longue, difficile et parfois dangereuse, résulte presque entièrement de mes expériences personnelles, poursuivies depuis treize ans. C'est pourquoi j'ai cru devoir donner ici l'exposé développé des méthodes et des résultats, en réunissant dans un même ensemble cinquante Mémoires, épars dans les Recueils spéciaux. J'ai tâché de mettre ainsi sous les yeux du lecteur toutes les données sur lesquelles repose la Thermochimie des composés explosifs.

3. J'ai cru utile d'y joindre certains Chapitres, qui offriront sans doute au lecteur un intérêt spécial. Ainsi j'expose les résultats aujourd'hui connus sur l'origine des azotates, composés qui jouent le rôle principal dans la constitution des explosifs. J'étudie la nitrification naturelle, au point de vue chimique et thermique, question non moins importante pour l'agriculteur que pour le fabricant des poudres de guerre.

Je rapporte également l'histoire de l'extraction du salpêtre en France avant le XIXe siècle.

J'examine principalement la transformation de l'azote libre en composés azotés, transformation qui constitue un problème naturel du plus haut intérêt, et je montre comment j'ai réussi à obtenir cette transformation sous l'influence de l'effluve et de l'électricité à très faible tension, dont l'action est comparable à l'action normale et incessante que l'électricité atmosphérique exerce même dans les temps les plus sereins.

Troisième section. — *Livre III.*

1. Il ne reste plus maintenant qu'à définir la force des diverses matières explosives, envisagées en particulier, d'après les principes généraux établis dans les deux premières parties de l'Ouvrage. Tel est l'objet du Livre III.

2. Dans les applications, on peut utiliser comme agent explosif tout

système susceptible d'une transformation rapide, accompagnée par un développement notable de gaz et par un grand développement de chaleur. Ces systèmes se rattachent en fait à huit groupes distincts, savoir :

Les gaz explosifs (ozone, oxacides du chlore) et les gaz congénères formés avec absorption de chaleur, c'est-à-dire renfermant un excès d'énergie (acétylène, cyanogène, etc.);

Les mélanges gazeux détonants, tels que l'hydrogène, l'oxyde de carbone et les hydrocarbures, mêlés avec l'oxygène, le chlore, les oxydes de l'azote;

Les composés minéraux explosifs : sulfure d'azote, chlorure d'azote, oxydes métalliques fulminants, azotate d'ammoniaque, etc.;

Les composés organiques explosifs : éthers azotiques, dérivés azotiques des hydrates de carbone, dérivés nitrés, dérivés diazoïques, fulminates, éthers perchloriques, sels des oxydes métalliques facilement réductibles, etc.;

Les mélanges des composés explosifs avec des corps inertes;

Les mélanges formés par un composé oxydable explosif et un corps oxydant non explosif : fulmicoton mêlé d'azotate, picrate mêlé de chlorate, mélanges d'acide azotique ou hypoazotique avec les corps nitrés et autres, etc.;

Les mélanges à base oxydante explosive, tels que la dynamite au charbon, la dynamite gomme;

Les mélanges formés par des corps oxydants et des corps oxydables dont aucun n'est explosif séparément, tels que les poudres à base d'azotates, ou de chlorates.

3. Les données théoriques et pratiques qui caractérisent les matières explosives ayant été énumérées d'une manière générale, ainsi que les questions pratiques relatives à l'emploi, à la fabrication et à la conservation, et les épreuves de stabilité, nous avons abordé l'étude spéciale de ces matières.

4. Nous avons traité d'abord les gaz et les mélanges gazeux détonants, en commençant par les valeurs relatives à la chaleur de transformation, au volume gazeux et à la pression théorique, pour les gaz explosifs proprement dits et pour leurs congénères. Nous avons donné ainsi (p. 154) le Tableau des données caractéristiques relatives aux principaux mélanges gazeux.

Ce Tableau montre que l'énergie potentielle des mélanges gazeux, pris sous l'unité de poids, varie seulement du simple au double, pour les gaz renfermant du carbone et de l'hydrogène, mêlés avec l'oxygène. Elle est à peu près la même pour les divers gaz hydrocarbonés. Mais elle surpasse de beaucoup celle de tous les composés solides ou liquides. Avec l'hydrogène et l'oxygène par exemple, l'énergie potentielle est quadruple de celle de la poudre ordinaire, double de la nitroglycérine. Avec la plupart des carbures associés à l'oxygène, elle n'atteint guère que les deux tiers de celle du mélange oxyhydrique : l'acétylène seul se rapproche de l'hydrogène. Mais ces avantages sont compensés par le volume considérable des mélanges gazeux et par la nécessité de les conserver dans des enveloppes résistantes.

Nous avons donné les pressions théoriques et les pressions observées, pour ces divers mélanges. En les comparant, on peut observer que les pressions théoriques surpassent du double et même davantage les pressions véritables : probablement à cause de la dissociation des composés, eau et acide carbonique, et de l'accroissement des chaleurs spécifiques avec la température.

En fait, les pressions observées sur les mélanges à combustion totale n'ont pas dépassé 20^{atm}, et même elles sont demeurées fort au-dessous de ce chiffre dans la plupart des cas. Ce sont là des pressions fort inférieures à celles des substances explosives solides ou liquides : infériorité due à la moindre condensation de la matière.

Aussi se rapproche-t-on davantage des substances solides, si l'on opère avec des gaz liquéfiés ou des corps congénères, tels que l'acide hypoazotique. Le Tableau de la page 168 fournit un certain nombre de données sur ce point.

Enfin nous avons examiné les mélanges des gaz et poussières combustibles, auxquels on attribue de nombreux accidents dans les mines, et nous avons résumé brièvement les données théoriques et les faits observés.

5. Venons aux composés explosifs liquides ou solides. Pour chacun d'eux, on a donné les propriétés physiques, la température de décomposition, la chaleur dégagée, le volume des gaz, la pression permanente, la pression théorique au moment de l'explosion, enfin les résultats des expériences faites dans ces derniers temps, pour mesurer les pressions réelles et le temps nécessaire pour la propagation de l'explosion.

6. Toutes ces valeurs figurent dans le Tableau suivant, qui résume les données caractéristiques des principales matières explosives.

de la matière explosive.			par 1 kilogramme.	pour 1 kilogramme.	l'expérience (3) (1 gramme dans 1 cc).	par seconde.
		gr	Cal	lit	atm	m
Oxygène et hydrogène	$H^2 + O^2$	18	3833 eau li[illegible]ide 3278 eau gazeuse (1)	1,240	11960	2810
Chlore et hydrogène	$H + Cl$	36,5	603	610	4940	"
Oxyde de carbone et oxygène	$C^2O^2 + O^2$	46	1483	480	4510	1089
Formène et oxygène	$C^2H^4 + O^8$	80	2669 eau liquide 2419 eau gazeuse (1)	840	11420	2287
Acétylène et oxygène	$C^4H^2 + O^{10}$	106	3001 eau liquide 2907 eau gazeuse (1)	630	8630	2482
Éthylène et oxygène	$C^4H^4 + O^{12}$	124	2753 eau liquide 2592 eau gazeuse (1)	720	9940	2209
Cyanogène et oxygène	$C^4Az^2 + O^8$	116	2263	580	8760	2195
Sulfure d'azote	AzS^2	46	694	485	8270	"
Nitroglycérine	$C^6H^2(AzO^6H)^3$	227	1579 eau liquide 1480 eau gazeuse (1)	713	10950	5000 (dynamite à 75 p. 100)
Nitromannite	$C^{12}H^2(AzO^6H)^6$	452	1526 eau liquide 1459 eau gazeuse (1)	692	11500	"
Poudre-coton	$C^{48}H^{18}(AzO^6H)^{11}O^{18}$	1143	1074 eau liquide 1022 eau gazeuse (1)	859	10000	5000 à 6000
Picrate de potasse	$C^{12}H^2K(AzO^4)^3O^2$	267	781	549	$\frac{5600}{n - 0,14}$	"
Fulminate de mercure	$C^4Hg^2Az^2O^4$	284	463 349 mercure gazeux (2)	314	6200 27400 (4)	"
Azotate de diazobenzol	$C^{12}H^4Az^2, AzO^6H$	167	688	818	vers 7600	"
Poudre de guerre	74,7 nitre 10,1 soufre 14,2 charbon 1,0 eau	"	720 à 738	278 à 263	$\frac{2193}{n - 0,68}$	"

(1) Ce volume représente le volume réduit. Dans les cas où l'explosion [illegible]pe de la vapeur d'eau, le volume de celle-ci est compris dans le [illegible]me [illegible]ait; quoique, en fait, elle ne soit gazeuse qu'à une température t, supérieure à 0°; c'est-à-dire que le volume assigné à la vapeur d'eau doit être multiplié par $1 + \frac{t}{273}$, t étant la tem[illegible]pére produite au [illegible]ment de l'explosion. Mais alors la chaleur dégagée doit être diminuée de la chaleur absorbée par la vaporisation de l'eau, quantité que j'ai admise égale à 10 000 cal. pour 18 gr. d'eau, afin de simplifier. On néglige d'ailleurs la [illegible]ciation, les données précises pour l'évaluer faisant défaut. — (2) Le [illegible]re est supposé gazeux, c'est-à-dire pris à une [illegible]ture supérieure à 360°. Le volume réel est dès lors $314\left(1 + \frac{t}{273}\right)$. La chaleur dégagée a été [illegible]ée de la chaleur de vaporisation du [illegible]cure. — (3) Cette [illegible]ession représente la limite vers laquelle tendent les pressions observées sous une densité de [illegible]ment $\frac{1}{n}$ (1 gr de matière dans n cc), lorsque n tend vers l'unité. Dans le cas où il se produit un résidu non volatil, le volume de ce résidu doit être retranché de n, par [illegible]mple avec la poudre noire et avec le picrate de potasse. — (4) Dans son propre volume, c'est-à-dire pour une densité de chargement $\frac{1}{n}$ [illegible] 1, 17.

D'après ce Tableau, les mélanges gazeux, tels que l'hydrogène et l'oxygène, ou l'acétylène et l'oxygène, représentent les systèmes dont l'énergie potentielle est la plus grande : la nitroglycérine et la nitromannite, qui sont les plus puissantes parmi les matières solides ou liquides, n'atteignent que la moitié des chiffres relatifs aux gaz; la poudre-coton, le tiers; le picrate de potasse, un peu plus du quart, et la poudre noire n'arrive même pas au quart.

Mais cette inégalité est rachetée, dans la pratique, par l'impossibilité d'amener les mélanges gazeux à des densités de chargement comparables à celles des autres matières explosives; observation qui s'applique également à la comparaison des volumes gazeux développés pour les deux ordres de matières.

Le volume absolu des gaz produits par 1^{kg} de matière est maximum pour l'hydrogène mêlé d'oxygène; les autres mélanges gazeux n'en atteignent guère que la moitié. Parmi les composés solides ou liquides, ce sont le coton-poudre et l'azotate de diazobenzol qui fournissent le plus grand volume de gaz : soit les deux cinquièmes du volume produit par le mélange oxyhydrique; la nitroglycérine est inférieure d'un sixième, la poudre de guerre n'atteint pas le quart du volume fourni par le mélange oxyhydrique et demeure voisine du tiers du volume développé par la nitroglycérine ou la poudre-coton.

Cependant l'avantage que les mélanges gazeux sembleraient devoir offrir, d'après ces chiffres, ne se retrouve pas dans les mesures effectives qui ont été faites des pressions spécifiques. En effet, les mélanges les plus énergiques, tels que le mélange oxyhydrique et le mélange de formène et d'oxygène, atteignent à peine les mêmes pressions, sous une densité de chargement donnée, que la nitroglycerine, la nitromannite et la poudre-coton, substances qui se rapprochent beaucoup entre elles sous ce rapport.

A la vérité, les pressions spécifiques sont déduites d'expériences faites avec de très petites densités de chargement, pour les mélanges gazeux. Peut-être que, si l'on opérait sur des gaz comprimés à l'avance, de façon à les amener à des densités comparables à celles des liquides, arriverait-on à des pressions spécifiques beaucoup plus grandes. En tous cas, le fait mérite d'être signalé.

La pression spécifique de la poudre-noire, sous une densité de chargement égale à l'unité, surpasserait un peu la moitié des précédentes. Le fulminate de mercure ne va pas plus loin, sous cette densité de chargement. Mais sa grande pesanteur spécifique (4,43) lui permet d'atteindre des pressions plus que quadruples, lorsqu'il détone dans son propre volume : pressions dont aucun corps connu n'approche. On a dit comment cette circonstance joue un rôle capital dans l'emploi du fulminate comme amorce.

Pour compléter ces notions et caractériser complètement les corps explosifs, il faut connaître encore la durée avec laquelle se propage la décomposition de chacune des matières, c'est-à-dire la vitesse spécifique de leur onde explosive. Cette vitesse a été trouvée, en fait, égale à 2840^m par seconde pour les mélanges oxyhydriques, à 2400^m pour l'acétylène mêlé d'hydrogène. Les autres gaz combustibles donnent des vitesses analogues, à l'exception de l'oxyde de carbone mêlé d'oxygène, qui tombe à 1089. Avec les matières solides ou liquides, les données analogues manquent la plupart du temps ; cependant on a observé des vitesses de 5000^m, avec la dynamite, et de 5000 à 6000^m, avec le coton-poudre : vitesses qui rendent bien compte des effets brisants exercés par ces substances. Pour atténuer ces effets, il convient de diluer les corps avec une matière inerte ; ce qui tend à changer la détonation en une combustion progressive, phénomène d'un tout autre caractère et dans lequel les actions mécaniques s'exercent d'une façon plus lente : ce genre de combustion est le seul connu avec certitude pour la poudre noire.

Tels sont les résultats généraux de la comparaison des diverses matières explosives. On trouvera dans l'Ouvrage les valeurs théoriques calculées pour un grand nombre d'autres mélanges : mais nous nous sommes restreints dans le Tableau ci-dessus aux données qui résultent d'expériences proprement dites.

7. Parmi les déductions intéressantes que nous avons eu occasion de développer, je signalerai l'étude des décompositions multiples d'une même substance explosive, telle que l'azotate d'ammoniaque ; l'examen des propriétés du chlorure d'azote, du chlorate de potasse, du perchlorate d'ammoniaque et du bichromate d'ammoniaque ; celle des éthers éthylazotique et méthylazotique ; la classification des divers genres de dynamites et la discussion théorique de leurs propriétés ; un rapport sur la fabrication de la dynamite pendant le siège de Paris ; l'étude du fulmicoton proprement dit et celle des fulmicotons hydratés, paraffinés et nitratés ; l'examen des picrates ; celui des mélanges formés par l'acide azotique associé à une matière organique ; celui des éthers perchloriques, et enfin des oxalates.

8. L'étude des poudres à base d'azotates m'a conduit à des déve-

loppements spéciaux comme expériences et comme théorie, en raison de l'importance de ce genre de poudres.

J'ai dû approfondir les réactions chimiques qui ont lieu entre le soufre, le carbone, leurs oxydes et leurs sels, ainsi que la décomposition des sulfites et des hyposulfites et l'étude de certains charbons employés dans la fabrication de la poudre, charbons qui retiennent un excès de l'énergie originelle des hydrates de carbone dont ils dérivent. Cet excès joue un rôle très important dans les propriétés explosives de la poudre.

Cela fait, j'examine les divers mélanges de nitre, de soufre et de charbon, qui répondent à une combustion totale; seuls mélanges pour lesquels on puisse prévoir *a priori* la réaction chimique.

J'aborde ensuite l'étude des poudres de guerre, en commençant par celle des produits de leur combustion, tels qu'ils sont connus par les analyses. Après avoir résumé ces analyses et les avoir ramenées aux produits fondamentaux et aux rapports équivalents, j'insiste sur les oscillations observées entre ces rapports et j'établis une théorie fondée sur l'existence de cinq équations simultanées, d'après lesquelles la métamorphose se développe, suivant un sens et une proportion relative déterminés par les conditions locales de mélange et d'inflammation. J'évalue les données caractéristiques de chacune de ces équations et je montre qu'elles représentent tous les phénomènes observés.

Pour la poudre de mine, il convient d'envisager en outre la transformation de l'acide carbonique en oxyde de carbone.

Les poudres à base d'azotate de soude et d'azotate de baryte sont ensuite envisagées, en tenant compte de cette circonstance que les réactions chimiques, rapportées aux poids équivalents, doivent dégager à peu près les mêmes quantités de gaz et de chaleur que pour la poudre à base d'azotate de potasse, mais que sous le même poids l'azotate de soude l'emporte, tandis que l'azotate de baryte serait moins favorable.

9. On termine par l'examen des poudres à base de chlorate de potasse et l'on montre comment ces poudres possèdent une force supérieure à celle des poudres à base d'azotate; attendu qu'elles dégagent plus de chaleur et un volume de gaz au moins égal, mais elles sont fort inférieures à la dynamite et à la poudre-coton.

Elles sont d'ailleurs beaucoup plus dangereuses, à cause de l'extrême facilité avec laquelle elles s'enflamment sous l'influence du choc ou de la friction et à cause de leurs propriétés brisantes: toutes circonstances dont la théorie rend compte et qui expliquent les nombreux accidents produits par les essais de fabrication et d'emploi des poudres au chlorate, faits à différentes époques. Ces poudres étant d'ailleurs surpassées par la dynamite et par la poudre-coton, elles n'offrent aucun avantage spécial qui puisse compenser les dangers exceptionnels de leur préparation et de leur mise en œuvre.

§ 3. — Sur l'invention des matières explosives et sur les progrès successifs de leur connaissance.

Les anciens n'ont pas connu les matières explosives, ni leur emploi pour la guerre ou pour l'industrie. Ils n'avaient pas soupçonné les réserves d'énergie que les forces chimiques peuvent fournir à l'homme et ils se bornaient à utiliser le travail de ses muscles dans la guerre. C'est ce que montre l'étude des engins, constituant une artillerie véritable, qu'ils avaient imaginés pour l'attaque et la défense des places; elle comprend tout un ensemble de machines, balistes et catapultes, destinées à lancer sur l'ennemi des projectiles de nature diverse : flèches et balles métalliques, pierres et boulets, matières incendiaires attachées à l'extrémité des traits, ou déposées dans des pots, des carcasses, ou des barils.

On voit déjà le dessin de plusieurs de ces machines sur les monuments assyriens. Les Grecs en ont fait grand emploi, surtout depuis Alexandre et ses successeurs. Les Romains et les Sassanides les ont perfectionnées et transmises au moyen âge, qui en avait encore développé et agrandi l'emploi, sous le nom de *mangonneaux, arbalètes à tour,* etc.

Toutes ces machines, fondées sur la tension des cordes, avaient, je le répète, un caractère commun : elles se bornaient à mettre en œuvre la force de l'homme, accumulée peu à peu par un système plus ou moins ingénieux de leviers et de contre-poids, dont la détente subite communiquait aux projectiles l'impulsion et la force vive. On conçoit dès lors quelle révolution dut se produire dans l'art des guerres, lorsqu'on découvrit le moyen de développer la force vive sans machine spéciale, sans travail humain et par le seul ressort d'une énergie chimique, latente dans le mélange de certains ingrédients.

Cette découverte ne fut pas la conséquence d'une théorie préconçue : on y parvint par l'empirisme, comme il est arrivé dans la plupart des industries; du moins avant le siècle présent, qui a marqué l'ère des inventions déterminées par la pure théorie.

L'histoire de l'origine de la poudre est des plus curieuses; il serait trop long de la développer ici; mais j'ai cru utile de la retracer dans un Appendice, placé à la fin du présent Volume.

On y verra comment la découverte du salpêtre a conduit à inventer les artifices et les compositions diverses, désignées sous le nom de *feu grégeois;* comment l'emploi de ceux-ci a conduit à découvrir la fusée; comment enfin les Occidentaux ont passé de ces compositions, par des changements gradués, à des formules douées d'une force projective de plus en plus caractérisée, c'est-à-dire à la poudre à canon. L'emploi balistique de la poudre fit alors tomber tout à coup les anciennes machines de guerre, devenues inutiles par suite de la découverte d'une substance qui contient en elle-même, sans le secours d'aucun travail extérieur, une force propulsive incomparablement plus grande.

Aux débuts, les progrès de la nouvelle artillerie sont nés principalement de l'étude attentive des conditions des phénomènes, conditions fortuitement révélées par l'usage. Aussi ces progrès demeurèrent-ils d'abord lents et incertains. Mais une nouvelle ère s'est ouverte à cet égard, depuis deux siècles, par suite du développement incessant des sciences mécaniques, physiques et chimiques, et par l'effet de l'application à la pratique des conséquences les plus hardies de la théorie.

Les premières notions précises que l'on ait eues sur les vrais caractères de l'explosion furent la conséquence des lois physiques des gaz, théorie qui date du XVIIe siècle. Mais c'est seulement vers la fin du siècle dernier que la découverte de la véritable théorie des phénomènes chimiques fournit l'explication des phénomènes de la combustion et spécialement de la combustion explosive de la poudre, jusque-là si obscure. On reconnut que l'azotate de potasse y joue le rôle d'un véritable magasin d'oxygène, qui brûle les matières combustibles sans le concours de l'air extérieur. L'intelligence de ce phénomène jeta le plus grand jour sur les conditions de l'explosion de la poudre; en même temps qu'elle mit en évidence ce fait, que l'explosion est due à la tension des produits gazeux qu'elle développe : azote, acide carbonique, oxyde de carbone, hydrogène sulfuré.

On entrevit dès lors la théorie physico-chimique de la poudre, et les artilleurs, exercés au maniement des formules mathématiques, s'efforcèrent d'expliquer et de prévoir les conditions générales des phénomènes qui s'accomplissent dans leurs armes.

Deux groupes de découvertes nouvelles ont donné à cette science, depuis un demi-siècle, un essor immense et qui s'étend encore tous les jours : les unes sont dues aux progrès de la Chimie organique, les autres aux progrès de la Théorie mécanique de la chaleur.

Jusqu'en 1846, on n'était guère sorti de la composition des poudres salpêtrées. A la vérité, Berthollet, aux débuts du XIXe siècle, guidé par la nouvelle théorie de la combustion, avait tenté de remplacer l'azotate de potasse par un autre agent oxydant, plus actif encore, le chlorate de potasse. Mais cet agent manifesta des propriétés si dangereuses et il communiqua aux poudres qu'il concourait à former une telle aptitude à détoner, que son emploi ne réussit pas à passer dans la pratique.

Il y a quarante ans, une notion nouvelle apparut. Jusque-là on n'avait formé des matières explosives que par un seul procédé : le mélange mécanique d'un corps comburant avec un corps combustible. On découvrit alors qu'il est possible et même facile de combiner l'acide azotique avec les composés organiques, de façon à constituer des combinaisons complexes, où les deux composants sont associés chimiquement et de la façon la plus intime. On obtient ainsi des agents explosifs d'une puissance exceptionnelle : la poudre-coton, la nitroglycérine, le picrate de potasse, etc.

On tenta tout d'abord de les appliquer à l'art de la guerre. Ces effets n'ont pas encore abouti dans les applications au canon et au fusil. Cependant les nouveaux agents sont définitivement restés dans l'art des mines de guerre, après bien des tâtonnements et des catastrophes.

Il y a vingt ans, on osa même les employer dans l'industrie, où ils manifestèrent une puissance exceptionnelle dans la plupart des circonstances, et une aptitude spéciale à briser le fer forgé et les roches les plus tenaces, sur lesquels la poudre ancienne n'avait guère d'action.

De là les applications les plus intéressantes pour la civilisation. Les dangers particuliers que présente l'emploi de la nitroglycérine ont été en grande partie conjurés par son adjonction à la silice : ce qui constitue le mélange appelé *dynamite*. Ce mélange s'est répandu chaque jour davantage, de façon à supplanter en grande partie la vieille poudre de mine.

On reconnut par là l'infériorité des anciennes poudres de guerre et de mine. Tout l'avantage de ces mélanges grossiers, transmis par la tradition des âges barbares, réside dans le caractère gradué de leur détente explosive; car la réaction chimique elle-même n'utilise guère, comme je l'ai établi, que la moitié de l'énergie de l'acide azotique, susceptible d'être mis en œuvre dans la fabrication des matériaux de la poudre. Espérons que celle-ci sera remplacée quelque jour par des substances mieux définies, où l'énergie de l'acide azotique sera mieux ménagée, enfin dont la combustion plus simple et plus complète deviendra susceptible d'être mieux réglée, suivant les besoins des applications, par les principes de la théorie.

Ici, comme dans bien d'autres champs d'applications, le caractère scientifique des industries modernes et la poursuite systématique, par la théorie, des effets pratiques les plus utiles se caractérisent chaque jour davantage. Non seulement on procède par une méthode systématique à la découverte de matières que l'empirisme n'aurait jamais conduit à soupçonner, telles que la nitroglycérine ou la poudre-coton; mais l'emploi même de ces matières si puissantes ne peut avoir lieu avec sécurité, s'il n'est dirigé par une théorie certaine.

C'est cette théorie que les progrès récents des sciences modernes, et surtout ceux de la Thermochimie, permettent de construire. Elle résulte de la notion de l'énergie présente dans les matières explosives; énergie dont le rôle est bien plus général que ne l'aurait fait supposer l'ancienne notion purement chimique des corps comburants opposés aux combustibles. En effet, l'énergie d'une matière explosive exprime le plus grand travail qu'elle puisse effectuer : c'est-à-dire qu'elle touche à une notion pratique fondamentale. Or, la théorie nous enseigne que l'énergie n'est ici autre chose que la différence entre la chaleur mise en jeu dans la formation depuis les éléments et les chaleurs dégagées par la transformation explosive. Mais celle-ci n'est point assujettie à être une combustion proprement dite, comme on le croyait autrefois. La puissance de chaque matière explosive, les différences qui existent entre les composés en apparence analogues, tels que les éthers azotiques (nitroglycérine) et les corps nitrés (picrate de potasse) résultent de cette théorie. Elle permet de retracer *a priori* le tableau général des matières explosives : je dis non seulement les matières actuellement connues, mais même toutes les matières possibles; et elle assigne à l'avance l'énergie propre de chacune d'elles.

En résumé, la force et les propriétés mécaniques des diverses substances explosives n'avaient été comparées entre elles jusqu'à présent que par voie empirique. J'ai essayé d'établir cette comparaison sur des notions théoriques; c'est-à-dire que j'ai signalé les principes généraux qui président à la production et à l'emploi des matières explosives et j'ai montré comment on peut fixer la liste de ces matières, leur classification et prévoir les propriétés utiles de chacune d'elles : pression, force et travail; d'après la seule connaissance de leur composition chimique et de leur équation de décomposition, jointe à celle de la chaleur de formation du corps primitif et de ses produits.

Un mode de prévision aussi général n'avait jamais été proposé, avant mes premières publications faites en 1870 : dans ces publications mêmes, je le mettais en avant, surtout comme problème et comme espérance; car les données positives faisaient pour la plupart défaut. J'ai travaillé sans relâche depuis lors pour transformer cette espérance en une réalité précise. Sans méconnaître qu'il reste encore beaucoup à faire dans cette voie, cependant je crois avoir défini par mes expériences les données thermochimiques fondamentales, nécessaires pour l'étude théorique et pratique des matières explosives. Les déductions ainsi obtenues s'accordent en général avec l'expérience. Il est donc permis de les prendre comme guides, soit pour obtenir le maximum d'effet des matières déjà connues, soit pour les associer avec d'autres substances, soit enfin pour découvrir des composés explosifs nouveaux, qui possèdent des propriétés désignées à l'avance : c'est ce que l'on a pu voir dans le présent Ouvrage, consacré tout entier au développement de cette idée et qui présente les derniers résultats acquis de la science nouvelle.

Plaçons-nous maintenant à un point de vue plus élevé.

§ 4. — Philosophie des matières explosives.

L'étude des matières explosives a quelque chose qui séduit l'imagination, et cela à un double point de vue : en raison de la puissance qu'elle met entre les mains de l'homme, et en raison des notions plus profondes qu'elle nous permet d'acquérir sur le jeu des forces naturelles, amenées à leur plus haut degré d'intensité.

Au premier point de vue, la découverte de la poudre à canon et surtout l'application de sa force explosive au jet des projectiles ont marqué une ère nouvelle dans l'histoire du monde. C'est ici l'un des progrès les plus décisifs, parmi ceux qui ont concouru à amener la prépondérance des races savantes et civilisées sur les races barbares. L'écart entre le mode d'armement des unes et des autres n'était pas suffisant jusque-là pour ne pas être parfois surmonté par l'effort surexcité des énergies individuelles. C'est là en effet ce qui avait permis aux barbares de renverser la savante organisation de l'empire romain. C'est par là que les tribus nomades de l'Arabie, fanatisées par l'islamisme, avaient détruit au VIIe siècle l'empire persan et enlevé à l'empire byzantin ses plus belles provinces. Un tel effort avait suffi pour que les hordes sauvages des cavaliers Mongols, sortis des déserts de l'Asie centrale, aient réussi à établir au XIIIe siècle, de la Pologne aux mers de Chine, sur les débris des civilisations chinoise et arabe, le plus vaste empire qui ait été connu jusqu'ici.

Au contraire, depuis l'emploi régulier des matières explosives à la guerre, les retours offensifs, jusque-là périodiques, de la barbarie ont cessé de se produire. Si de telles catastrophes paraissent désormais impossibles, si la puissance des races européennes s'étend partout à la surface de la terre, nous devons en savoir gré à la prépondérance insurmontable que les instruments scientifiques assurent aux races civilisées. Ce sont là des instruments que les races barbares ne sauraient ni construire, faute de connaissances théoriques suffisantes, ni maintenir longtemps en état; alors même qu'elles auraient réussi à se les procurer à prix d'or et à en connaître le maniement. Dès son apparition, la poudre de guerre a produit des effets comparables à ceux de l'Imprimerie; elle a mis fin à la féodalité et assuré la prépondérance des pouvoirs centralisés : seuls capables de former les approvisionnements nécessaires et de fabriquer ces engins nouveaux, capables de détruire aisément les plus puissantes des anciennes forteresses.

Cette forme rationnelle et scientifique de la civilisation s'accentue chaque jour davantage. Le XVIIIe siècle en avait proclamé l'avènement prochain; le XIXe l'a réalisé et étendu à tous les ordres d'activité.

Mais de là résulte une nouvelle conséquence, qu'il importe de ne jamais oublier. En effet, tous les peuples civilisés sont obligés pour conserver leur puissance matérielle, c'est-à-dire sous peine de déclin, de maintenir chacun chez soi le niveau des connaissances théoriques au point le plus élevé. Dans tous les ordres, dans celui des matières explosives en particulier, les armées se sont doublées de groupes de savants, principalement occupés à développer incessamment la théorie et à en contrôler continuellement les conséquences *a priori* par les vérifications expérimentales.

Aucune force peut-être à cet égard n'est plus étonnante que

celle que l'on tire des matières explosives; puissance également utile ou dangereuse, suivant la direction que lui donne la volonté humaine : car la matière est indifférente à nos intentions. C'est ainsi que nous avons vu de notre temps, à côté des applications les plus utiles à l'industrie ou les plus efficaces pour la guerre, l'emploi de ces matières proposé par des esprits exaltés, dans le but de changer par la force révolutionnaire et par la politique de la dynamite l'organisation des sociétés humaines. De grandes illusions se sont même élevées à cet égard. La force des matières explosives peut servir d'agent à des actes de vengeance individuelle; mais elle n'est guère susceptible d'être mise en œuvre d'une façon générale par des individus isolés; je dis de façon à produire des effets généraux sur la Société. De tels résultats exigent des engins coûteux, lents à construire, mis en œuvre par des bataillons disciplinés; bref, une organisation savante et compliquée, organisation qu'un gouvernement seul peut coordonner et mettre en branle.

Il est un autre intérêt, plus grand peut-être au point de vue purement abstrait, qui se présente dans l'étude des substances explosives. En effet, cette étude nous montre les états extrêmes de la matière, comme pression, température, force vive; états que nous ne sommes pas accoutumés à mettre en jeu dans nos expériences ordinaires. En général, nous opérons sous la pression atmosphérique, pression voisine de 1^{kg} par centimètre carré, c'est-à-dire, après tout, peu éloignée du vide. Nous agissons sur des substances maintenues à la température ordinaire, qui est fort voisine du zéro absolu; c'est-à-dire à une température à laquelle les gaz ne possèdent qu'une force vive bien faible, si on la compare à celle qu'on peut leur communiquer. C'est à cette limite inférieure des phénomènes que se rapportent la plupart de nos connaissances chimiques et la plupart des lois de notre Physique.

Or ce sont là des conditions bien éloignées de celles que la matière réalise effectivement, soit dans la profondeur de la terre, où les pressions peuvent atteindre jusqu'à un million d'atmosphères; soit à la surface des astres qui nous entourent, où les températures se comptent par milliers de degrés; soit encore dans le mouvement des projectiles lancés par les volcans et dans les révolutions des étoiles, des planètes et des comètes, astres animés de vitesses qui atteignent jusqu'à des centaines de kilomètres par seconde.

Sans prétendre atteindre ces limites extrêmes, placées hors de la portée de nos expériences, et dont l'analyse spectrale nous permet seule d'entrevoir les effets chimiques, nous pouvons cependant étendre nos études bien au delà des données de nos expériences ordinaires, en nous atachant aux phénomènes offerts par les matières explosives. Les pressions qu'elles développent se comptent par milliers d'atmosphères; leur température semble approcher de celle des astres eux-mêmes; enfin, la vitesse avec laquelle se propagent leurs mouvements peut atteindre plusieurs milliers de mètres par seconde. Nous saisissons ainsi sur le vif une multitude de phénomènes, inaccessibles par toute autre méthode. De là une Physique, une Chimie, une Mécanique spéciales, qui sortent de nos habitudes et de nos conceptions communes. Dans l'ordre des actions naturelles, cependant, elles ne sont pas plus extraordinaires. Nous avons été habitués à construire nos théories et nos conceptions d'après un certain milieu, enfermé dans d'étroites limites. Or ce nouvel ordre de phénomènes change le milieu : voilà tout. Par là même, cette étude est éminemment intéressante pour le philosophe, qui cherche à se rendre compte de la portée réelle et de la généralité absolue des lois naturelles.

APPENDICE.

DES ORIGINES DE LA POUDRE ET DES MATIÈRES EXPLOSIVES.

Les projectiles incendiaires des anciens, fondés d'abord sur l'emploi de torches et de morceaux de bois enflammés. n'avaient pas tardé à être perfectionnés par l'usage de la poix, du soufre et des résines, substances faciles à enflammer, difficiles à éteindre. Une fois fondues, elles adhèrent fortement, en raison de leur viscosité, aux corps sur lesquels elles sont tombées; d'autre part, la chaleur produite par leur combustion même les rend de plus en plus fluides et les fait couler à la surface de ces mêmes corps, en y propageant partout l'incendie; enfin l'eau versée à leur surface ne les éteint qu'avec difficulté, parce qu'elle ne les dissout pas et ne s'y mélange point.

Cependant ces avantages n'ont rien d'absolu : on peut parvenir à éteindre les résines enflammées, si l'on réussit à les noyer sous l'eau, ou bien à les refroidir à l'aide d'une affusion abondante et subite d'eau, ou de sable, laquelle en abaisse la température jusqu'à ce degré où la combustion cesse. Les projectiles mêmes qui leur servaient de supports ne pouvaient être guère lancés avec une très grande vitesse, sans risquer de voir éteindre par l'action réfrigérante de l'air l'inflammation communiquée au départ.

Ce sont ces inconvénients que la découverte du feu grégeois tendait à faire disparaître et qui lui donnèrent tout d'abord une si grande réputation et un si grand avantage sur les anciens procédés incendiaires.

On a longtemps discuté sur la nature et sur les effets du feu grégeois. Le mystère dont sa fabrication et son emploi étaient entourés à Constantinople; le caractère magique de ce feu, que rien ne semblait pouvoir éteindre et qui, disait-on, communiquait la même propriété aux incendies allumés par lui, frappèrent fortement les imaginations des contemporains, et le retentissement de leur épouvante est venu jusqu'à nous. En réalité, le secret dont la composition du feu grégeois a été longtemps entouré est aujourd'hui complètement éclairci. On peut dire même qu'il n'a jamais été perdu. Les projectiles incendiaires, tels que les obus munis d'évents, par où s'échappaient de longs jets de feu et que l'armée allemande a jetés sur Paris en 1870, projectiles dont j'ai eu entre les mains des exemplaires recueillis à Villejuif, ces projectiles, dis-je, ne différaient probablement des marmites à feu décrites par les historiens arabes que par l'épaisseur plus grande des parois et par la projection des obus au moyen d'un canon, au lieu d'une arbalète à tour; mais la matière incendiaire était à peu près la même. Les obus proprement dits, tombés sur Paris par milliers, en décembre 1870 et janvier 1871, lançaient de tous côtés, dans l'acte de leur explosion, des cartouches remplies de roche à feu, c'est-à-dire d'un mélange incendiaire presque identique au feu grégeois. Mais les effets mêmes de ces cartouches, une fois l'explosion produite, n'étaient guère plus redoutables que n'ont dû l'être autrefois ceux des traits à feu des Arabes. Il était facile, comme j'en ai été témoin, d'éteindre ces cartouches et d'arrêter l'incendie qu'elles étaient destinées à provoquer : je possède encore celles que j'ai ramassées dans une maison de la rue Racine, au moment même où elle venait d'être traversée par un obus. La substance inflammable dont elles sont remplies est un mélange de salpêtre, de soufre et d'un corps résineux.

C'était surtout lorsqu'il agissait sur des bâtiments en bois, navires, galeries de défense, tours roulantes, ou machines de siège, que le feu grégeois exerçait ses effets les plus redoutables, et qu'il justifiait la terreur inspirée aux peuples ignorants de son usage. Vis-à-vis des constructions de pierre, il n'était guère plus efficace que les obus à pétrole de la Commune, et son action sur les guerriers couverts de fer était si facile à éviter ou si peu dangereuse que Joinville, au milieu des descriptions effrayées qu'il nous en retrace, ne nous dit pas qu'un seul homme notable de l'armée des Croisés ait péri victime de l'attaque directe de ce feu.

Pour avoir une idée exacte du feu grégeois et de ses effets, il suffit de lire les Ouvrages classiques de M. Ludovic Lalanne ([1]), qui a reproduit et discuté les principaux passages des auteurs byzantins, source fondamentale en cette matière; le Livre de MM. Reinaud et Favé ([2]), qui ont exécuté le même travail sur les auteurs arabes; les extraits des auteurs chinois par le P. Gaubil; et l'Ouvrage magistral de M. Lacabane : *De la poudre à canon* ([3]).

Nous allons résumer ces documents authentiques, retrouvés par les érudits de notre temps; mais en les commentant et les éclairant à l'aide des lumières nouvelles, qui résultent de la connaissance expérimentale des effets des matières explosives et des lois de la Chimie.

C'est la découverte du salpêtre (*sal petræ*) et de ses propriétés qui a servi de point de départ.

Les efflorescences salines qui se forment à la surface de certaines roches et de certains terrains étaient connues des anciens. Rappelons, pour l'intelligence de ce qui suit, que la composition n'en est pas toujours la même : le sulfate de soude, le carbonate de soude, le chlorure de sodium, en particulier, pouvant donner lieu à des formations analogues à celle du véritable sel de pierre. Cependant la fleur de la pierre d'Assos, ville de Mysie, décrite par Dioscoride et

---

([1]) *Recherches sur le feu grégeois*, 2e édition; 1845. — Voir aussi Joly de Maizeroy, *Mémoires de l'Académie des Inscriptions;* 1778. — Voir encore Tortel, *Le Spectateur militaire*, p. 53, août 1841.

([2]) *Du feu grégeois et des origines de la poudre à canon;* 1845.

([3]) *Bibliothèque de l'École des Chartes*, 2e série, t. I, p. 28; 1845.

par Pline, paraît bien identique à l'azotate de potasse. La neige de Chine était constituée par le même sel; et le nom de *baroud* (c'est-à-dire grêle), employé par les Arabes, semble rappeler la structure rayonnée de ce sel recristallisé dans l'eau.

Les anciens s'en servaient en matière médicale, pour ronger les excroissances charnues et déterminer la cicatrisation des ulcères indolents.

La connaissance de ces propriétés corrosives a-t-elle conduit, par une assimilation grossière, mais de l'ordre des raisonnements que font les peuples primitifs, à envisager le salpêtre comme une matière comburante? ou bien sa propriété d'entretenir la combustion, en fusant sur les charbons ardents, a-t-elle été découverte par hasard? C'est ce qu'il n'est guère possible de décider. En tous cas, cette aptitude comburante du nitre ne paraît pas avoir été connue des Grecs et des Romains.

Les Chinois semblent avoir eu les premiers l'idée d'en tirer parti, principalement pour la fabrication des artifices, comme en témoignent les noms de *sel de Chine* et de *neige de Chine*, donnés au salpêtre par les écrivains arabes. Mais il est difficile de préciser l'époque de cette découverte, antidatée d'ailleurs, comme beaucoup d'autres, par les premiers Européens qui ont traduit les livres chinois. Il est douteux que son application à la guerre soit plus ancienne en Chine qu'en Occident : les documents exacts cités au siècle dernier par les jésuites de Pékin([1]), en réponse à une contestation de Corneille de Pauw, disent seulement : « L'an 969 de J.-C., deuxième année du règne de Taï-Tsou, fondateur de la dynastie des Song, on présenta à ce prince une composition qui allumait les flèches et les portait fort loin. L'an 1002, sous son successeur Tchin-Tsong, on fit usage de tubes qui lançaient des globes de feu et des flèches allumées à la distance de 700 et même de 1000 pas ([2]) ». Les missionnaires ajoutent que, suivant plusieurs savants, ces inventions remonteraient avant le VIIIe siècle. Observons qu'il s'agit ici de la fusée, et non des canons, ni même de la poudre à canon, comme le montrent les détails qui suivent.

En 1259, « on fabriqua une arme appelée *tho-ho-tsiang*, c'est-à-dire lance à feu impétueux; on introduisait un *nid de grains* ([3]), dans un long tube de bambou, auquel on mettait le feu; un jet de flamme en sortait, puis le nid de grains était lancé avec bruit ». C'est la lance de guerre à feu; mais il n'est question ni du fusil ni du canon.

Le siège de la ville de Kai-foung-fou par les Mongols, en 1232, a été cité comme fournissant un exemple de l'emploi du canon, quoiqu'il ne donne pas un renseignement plus décisif. En effet, le P. Gaubil a fait observer avec raison que la machine employée dans ce siège, et désignée sous le nom de *ho-pao*, n'est probablement pas le canon, mais plutôt une machine à fronde,

---

([1]) Je tire ces citations de l'Ouvrage de MM. Reinaud et Favé, p. 187.

([2]) Ces distances sont probablement fort exagérées.

([3]) Sorte de cartouche renfermant des grains de matières explosives.

lançant des pots à feu dont la flamme s'étendait au loin. Au siège de Siang-yang par les Mongols, soldats de Koublai-Khan, en 1271, les machines d'attaque furent construites non par des Chinois, mais par des ingénieurs occidentaux (Italiens et Arabes, ou plutôt Persans). C'étaient des machines à fronde, mues par des contre-poids et lançant des projectiles pesants, ainsi qu'il résulte des récits concordants des historiens chinois et de Marco Polo.

Les Chinois ne possédaient donc alors, pas plus qu'aujourd'hui, le génie des inventions mécaniques, et ils étaient obligés d'emprunter les ingénieurs compétents à l'Europe et à la Perse. En 1621, les canons étaient encore inconnus en Chine.

Cependant, d'après une tradition constante, bien qu'elle n'ait peut-être pas été soumise à une critique approfondie, les Chinois, je le répète, paraissent avoir connu les premiers les compositions salpêtrées : mais ils en ignoraient la force expansive, et les documents authentiques semblent conduire à leur refuser la découverte des canons et de la poudre de guerre proprement dite. La date même attribuée plus haut à l'invention des fusées de guerre en Chine, c'est-à-dire la fin du xe siècle de notre ère, ne remonte pas au delà de la date de cette même invention dans l'Occident.

C'est trois siècles auparavant, c'est-à-dire vers 673, que le feu grec ou grégeois apparaît pour la première fois dans l'histoire, comme inventé par l'ingénieur Callinicus. La flotte des Arabes qui assiégeait alors Constantinople fut détruite à Cyzique par son emploi et pendant plusieurs siècles le feu grégeois assura la victoire aux Byzantins, dans leurs batailles navales contre les Arabes et contre les Russes. Cette composition incendiaire, que l'eau n'éteignait point, était particulièrement efficace à une époque où les navires étaient obligés de se rapprocher pour combattre. Sa propriété de traverser l'air avec vitesse, en produisant un grand bruit et une flamme éclatante, frappait vivement les imaginations et augmentait la terreur que produisaient ses effets destructeurs. L'empereur Léon le Philosophe en décrit l'emploi, dans ses Institutions militaires, comme celui d'une matière disposée dans des tubes, d'où elle part avec un bruit de tonnerre et une fumée enflammée et va brûler les navires sur lesquels on l'envoie. On la lançait par de longs tubes de cuivre, placés à la proue des navires, au travers de la gueule des têtes d'animaux sauvages, destinés par leur aspect à augmenter l'effroi de l'ennemi. Jusqu'à quel point la force impulsive des gaz émis par la matière enflammée s'ajoutait-elle à celle des cordes tendues, dont le ressort constituait la force motrice initiale? C'est ce que le vague intentionnel des descriptions des auteurs grecs ne permet pas de décider.

Les Byzantins décrivent aussi des tubes à main (chirosiphons), destinés à être lancés au visage de l'ennemi avec la composition enflammée qu'ils renferment. Enfin ils insistent, comme sur un phénomène extraordinaire, sur la propriété de la flamme du feu grégeois de pouvoir être dirigée en tous sens, même de haut en bas, au lieu de s'élever toujours de bas en haut, comme la flamme ordinaire. Cette propriété, due aux propriétés fusantes du mélange nitraté, n'a plus rien de surprenant pour nous : mais elle frappait alors les hommes d'étonnement, et elle concourait aux effets destructeurs de la nouvelle matière.

Les Grecs se réservèrent pendant longtemps le secret de cet agent : un ange l'avait donné, disait-on, à l'empereur Constantin et il était interdit, sous les anathèmes les plus effrayants, d'en faire part à l'ennemi. Cependant, par trahison ou corruption, la connaissance du feu grégeois finit par se répandre parmi leurs adversaires. S'il est douteux qu'il ait été employé lors des premières croisades, il est certain que l'emploi en était en pleine vigueur lors de la cinquième croisade et des suivantes. Ces dates mêmes semblent indiquer que ce n'est pas de la Chine, mais de Constantinople que la communication de la découverte se fit aux Musulmans, confondus sous le nom impropre d'Arabes, à cause de la langue employée par leurs historiens.

Ces Musulmans, c'est-à-dire les peuples turcs et persans combattus par les Croisés, cultivèrent le nouvel art et lui donnèrent des développements considérables. Ils attachèrent des compositions incendiaires à tous leurs traits, armes d'attaques et machines de guerre. Tantôt ils lançaient à la main des pots métalliques ou des balles de verre, qui se rompaient sur l'ennemi, en le couvrant de substances incendiaires; ou bien ils les attachaient à l'extrémité de bâtons et de massues, qu'ils brisaient sur l'adversaire en l'aspergeant de feu. Ils lançaient la matière enflammée au moyen de tubes; ils en garnissaient aussi des tubes placés à l'extrémité des lances tenues par les cavaliers, des flèches projetées par les arcs, des carreaux lancés par les machines; ils la plaçaient dans des pots à feu et des carcasses incendiaires, envoyés à de grandes distances par des arbalètes à tour et des machines à fronde. C'est ainsi que l'armée de Saint-Louis en Égypte fut assaillie par de gros tonneaux ou carcasses, remplis de matières incendiaires.

« Ung soir advint que les Turcs amenèrent ung engin qu'ilz appeloient la perrière, ung terrible engin à mal faire.... par lequel engin, il nous gettoient le feu grégois à planté, qui estoit la plus horrible chose que oncques jamès je veisse.... la manière du feu grégois estoit telle qu'il venoit bien devant aussi gros que ung tonneau, et de longueur la queue en duroit bien comme d'une demie canne de quatre pans. Il faisoit tel bruit à venir, qu'il sembloit que ce fust fouldre qui cheust du ciel et me sembloit d'un grant dragon vollant par l'air.... et gettoit si grant clarté qu'il faisoit aussi cler dedans nostre host, comme le jour, tant y avoit grant flamme de feu. » (JOINVILLE, *Histoire du roy Saint-Loys.*)

On trouve tout le détail de cet emploi dans un manuscrit arabe, pourvu de peintures, et dont l'auteur est mort en 1295, manuscrit traduit par Reinaud pour l'Ouvrage cité plus haut, lequel reproduit en même temps les figures dans un Atlas extrêmement curieux.

Le feu devint ainsi un moyen de blesser directement l'ennemi et un agent universel d'attaque, usages auxquels la combustion vive des compositions nitratées les rendait éminemment propres.

Au même ordre d'engins paraissent appartenir les traits tonnants et enflammés et les globes de feu lancés par les assiégés au siège de Niébla en Espagne, à la même époque. Les faits divers, rapportés à tort par Casiri comme attestant l'emploi des canons en Espagne au XIIIe siècle, ainsi que les instruments mis en œuvre par les Mongols en Chine, à la même époque, et que nous avons relatés plus haut, se rapportent aussi à l'emploi du feu projeté par les anciennes machines de guerre.

Une remarque essentielle trouve ici sa place. Les Grecs tiennent soigneusement cachée la composition du feu grégeois : dans les descriptions les plus minutieuses, celle d'Anne Comnène par exemple, au XIe siècle, ils nous parlent de la poix, du naphte, du soufre, toutes matières incendiaires que les anciens connaissaient déjà, mais sans dire un mot de l'ingrédient fondamental qui distinguait le feu grégeois des anciennes compositions, je veux dire le salpêtre : c'était là le secret.

Mais il n'existe plus pour les auteurs arabes et le caractère véritable des compositions qu'ils emploient ressort pleinement de leurs descriptions. Ainsi, dans le traité cité plus haut, les compositions qui y sont données renferment en général du salpêtre, associé en différentes proportions à des matières combustibles, dont la nature varie suivant les effets qu'on voulait produire.

Vers la même époque paraît avoir été écrit le célèbre Livre de Marcus Græcus : « *Liber ignium ad comburendos hostes* », ouvrage dont la date incertaine a été tantôt avancée, tantôt reculée entre le IXe et le XIIIe siècle. Il renferme un grand nombre de recettes de compositions incendiaires à base de nitre, parmi lesquelles il en est de fort voisines de la poudre à canon. Mais, de même que les auteurs arabes, l'auteur parle surtout des propriétés incendiaires et il décrit seulement la fusée et le pétard, sans aller plus loin : on y reviendra tout à l'heure.

Le salpêtre lui-même n'avait pas à cette époque le degré de pureté qui assure des propriétés invariables aux matières explosives dont il constitue la base. Extrait d'abord par simple récolte à la surface du sol et des pierres, on n'avait pas tardé à chercher à le purifier par la cristallisation dans l'eau ; mais la substance ainsi obtenue est un mélange de plusieurs azotates, fréquemment associés en outre avec du sel marin. Déjà les Arabes indiquent l'emploi des cendres pour le purifier : ce que nous justifions aujourd'hui par la présence du carbonate de potasse, qui précipite les sels calcaires et magnésiens. Mais cet emploi empirique, que ne dirigeait aucune connaissance précise du phénomène chimique, devait fournir des produits de pureté fort inégale : par suite, les effets incendiaires, balistiques et explosifs devaient varier extrêmement. Tantôt la matière fusait ; tantôt elle donnait lieu à une explosion subite et redoutée, qui brisait les récipients et les armes. Aussi comprend-on l'opinion de ces auteurs, d'après laquelle l'emploi de telles matières était parfois plus dangereux pour ceux qui les mettaient en œuvre que pour leurs ennemis.

Cependant l'emploi même du feu grégeois avait mis sur la voie d'une nouvelle propriété : la force impulsive des mélanges salpêtrés. En plaçant ceux-ci dans un tube et en les enflammant du côté fermé ou rétréci de ce tube, ils étaient chassés en avant avec violence. Au contraire, la flèche garnie d'un tube incendiaire, à laquelle on mettait le feu, ne tardait pas à perdre une portion de sa vitesse initiale, sinon même à reculer en arrière. De cette observation naquit la fusée, ou feu volant (*ignis volatilis ; tunica ad volandum*), décrite par les Arabes et par

Marcus Græcus. Ce dernier indique même une formule de composition explosive (1 partie de soufre, 2 parties de charbon de tilleul ou de saule et 6 parties de salpêtre), fort voisine de celle de la poudre de chasse et des poudres de guerre anglaises. Si le salpêtre de cette époque avait été de l'azotate de potasse sec et pur, cette composition aurait même détoné, au lieu de fuser : ce qui en aurait rendu l'emploi presque impossible; mais nous avons dit que le salpêtre d'alors était fort impur.

Les Arabes construisirent, d'après ce principe, des engins de guerre plus compliqués, tels que l'*œuf qui se meut et qui brûle* ([1]); deux ou même trois fusées y poussaient en avant un projectile incendiaire, également enflammé.

L'explosion fut aussi utilisée, mais plutôt pour épouvanter l'adversaire par le bruit du pétard (*tunica tonitruum faciens* de Marcus Græcus), que pour exercer une action directe.

C'est à cet état des connaissances et à cet usage des mélanges nitratés que se rapportent les phrases célèbres de Roger Bacon (1214-1292), si souvent citées, mais dont on a tiré des conséquences excessives :

« On peut produire dans les airs, dit cet auteur, du tonnerre et des éclairs, beaucoup plus violents que ceux de la nature. Il suffit d'une petite quantité de matière, de la grosseur du pouce, pour produire un bruit épouvantable et des éclairs effrayants. On peut détruire ainsi une ville et une armée ([1]). C'est un vrai prodige pour qui ne connaît pas parfaitement les substances et les proportions nécessaires. »

Bacon dit encore que « certaines choses ébranlent l'ouïe si violemment que, si on les emploie subitement, pendant la nuit et avec une habileté suffisante, il n'y a ni ville ni armée qui puisse y résister. Le fracas du tonnerre n'est rien en comparaison, et les éclairs des nuages sont loin de produire une pareille épouvante. On en a un exemple dans ce jouet d'enfant très répandu, qui se compose d'un sac en parchemin assez épais, de la grosseur du pouce et contenant du salpêtre : la violence de l'explosion produit un craquement plus formidable que les roulements du tonnerre, et un éclat qui efface les éclairs les plus puissants. »

On voit qu'il s'agit ici surtout des effets du pétard et de la fusée et non, comme on l'a cru, de quelque invention ou prédiction propre à Bacon. La composition qui produit ces effets est désignée par un anagramme, sous lequel on entrevoit une formule analogue à celle de Marcus Græcus.

Albert le Grand (1193-1280), ou l'auteur anonyme qui se cache sous son nom, dans son Traité *de Mirabilibus*, qui est de la même époque, reproduit les descriptions et les formules de Marcus Græcus sur la fusée et sur le pétard. Mais la force élastique proprement dite des mélanges explosifs et son application régulière au lancement des projectiles demeurent ignorées de tous ces auteurs.

Le feu grégeois et les compositions congénères étaient surtout redoutables comme agents incendiaires vis-à-vis des navires et des tours de bois et autres

---

([1]) Par la terreur qu'inspire la détonation; *voir* plus loin.

machines de guerre, mais bien moins dangereuses pour les hommes, ainsi qu'il a été dit plus haut : leur emploi était plus atroce qu'efficace à la guerre. Le sentiment d'effroi produit par le bruit et la flamme une fois émoussé par l'habitude, on se garait assez facilement de la matière enflammée. Nous lisons dans Joinville que des hommes, des chevaux, bardés de fer à la vérité, furent couverts de feu grégeois, sans en avoir été blessés.

Les effets psychologiques de ce genre ont été fort recherchés autrefois en Orient, comme l'atteste l'emploi des chars armés de faux; celui des éléphants, etc. Nous avons vu reparaître ce même sentiment lorsqu'on a proposé pendant la Commune la mise en avant des bêtes féroces, déjà lâchées contre les Romains par les derniers défenseurs de l'indépendance grecque à Sicyone; l'emploi plus moderne des obus chargés avec du sulfure de carbone renfermant du phosphore, mélange qui s'enflamme spontanément à l'air, celui des obus chargés d'acide cyanhydrique, etc. De tels procédés, après la première surprise passée, cessent d'être efficaces vis-à-vis des races courageuses et réfléchies comme les nôtres; parce que leurs effets sont moraux plutôt que matériels. Si quelques individus peuvent en être cruellement atteints, il est cependant facile aux armées de les éviter, avec un peu de sang-froid et de résolution.

Les terreurs récentes excitées en Angleterre et en France par l'emploi de la dynamite comme agent révolutionnaire sont nées des mêmes illusions et tomberont bientôt. S'il est vrai que l'on peut assassiner quelques hommes et exercer des vengeances individuelles avec de tels engins, il n'est pas moins certain que des imaginations surexcitées ont seules pu y voir les instruments efficaces des promoteurs des revendications sociales : car de tels agents ne sauraient produire que des effets localisés et limités, incapables d'exercer une influence matérielle tant soit peu étendue.

Mais revenons à l'histoire des matières explosives.

De nouvelles propriétés plus puissantes que les anciennes ne tardèrent pas à être découvertes dans les compositions salpêtrées, et elles menèrent à l'emploi définitif de la poudre à canon et à l'abandon de l'ancienne artillerie de guerre.

Vers la fin du XIIIe siècle, on voit apparaître la première notion claire de l'application de la force propulsive de la poudre pour lancer des projectiles. L'usage de la fusée conduisit à placer dans le même tube que celle-ci et en avant d'elle un projectile, lancé par la force impulsive de la fusée elle-même. Dans un manuscrit arabe, dont la date est rapportée au commencement du XIVe siècle, on trouve le passage suivant [1] :

« Description du mélange que l'on fait dans le *medfaa* :

Composition normale.

10	drachmes de	salpêtre;
2	»	charbon;
1 ½	»	soufre.

---

[1] *Traité de la poudre*, par Upmann et von Meyer, traduit par Désortiaux, p. 7

» Le mélange est broyé en poudre fine et l'on en remplit le tiers du medfaa, mais pas plus; autrement il ferait sauter (le medfaa). On fait faire autour un (second) medfaa en bois, ayant pour diamètre l'ouverture du (premier) medfaa; on l'y enfonce (le second) en frappant fortement; on place dessus la balle ou la flèche et l'on met le feu à l'amorce. On donne au (second) medfaa la mesure exacte jusqu'au-dessous du trou; s'il descend plus bas, le tireur reçoit un coup dans la poitrine. Qu'on y fasse attention! »

Qu'une invention pareille soit appliquée au pot à feu et nous arriverons à la découverte du canon. C'est ainsi que la force explosive de la poudre, redoutée d'abord comme incoercible et évitée comme dangereuse au plus haut degré, s'est tournée en un agent balistique. Nous touchons à la découverte fondamentale qui a changé l'art de la guerre.

D'après les documents précis que nous possédons aujourd'hui, cette découverte fut faite dans l'Europe occidentale, au commencement du XIVe siècle; elle se répandit très rapidement et, dès la seconde moitié de ce siècle, nous la trouvons appliquée chez les principales nations.

Suivant Libri, on aurait fabriqué en 1326, à Florence, des canons métalliques : mais cet auteur a trop souvent antidaté et falsifié les documents qu'il dérobait pour les vendre pour que son témoignage soit accepté sans nouvelle vérification.

M. Lacabane a relevé, dans les registres de la Chambre des Comptes en France, une série de renseignements plus authentiques. En 1338, il y est fait mention de bombardes, à l'occasion des préparatifs faits pour une descente en Angleterre.

« Pots de fer pour traire (lancer) carreaux à feu; 48 carreaux empennés; une livre de salpêtre, une demi-livre de soufre vif pour traire ces carreaux. » Ces carreaux étaient de grandes flèches à pelote incendiaires, que l'on dirigeait contre les constructions en bois pour y mettre le feu. On voit par le poids du salpêtre que le nouvel engin était encore compté pour bien peu de chose; mais on voit aussi d'une façon certaine la substitution commençante de la force balistique de la poudre à celle des arbalètes à tour et des mangonneaux.

En 1339 (1338 vieux style), Barthélemy Drach, commissaire des guerres, présente à la Chambre des Comptes une note pour avoir poudre et choses nécessaires aux canons qui étaient devant Puy-Guillem, en Périgord : Ducange citait déjà cette note, il y a deux siècles.

A la défense de Cambrai (1339) figurent 10 canons, 5 de fer, 5 de métal (bronze), ainsi que la poudre pour les servir. C'étaient des engins de faible calibre; car ils coûtaient seulement 2 livres 10 sous 3 deniers chacun. On fabrique à Cahors en 1345 toute une artillerie : 24 canons de fer, 2600 flèches, 60 livres de poudre; l'usage des balles ou boulets de plomb est également cité à cette époque.

Nous arrivons ainsi à la bataille de Crécy (1346), où les Anglais mettent en ligne trois canons, lançant des petits boulets de fer et du feu.

A la même époque, nous voyons en Allemagne signaler les poudreries d'Augsbourg (1340), de Spandau (1344), de Liegnitz (1348). En 1360, on attribue à la fabrication de la poudre l'incendie de l'hôtel de ville de Lubeck.

Ce serait ici le lieu de citer le fabuleux Berthold Schwartz, réputé autrefois avoir découvert la poudre par hasard, dans le cours d'opérations alchimiques. Mais la date la plus probable de son existence, si celle-ci repose sur d'autres bases que des légendes populaires, ne le placerait pas avant le milieu du XIVe siècle, époque à laquelle des documents authentiques établissent que l'usage de la poudre était déjà en pleine vigueur.

En 1351, il est aussi question en Espagne, au siège d'Alicante, de boulets de fer lancés par le feu.

La Russie commença à mettre en œuvre l'artillerie en 1389, la Suède en 1400.

Dès 1356, Froissart nous montre les canons et bombardes couramment employés. L'usage s'en répandit rapidement et toutes les grandes villes et châteaux-forts ne tardèrent pas à en être pourvus.

En même temps, le calibre des canons jetant de grosses pierres et des boulets de fer s'augmentait de jour en jour.

Les nouveaux engins ne s'établirent pas sans quelque résistance; outre que la difficulté de construire des tubes métalliques capables de résister à l'explosion rendait dangereux l'emploi des gros canons, les gens de guerre, habitués aux anciennes armes, méprisaient ces nouveaux procédés, qui tendaient à faire disparaître la supériorité due à la force personnelle des combattants; ils les regardaient même comme déloyaux. Le passage célèbre de l'Arioste, où Roland jette à la mer la première arme à feu, après en avoir vaincu le possesseur, nous montre la trace de ces préjugés. Les peuples qui avaient brillé par la supériorité de leurs archers, tels que les Anglais, résistèrent surtout pendant longtemps à l'abandon de leurs vieilles armes, naguère si efficaces. En 1573, ils refusaient encore d'abandonner leurs arcs et leurs flèches, et ceux-ci figurent même, en 1627, au siège de l'île de Ré.

La difficulté de fabriquer les mousquets en grande quantité s'est opposée pendant longtemps à leur emploi général; l'infanterie demeure armée de piques jusqu'au temps de Louis XIV.

La substitution de l'artillerie nouvelle des canons et bombardes à l'artillerie ancienne des mangonneaux, balistes et arbalètes à tour était alors faite depuis longtemps, à cause de la grande simplification qu'elle avait apportée dans l'art de la guerre. Les machines nouvelles étaient à la fois plus faciles à construire, à transporter, à manier et plus puissantes dans leurs effets. C'est avec l'artillerie de Jean Bureau que Charles VII acheva de chasser les Anglais de France au XVe siècle; et la puissante artillerie de Charles VIII joua un rôle très important dans les guerres d'Italie. L'artillerie des Turcs contribua également beaucoup à la prise de Constantinople en 1453.

Ce n'est pas ici le lieu de retracer les progrès successifs de l'artillerie. L'histoire même de la fabrication du salpêtre en France, à partir du XVIe siècle, a été résumée dans le présent Ouvrage (t. II, p. 345). Mais il convient de dire quelques mots des derniers usages du feu grégeois et d'insister sur l'application de la poudre aux mines, pour la guerre et pour l'industrie.

Le feu grégeois ne disparut pas tout d'un coup, à la façon d'un secret qui se serait perdu, comme on le supposait naguère. Son usage s'est poursuivi jusqu'au XVIe siècle : il y figure alors dans les Traités de Pyrotechnie, sous le même nom et avec les mêmes formules qu'au XIIIe siècle. Mais cet agent, réputé si formidable à l'origine, avait cessé de frapper les imaginations, en même temps que sa formule avait été connu de tous et qu'il devenait d'une pratique courante. Ses effets étaient d'ailleurs surpassés par ceux de la poudre de guerre, dont il avait été le précurseur. Il tomba peu à peu en désuétude, sans être cependant jamais tout à fait inconnu : sa composition s'étant perpétuée dans celle des matières incendiaires employées jusqu'à nos jours par l'artillerie, matières peu efficaces d'ailleurs, si l'on en compare les effets destructeurs à ceux des projectiles creux et des substances explosives nouvelles.

En effet, l'emploi de la poudre, une fois bien établi, ne fut pas limité à lancer des projectiles; les artilleurs se familiarisèrent de plus en plus avec l'explosion, dont le bruit seul mettait jadis les bataillons en fuite. Ils apprirent à en régler les effets et l'appliquèrent dès le XVe siècle à faire sauter les bâtiments et à augmenter les effets des mines souterraines. Jadis on faisait écrouler les fortifications par l'embrasement des étais des galeries, percées sous les fondations : on trouva plus efficace de placer dans ces galeries des amas de poudre confinés, dont l'explosion déterminait la chute soudaine des murailles.

L'explosion fut encore utilisée dans la guerre sous une autre forme et appliquée aux anciens projectiles incendiaires. Au lieu d'y placer des compositions fusantes, destinées simplement à propager le feu, on eut l'idée de renforcer les parois du projectile et d'y enfermer de la poudre, en s'arrangeant pour que l'inflammation de celle-ci ne se produisit pas en même temps que celle de la poudre du canon destiné à lancer le projectile. De là la bombe et l'obus, dont l'explosion, reproduite au loin, augmente les effets destructeurs des boulets.

L'usage de la bombe, proposé au XVIe siècle, n'a pris une véritable importance qu'au XVIIe siècle, et cet engin n'a pas cessé d'être perfectionné, jusqu'à remplacer presque entièrement de nos jours les anciens boulets pleins.

C'est également vers la fin du XVIIe siècle que l'industrie des mines osa se servir de la force explosive de la poudre, comme d'un moyen régulier pour abattre les rochers et déblayer les obstacles.

Jusque-là on avait eu recours seulement pour ces effets à la force des bras de l'homme, combinée avec l'action du feu, qui désagrège les rochers, et parfois de l'eau, versée ensuite sur la pierre incandescente, qui se brise par l'effet d'un brusque refroidissement : réactions utilisées encore aujourd'hui chez certaines populations sauvages des montagnes de l'Inde et auxquelles parait se rapporter ce vers de Lucrèce :

Dissiliuntque fere ferventi saxa vapore;

ainsi que la vieille tradition des rochers des Alpes, fendus à l'aide du vinaigre par Annibal :

Rupes dissolvit aceto.

L'emploi de la poudre noire a fait oublier ces vieilles pratiques. C'est à sa puissance et à l'énergie plus grande encore des nouvelles matières explosives que sont dus les immenses développements donnés dans notre siècle aux travaux des mines, des routes, des tunnels, des ports et des chemins de fer : travaux presque impraticables, en raison de leur coût et de leur difficulté, s'il avait fallu les exécuter comme autrefois à l'aide des bras humains. C'est la force des agents chimiques qui les accomplit aujourd'hui.

TABLE ANALYTIQUE

DU TOME SECOND.

LIVRE DEUXIÈME.

THERMOCHIMIE DES COMPOSÉS EXPLOSIFS (SUITE).

LIVRE TROISIÈME.

FORCE DES MATIÈRES EXPLOSIVES EN PARTICULIER.

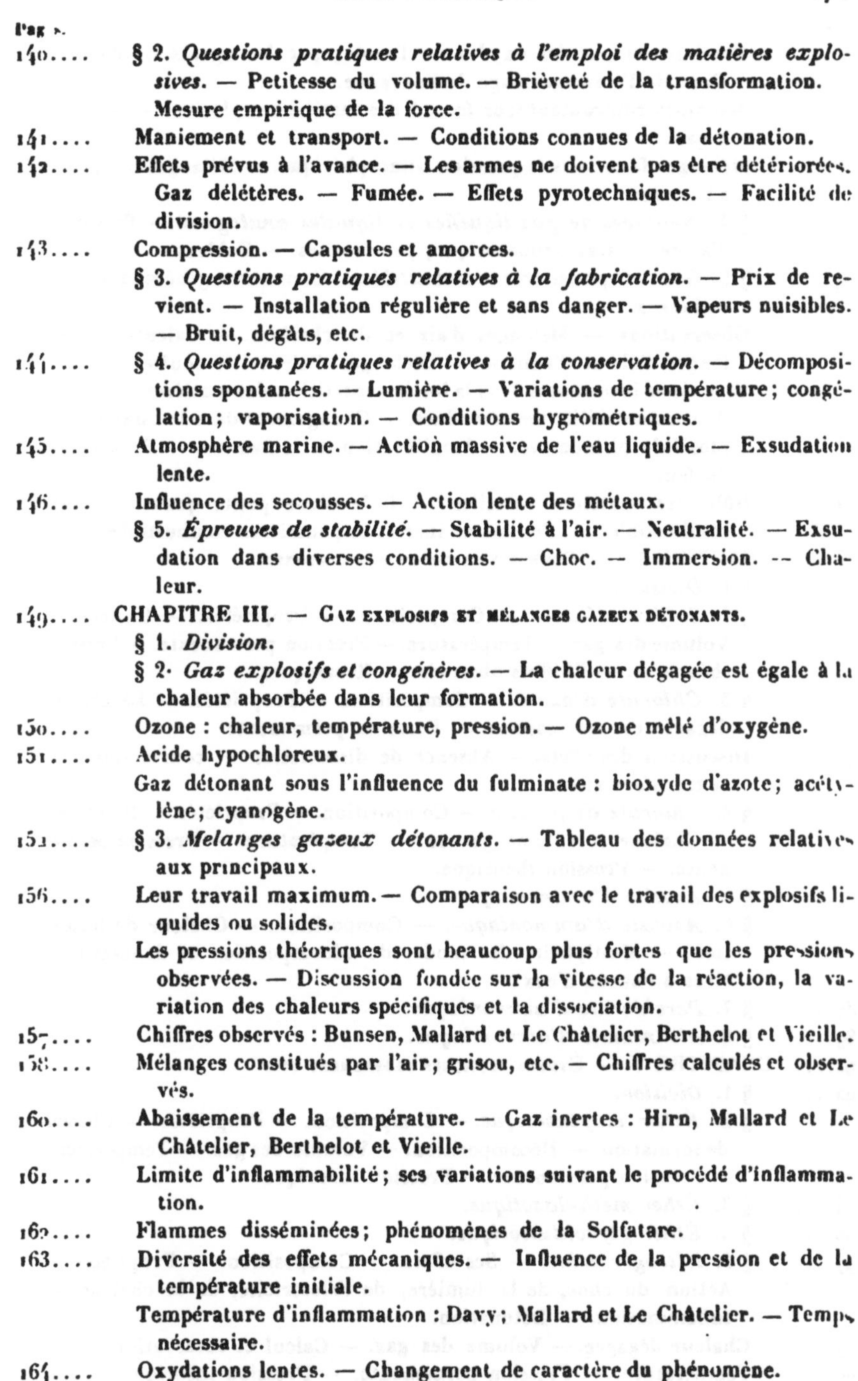

INDEX DES NOMS ET DES LIEUX.

A

B

C

D

E

F

G

H

I

J

K

L

M

N

O

P-Q

R

S

T-U

V

W-Z

INDEX DES FAITS.

ABRÉVIATIONS.

Ch.; chal. : chaleur.
Ch. spéc. : chaleur spécifique.
Comb. : combustion.
Décomp. : décomposition.
Dens. : densité.
Éq.; équiv. : équivalent.
Explos. : explosif ou explosion.
Form.; format. : formation.
Fus. : fusion.
Mol.; moléc.: molécule ou moléculaire.
Ox. : oxyde.
Oxyg. : oxygène
P. : poids.
Press. : pression.
V.; vol. : volume.
Vapor. : vaporisation.
Vit. : vitesse.
etc., etc.

A

B

C

D

E

F

G

H

I-J-K

L

M

N

O

P

Q

R

S